高等院校大机械系列实用规划教材·汽车系列

内燃机构造

主　编　林　波　李兴虎

副主编　张兆合　马荣朝

参　编　胡玉平　戴永谦　高有山

内容简介

本书以中小型汽油机、柴油机为主，系统地阐述了内燃机各组成机构、系统的构造及其基本工作原理。

本书共分11章。内容包括绪论、内燃机的工作原理和总体构造、机体组与曲柄连杆机构、配气机构、进排气系统、汽油机燃油供给系统、柴油机燃油供给系统、内燃机冷却系统、内燃机润滑系统、汽油机点火系统和内燃机起动系统。章末附有小结和习题。

本书内容精练、重点突出，既有内燃机基本结构和原理的介绍，又有新技术、新结构的内容，实用性强。本书结构严谨、深入浅出、图文并茂、易读性强。

本书可用作动力机械及工程专业、车辆工程专业的本科生教材，也可作为内燃机和汽车行业工程技术人员的参考书。

图书在版编目(CIP)数据

内燃机构造/林波，李兴虎主编. —北京：北京大学出版社，2008.8
高等院校大机械系列实用规划教材·汽车系列
ISBN 978-7-301-12366-9

Ⅰ.内… Ⅱ.①林…②李… Ⅲ.内燃机—构造—高等学校—教材 Ⅳ.TK40

中国版本图书馆CIP数据核字(2007)第083149号

书　　名：内燃机构造
著作责任者：林　波　李兴虎　主编
责任编辑：童君鑫
标准书号：ISBN 978-7-301-12366-9/TH·0027
出 版 者：北京大学出版社
地　　址：北京市海淀区成府路205号　100871
网　　址：http://www.pup.cn
电　　话：邮购部010-62752015　发行部010-62750672　编辑部010-62750667
编辑部邮箱：pup6@pup.cn
总编室邮箱：zpup@pup.cn
印 刷 者：北京虎彩文化传播有限公司
发 行 者：北京大学出版社
经 销 者：新华书店
787毫米×1092毫米　16开本　13.25印张　298千字
2008年8月第1版　2023年8月第8次印刷
定　　价：39.00元

21世纪全国高等院校大机械系列实用规划教材·汽车系列

前　言

内燃机作为一种高效、轻便的动力机械，在汽车、农业机械、工程机械、铁路机车、船舰、战车、小型移动电站等领域应用广泛。它的保有量在动力机械中居首位，在人类活动中占有非常重要的地位，特别是在我国汽车工业高速发展的今天，其重要性尤为突出。

随着内燃机产业的发展和技术的不断进步，大量的新技术、新材料、新工艺被采用，内燃机的技术书籍也要随着技术的发展而不断更新，为此我们编写了《内燃机构造》一书，此书可作为机械类相关专业本科教学的教材，也可作为内燃机和汽车行业工程技术人员的参考书。

本书的特点如下。

(1) 本书以车用内燃机为主，系统地阐述了内燃机各个机构、系统的构造和工作原理。本书按本科教学的新模式和新理念规划教材知识体系、精简内容、缩短教学课时。本书以基本构造和原理为主线，紧密结合内燃机新技术的发展，突出了对电子控制燃油喷射技术、可变配气技术、微机控制点火技术、柴油机高压共轨技术等知识的介绍，删除了现有教材中有关化油器等淘汰技术的内容。

(2) 本书采用大量的立体图、二维图，直观形象、易于理解，并且将注解直接标于结构图上，极大地方便了阅读，提高了学习效果和速度。

(3) 在每章的开始有教学提示和要求，结尾处有小结，提纲挈领地总结了该章的重点和难点；每章的后面还有习题，供学习者复习和检验学习效果之用。

本书建议授课学时为36学时，各章的参考教学学时见下表。

章　次	建议学时	章　次	建议学时
第1章　绪论	1	第7章　柴油机燃油供给系统	4
第2章　内燃机的工作原理和总体构造	5	第8章　内燃机冷却系统	2
第3章　机体组与曲柄连杆机构	6	第9章　内燃机润滑系统	2
第4章　配气机构	4	第10章　汽油机点火系统	4
第5章　进排气系统	2	第11章　内燃机起动系统	2
第6章　汽油机燃油供给系统	4		

本书由林波、李兴虎担任主编，张兆合、马荣朝担任副主编。编写组成员有：林波(第1、2、5章)、高有山(第3章)、张兆合(第4章)、李兴虎(第6章)、胡玉平(第7章)、马荣朝(第8、9章)、戴永谦(第10、11章)。

本书在编写过程中参考了大量的著作、文献和说明书，在此向有关作者表示真诚的感谢。

由于编者水平有限，书中难免有疏漏和不妥之处，恳请广大读者批评指正。

编　者

2008年3月

目　录

第1章　绪　　论

教学提示：绪论主要使学生概括地认识内燃机。

教学要求：本章主要应了解常见的动力装置种类、内燃机的发展简史和应用领域。

1.1　热　　机

当今，机械设备运行的动力绝大多数来源于热机，热机的全称为热力发动机，是将热源的部分热能转化为机械能的机器。热源可以是烧煤的蒸汽炉、汽车发动机的燃烧室，也可以是太阳能的蒸汽炉、地热和核反应堆。

根据燃烧器安装位置的不同，热机分为内燃机和外燃机两类。

(1) 外燃机是燃料在发动机外部燃烧产生热，热能通过工质带入机内，再转变为机械能，如蒸汽机和汽轮机等，蒸汽机现已被淘汰，汽轮机主要用于火电厂与核电站驱动发电机，如图 1.1 所示。

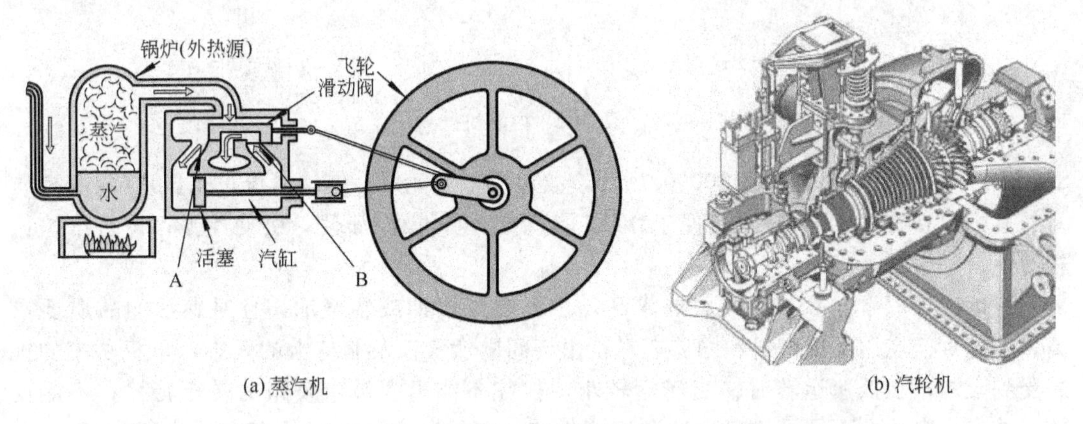

(a) 蒸汽机　　(b) 汽轮机

图 1.1　外燃机

(2) 内燃机是燃料在发动机内部燃烧，工质被加热并膨胀做功，热能转变为机械能，它是移动机械和小型电站的最主要动力，如图 1.2 所示。广义上的内燃机包括往复活塞式内燃机、旋转活塞式发动机、自由活塞式发动机和旋转叶轮式燃气轮机、喷气式发动机等，但通常所说的内燃机是指往复活塞式内燃机，又以其中的汽油机、柴油机应用最为广泛，其保有量大大超过了任何其他种类的热机，本书主要介绍汽油机、柴油机的构造。

与其他热机相比，内燃机有如下优点：内燃机的工质在循环中的平均吸热温度高，热效率一般达到 30%～46%，是热机中效率最高的一种；内燃机的功率覆盖范围为 0.59～

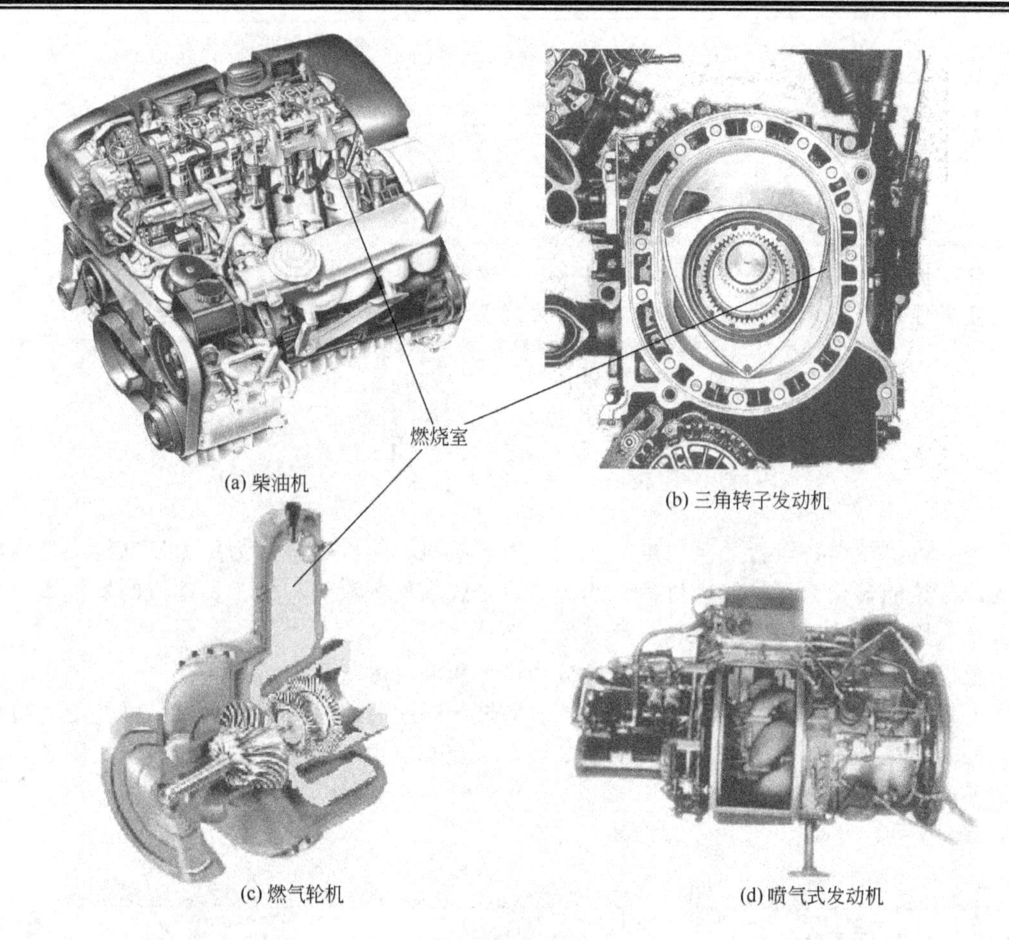

(a) 柴油机　(b) 三角转子发动机　(c) 燃气轮机　(d) 喷气式发动机

图 1.2　内燃机

8×10^4kW，转速范围为 90～10000r/min，故适用范围宽广；结构紧凑，比质量(内燃机质量与其标定功率的比值)较小，便于移动；起动迅速，操作简便，机动性强；运行维护比较简便。

它也存在以下缺点：对燃料要求高，主要燃用汽油或轻柴油，且对燃油的品质要求高，不能直接燃用劣质燃料和固体燃料；由于间歇换气以及制造上的困难，单机功率的提高受到限制；在低速运转时输出转矩较小，往往不能适应被带负载的转矩特性；不能反转，故在许多场合下需设置离合器和变速机构；一般热力发动机都存在“公害”，而内燃机的噪声和排气中的有害成分对环境污染尤其突出。

另外，相对于热机中燃料的燃烧，燃料还可直接转换为电能，即燃料电池，再用电动机驱动机械运转，这种方式高效、无污染，但成本非常高。

1.2　内燃机发展简史

人类首先是利用人力、畜力、风车、水车等自然力，自 18 世纪后热力发动机才逐步得到大规模的工业应用。

1673年，荷兰的惠更斯设计出了如图1.3所示的内燃机草图，少量的火药在气缸里燃烧，提升活塞，当气体冷却时，大气压力便将活塞向下推，进行做功冲程，虽然因火药燃烧难以控制而没有研制成功，但引导了蒸汽机的诞生，促成了欧洲的工业革命。蒸汽机存在热效率低、结构笨重、移动不便、操作麻烦等缺点，这促使人们继续去开发更小、更实用且效率更高的发动机。

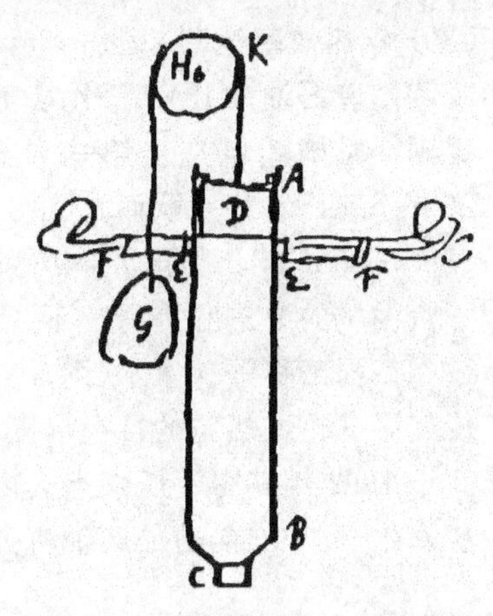

图1.3 惠更斯绘制的内燃机草图

1794年，英国人斯特里特提出了从燃料的燃烧中获取动力，并且第一次提出了燃料与空气混合的概念。1833年，英国人赖特提出了直接利用燃烧压力推动活塞做功的设计。之后人们又提出过各种各样的内燃机方案，但在19世纪中叶以前均未付诸于实用。

1860年，法国的勒努瓦模仿蒸汽机的结构，制造了第一台实用的煤气机。这是一种无压缩、电点火、使用照明煤气的内燃机，这台煤气机的热效率为4%左右。

英国的巴尼特曾提倡将可燃混合气在点火之前进行压缩，随后又有人著文论述对可燃混合气进行压缩的重要作用，并且指出压缩可以大大提高勒努瓦内燃机的效率。

1862年，法国科学家罗夏对内燃机的热力过程进行理论分析之后，提出了四冲程工作循环的理论。

1876年，德国发明家奥托(图1.4)制造了第一台往复活塞式、单缸、卧式、3.2kW的四冲程内燃机，如图1.5所示，它以煤气为燃料，采用火焰点火，转速为156.7r/min，压缩比为2.66，热效率达到14%，运转平稳。在当时，无论是功率还是热效率，它都是最高的。

图1.4 尼古拉斯·奥托

图1.5 奥托于1876年试制的发动机

1881年，英国工程师克拉克成功研制了第一台二冲程的煤气机，并在巴黎博览会上展出。

奥托内燃机得到推广，性能不断提高。1880年单机功率达到11～15kW，到1893年又提高到150kW。由于压缩比的提高，热效率也随之增高，1886年热效率达15.5%，

1897年热效率达到20%～26%。

随着石油的开发，比煤气易于运输储存的汽油和柴油引起了人们的注意，1883年，德国人戴姆勒制造出第一台燃用汽油的立式内燃机，当时，其他内燃机的转速不超过200r/min，它却一跃而达到800r/min，因而机器轻了很多，特别适用于交通运输机械。1885—1886年，德国人本茨和戴姆勒发明了以汽油机为动力的汽车，汽车的发展又促进了汽油机的改进和提高。不久，汽油机又用作小船的动力。

德国工程师狄塞尔(图1.6)受面粉厂粉尘爆炸的启发，设想将气缸中的空气高度压缩，使其温度超过燃料的自燃温度，再用高压空气将燃料喷入气缸，使之自燃着火燃烧，他因此于1892年获得了压缩点火内燃机的技术专利，1897年制成了第一台压缩点火的内燃机，狄塞尔于1906年造的柴油机如图1.7所示。

图1.6　鲁道夫·狄塞尔

图1.7　狄塞尔于1906年造的柴油机

最初，狄塞尔力图实现奥托循环，以获得最高的热效率，但实际上做到的是近似的等压燃烧，其热效率达26%。压缩点火式内燃机的问世，引起了世界相关人士的极大兴趣，并以发明者而命名为狄塞尔发动机。这种内燃机后来多以柴油为燃料，故又称为柴油机。

1898年，柴油机首先用于固定式发电机组的动力，1903年用作商船动力，1904年装于舰艇，1913年第一台以柴油机为动力的内燃机车制成，1920年左右柴油机开始用于汽车和农业机械。

在往复活塞式内燃机发展的同时，人们也在研究制造旋转式活塞的内燃机，提出了各种各样的旋转式内燃机的结构方案，但都未获成功。1954年，联邦德国工程师汪克尔解决了密封问题，并于1957年研制出三角旋转活塞发动机，它具有近似三角形的旋转活塞，在特定型面的气缸内作旋转运动，按奥托循环工作，又被称为汪克尔发动机。这种发动机功率高、比质量小、振动小、运转平稳、结构简单、维修方便，但由于燃料经济性较差、低速扭矩低、排放性能不理想，加上专利原因，所以只在赛车和军用等较少领域有应用。

1926年，瑞士人A.J.伯玉希第一次设计了带废气涡轮增压器的增压发动机，20世纪50年代后，市场上才普及增压内燃机，此后增压技术得到了迅速发展和广泛应用。

20世纪60年代后期，内燃机电子控制技术诞生，通过20世纪70年代的发展，于80年代趋于成熟，随着人类进入电子时代，21世纪的内燃机也将步入“内燃机电子时代”。

20世纪50年代发现的汽车排气污染和20世纪70年代出现的世界石油危机，促使内燃机技术的研究转向高效节能及开发利用洁净的代用燃料，以汽油机和柴油机为基础，开发了很多以天然气、液化石油气、甲醇、乙醇、合成汽油、合成柴油、二甲醚和氢气等为燃料的代用燃料发动机。

1.3　内燃机应用领域

内燃机热效率高、功率范围大、适应性好，已广泛应用于交通运输业、工农业和军事装备等领域。

1. 汽车与机车

内燃机是轿车、商用车和摩托车的主要动力，电动车、混合动力车虽发展较快，但其在商业上的规模应用还有待时日；内燃机现在也仍是铁路机车的主要动力。

2. 航空

燃气轮机和喷气式发动机几乎是民航飞机和军用飞机的唯一动力装置。它应用于航空领域的优点：重量轻，尺寸小，结构简单，扭矩特性好，振动小及排气中的有害气体少。它应用于航空领域的缺点：热效率低，燃料消耗高。私人飞机、教练飞机、直升机和其他轻型飞机则使用往复式内燃机。

3. 工程机械

起重机、挖掘机、压路机、铲车等工程机械、矿山和建筑机械大多用内燃机作动力，自行式工程机械则全部采用柴油机、汽油机作动力。

4. 船舶

内河船舶全部采用柴油机作动力，在远洋海轮方面大型低速柴油机也是主要动力，原因是其最经济。

5. 农业

随农业机械化的飞速发展，拖拉机和农田作业机械、排灌机械、农副产品加工机械、中小渔船和林牧机械都大量使用内燃机作动力。

6. 军事

在陆地上，坦克、装甲车、重武器牵引车主要以柴油机为动力。

在轻型舰艇上，柴油机应用占优势。核潜艇、导弹快艇、鱼雷快艇、巡逻艇、扫雷艇、登陆艇及大部分常规潜艇和军辅船主要以柴油机为动力。另有少数水面舰艇采用柴-燃联合动力装置。

7. 备用电站

在大型电站中，汽轮机占主导地位，对于备用电站和小型移动电站，则是柴油发电机组经济性好，应用广泛。

小　　结

本章概括介绍了热机和内燃机的概念、内燃机的发展史及其应用范围。

内燃机是两类热机之一。内燃机历经几代人的不断改进，以其高效、轻便等特点，逐步取代了引发工业革命的蒸汽机，广泛应用于交通运输、工农业和军事领域。

习　　题

1. 什么是热机？内燃机有哪些优缺点？
2. 内燃机广泛应用于哪些领域？

第 2 章　内燃机的工作原理和总体构造

教学提示：内燃机的工作原理是学习领会内燃机各机构、系统组成和作用的基础，内燃机的总体构造有利于从整体理解各零部件构造。本章主要讲述内燃机的基本结构，四冲程内燃机和二冲程内燃机的工作原理，内燃机的总体构造、分类和型号编制规则。

教学要求：本章主要应掌握内燃机的基本结构、常用术语、四冲程内燃机的工作原理和分类，了解二冲程内燃机的工作原理、四冲程内燃机的总体构造和型号编制规则。利用直观的结构图加深对构造的认识和对工作原理的理解。

2.1　内燃机的基本结构

单缸往复活塞式内燃机基本结构示意图如图 2.1 所示，它主要由气缸盖、气缸体、活塞、连杆、曲轴、排气门和进气门等组成。

气缸体内有一个圆筒形气缸，活塞装在气缸内，活塞通过连杆与曲轴相连接，构成曲柄连杆机构。活塞在气缸内作上下往复运动，通过连杆推动，曲轴作旋转运动。

气缸体上有气缸盖，气缸盖、气缸和运动的活塞构成了一个容积变化的空间，在此进行燃料的燃烧和气体的膨胀。为了吸入新鲜空气和排出废气，在气缸盖上设有进气门和排气门，由曲轴通过传动机构驱动。

内燃机专业常用到以下结构术语。

(1) 上止点。如图 2.2 所示，活塞在气缸中上下运动一个来回，曲轴旋转一周。活塞

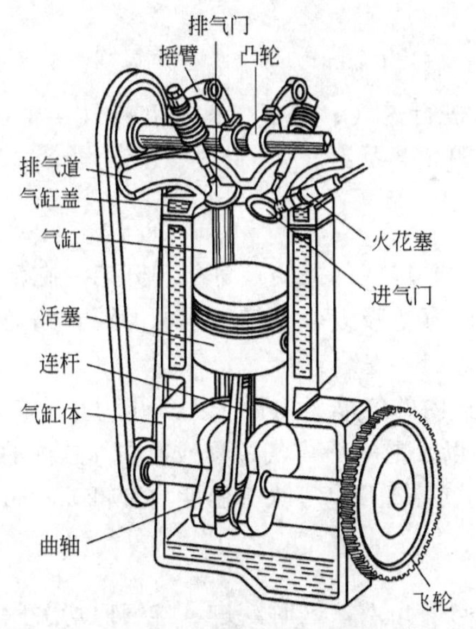

2.1　单缸往复活塞式内燃机基本结构示意图

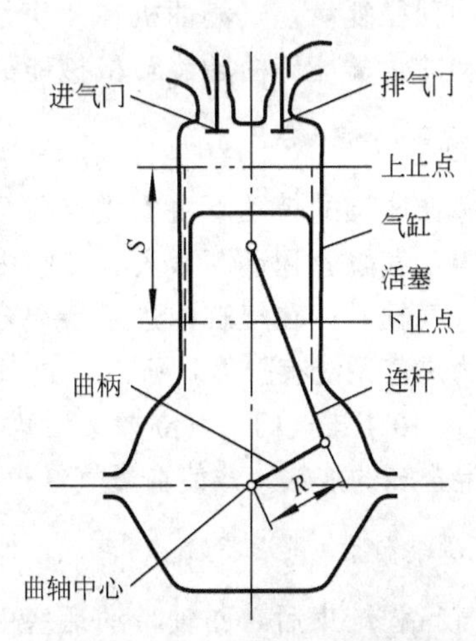

图 2.2　往复活塞式内燃机示意图

顶端离曲轴旋转中心最远处，称为上止点。

(2) 下止点。活塞顶端离曲轴中心最近处，称为下止点。

(3) 活塞行程 S。上、下止点间的距离称为活塞行程，用 S 表示。连杆轴颈中心到曲轴旋转中心的距离 R 为曲柄半径，对气缸中心线通过曲轴中心线的内燃机，$S=2R$。

(4) 燃烧室容积。当活塞位于上止点时，活塞顶以上的气缸容积称为燃烧室容积，也称压缩容积，用 V_c 表示。

(5) 气缸工作容积。活塞从一个止点到另一个止点所扫过的气缸容积称为气缸工作容积，用 V_s 表示。

$$V_s=\frac{\pi D^2}{4\times10^6}S \tag{2-1}$$

式中，D 为气缸直径，mm；S 为活塞行程，mm。

(6) 气缸总容积。当活塞位于下止点时，活塞顶上方的气缸容积称为气缸总容积，用 V_a 表示。

$$V_a=V_s+V_c$$

(7) 内燃机排量。内燃机所有气缸工作容积的总和称为内燃机排量，用 V_L 表示。

$$V_L=iV_s=\frac{\pi D^2}{4\times10^6}Si \tag{2-2}$$

式中，i 为气缸数；V_s 为气缸工作容积，L。

(8) 压缩比。气缸总容积与燃烧室容积之比称为压缩比，用 ε 表示。

$$\varepsilon=\frac{V_a}{V_c}=\frac{V_s+V_c}{V_c}=1+\frac{V_s}{V_c}$$

压缩比表示活塞由下止点移动到上止点过程中气缸中气体被压缩的程度。

2.2 四冲程内燃机的工作原理

2.2.1 四冲程汽油机的工作原理

四冲程往复活塞式汽油机在 4 个活塞行程内进行进气、压缩、做功和排气 4 个过程，完成燃料的化学能到曲轴旋转机械能的转换，如图 2.3 所示。

1. 进气行程(图 2.3(a))

活塞在曲轴的带动下由上止点移至下止点，此时排气门关闭，进气门开启。在活塞移动过程中，气缸容积逐渐增大，气缸内形成一定的真空吸力，空气和汽油的混合物通过进气门进入气缸，并在气缸内进一步混合均匀。

因为进气系统有阻力，所以在进气结束时气缸内的气体压力低于大气压力，为 0.08～0.09MPa。由于进气门、气缸壁、活塞等高温零件以及前一个排气过程残留在气缸内的高温废气对混合气的加热，致使在进气结束时气缸内的气体温度高于大气温度，为 320～380K。

2. 压缩行程(图 2.3(b))

进气行程结束后，曲轴带动活塞由下止点移向上止点，这时，进、排气门均关闭，随

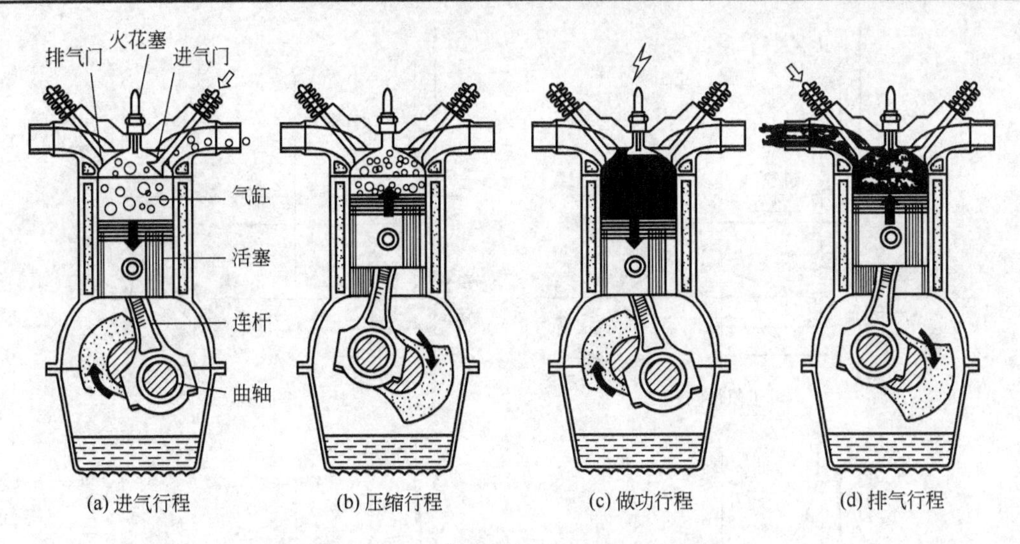

图 2.3　四冲程汽油机的工作原理示意图

着活塞移动，气缸容积不断减小，气缸内的混合气被压缩，其压力和温度同时升高。当活塞到达上止点时，气缸内气体的压力为 0.8～1.5MPa，温度为 600～750K。

压缩气体有利于混合气的迅速燃烧并可提高内燃机的热效率。一般压缩比 $\varepsilon=7\sim10$，ε 太大容易发生不正常燃烧。

3. 做功行程(图 2.3(c))

当压缩行程结束时，安装在气缸盖上的火花塞产生电火花，将气缸内的可燃混合气点燃，火焰迅速传遍整个燃烧室，同时放出大量热能，这时，进、排气门仍然关闭，燃烧气体的压力和温度迅速升高，高压气体推动活塞由上止点移向下止点，并通过连杆推动曲轴旋转做功。

在做功行程中，燃烧气体的最大压力可达 3.0～6.5MPa，最高温度可达 2200～2800K，随着活塞向下止点移动，气缸容积不断增大，气体压力和温度逐渐降低。在做功行程结束时，压力为 0.35～0.5MPa，温度为 1200～1500K。

4. 排气行程(图 2.3(d))

活塞到达下止点前后，排气门开启，进气门仍然关闭，燃烧后的废气靠其自身压力从排气道喷出，随后曲轴通过连杆带动活塞由下止点移向上止点，将废气继续挤出气缸。当活塞到达上止点时，排气行程结束，排气门关闭。

在排气行程结束时，在燃烧室内尚残留少量废气，称为残余废气。因为排气系统有阻力，所以残余废气的压力比大气压力略高，为 0.105～0.12MPa，温度为 900～1100K。

将气缸内的气体压力随气缸容积(或曲轴转角)的变化关系绘成曲线，能直观地显示气缸内气体压力的变化过程，这种曲线称作示功图，如图 2.4 所示。借助示功图，可深入理解和掌握内燃机的工作状况，在图 2.4 的示功图上，曲线 ra 表示进气行程中气缸内气体压力的变化，曲线 ac 为压缩行程，曲线 czb 表示做功行程，曲线 br 代表排气行程，大气压力线上方的点表示正压力，下方的点表示负压力。

由上所述，经过进气、压缩、做功和排气 4 个行程，汽油机便完成一次能量转换过程，周而复始地重复这个过程，即可连续输出动力，每一个能量转换过程称为内燃机的一

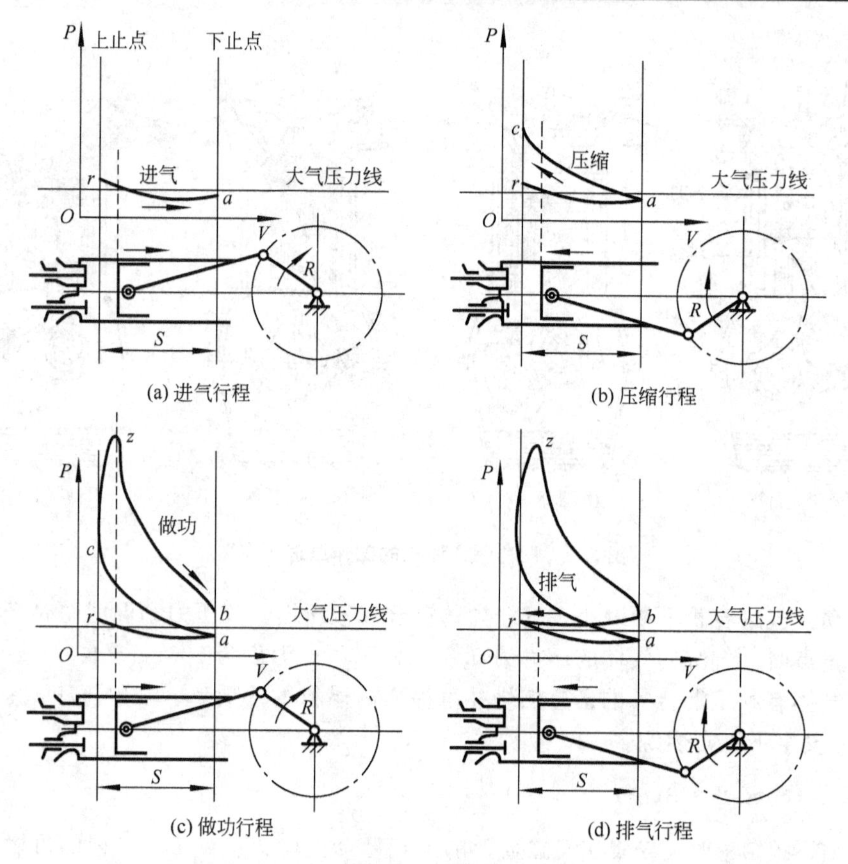

(a) 进气行程　(b) 压缩行程

(c) 做功行程　(d) 排气行程

图 2.4　四冲程汽油机的示功图

个工作循环。在一个工作循环中，曲轴旋转两周，活塞在上、下止点间往复运动 4 个行程(一个活塞行程曲轴转 180°)，所以称为四冲程内燃机。在一个工作循环中，只有做功行程产生动力，其他 3 个行程要消耗动力，做功行程做的功比其他 3 个行程的耗功大得多，一般在曲轴上安装转动惯量较大的飞轮或采用多缸内燃机，靠飞轮惯性和多个气缸按一定的工作顺利依次做功来维持运转，并改善曲轴旋转的不均匀性。

在实际进气过程中，进气门早于上止点开启，迟于下止点关闭。在排气过程中，排气门早于下止点开启，迟于上止点关闭。即进、排气过程所占的曲轴转角均超过 180°。进气门早开晚关的目的是为了减少进气过程所消耗的功和增加进入气缸内的混合气量。排气门早开晚关的目的是为了减少排气过程的能耗和残余废气量。减少残余废气量，会相应的增加进气量。

2.2.2　四冲程柴油机的工作原理

四冲程柴油机的工作循环同样包括进气、压缩、做功和排气 4 个过程，在各个活塞行程中，进、排气门的开闭和曲柄连杆机构的运动与汽油机完全相同，只是由于柴油和汽油使用性能的不同，柴油机和汽油机在混合气形成方法及着火方式上有着根本的差别，其工作原理示意图如图 2.5 所示。因此，在叙述柴油机工作原理时只介绍与汽油机的不同之处。

1. 进气行程(图 2.5(a))

在柴油机进气行程中，被吸入气缸的只是纯净的空气。由于柴油机进气系统阻力较小，残余废气的温度较低，因此在进气行程结束时气缸内气体的压力较高，为0.085～0.095MPa，温度较低为310～340K。

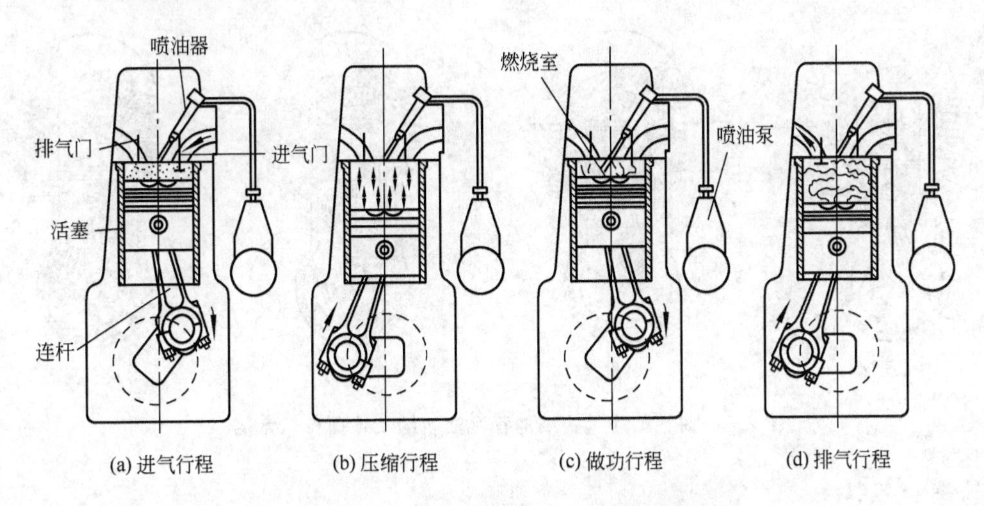

图2.5　四冲程柴油机工作原理示意图

2. 压缩行程(图2.5(b))

因为柴油机的压缩比大，所以在压缩行程结束时气体压力可高达3～5MPa，温度可达750～1000K。

3. 做功行程(图2.5(c))

在压缩行程结束时，喷油泵将高压柴油送入喷油器，并通过喷油器将其喷入燃烧室。因为喷油压力很高，喷孔直径很小，所以喷出的柴油呈细雾状，细微的油滴在炽热的空气中迅速蒸发汽化，并借助于空气的运动，迅速与空气混合，形成可燃混合气。由于气缸内的温度远高于柴油的自燃点，因此柴油随即自行着火燃烧。燃烧气体的压力、温度迅速升高，高压气体推动活塞做功，进而推动曲轴旋转。

在做功行程中，燃烧气体的最大压力可达6～9MPa，最高温度可达1800～2200K。当做功行程结束时，压力为0.2～0.5MPa，温度为1000～1200K。

4. 排气行程(图2.5(d))

在排气结束时气缸残余废气的压力为0.105～0.12MPa，温度为700～900K。

2.3　二冲程内燃机的工作原理

曲轴旋转一周，活塞上下往复运动一次，即经过两个行程，完成一个工作循环，这种内燃机称为二冲程内燃机。二冲程内燃机也有汽油机和柴油机之分。

2.3.1　二冲程汽油机的工作原理

如图2.6所示为曲轴箱换气式二冲程汽油机的工作原理示意图。由图可见，曲轴箱换气式二冲程汽油机不设进、排气门，而是在气缸的下部开设3个孔：进气孔、排气孔和扫气孔，并由活塞来控制3个孔的开闭，以实现换气过程。

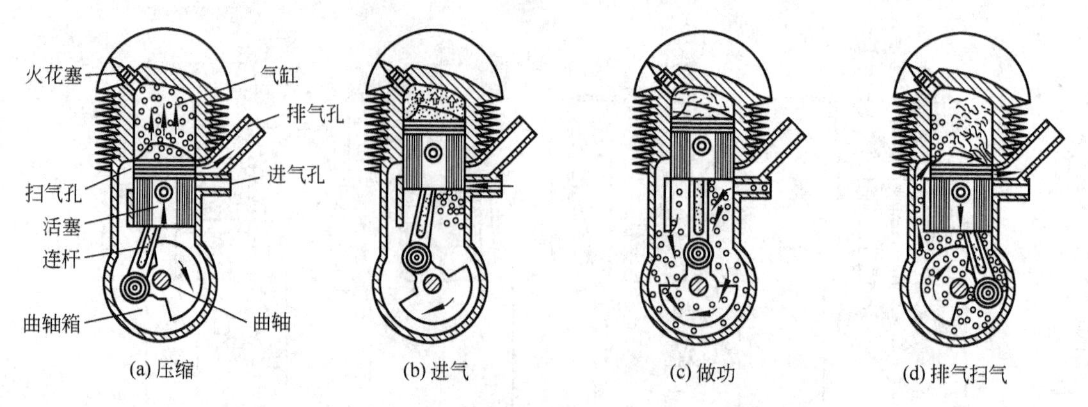

图2.6　曲轴箱换气式二冲程汽油机的工作原理示意图

1. 第一行程

活塞在曲轴带动下由下止点移至上止点。当活塞还处于下止点时，曲轴箱内的可燃混合气已被压缩。这时，进气孔被活塞封闭、排气孔和扫气孔开启，混合气靠自身压力经扫气孔进入气缸，并扫除其中的废气。随着活塞向上止点运动，活塞头部首先将扫气孔关闭，扫气终止。但此时排气孔尚未关闭，仍有部分废气和可燃混合气经排气孔继续排出，称为额外排气。当活塞将排气孔也关闭之后，气缸内的可燃混合气开始被压缩，如图2.6(a)所示。直至活塞到达上止点为止，压缩过程结束。

在活塞到达上止点之前，随着活塞上移，曲轴箱的容积增大，曲轴箱内形成一定的真空。当活塞裙部将进气孔开启时，空气和汽油的混合物被吸入曲轴箱，进气开始，如图2.6(b)所示，空气和汽油的可燃混合气在曲轴箱内进一步混合，变得更均匀。

2. 第二行程

活塞由上止点移至下止点。在压缩过程结束时，火花塞产生电火花，将气缸内的可燃混合气点燃，如图2.6(c)所示，燃烧气体膨胀做功。此时，排气孔和扫气孔均被活塞关闭，唯有进气孔仍然开启，空气和汽油经进气孔继续流入曲轴箱，直至活塞裙部将进气孔关闭为止。随着活塞继续向下止点运动，曲轴箱容积不断缩小，其中的混合气被预压缩。此后，活塞头部先将排气孔开启，膨胀后的燃烧气体已成废气，经排气孔排出。至此做功过程结束，开始先期排气。随后活塞又将扫气孔开启，经过预压缩的可燃混合气从曲轴箱经扫气孔进入气缸，如图2.6(d)所示，扫除其中的废气，开始扫气过程。这一过程将持续到下一个活塞行程中扫气孔被关闭时为止。

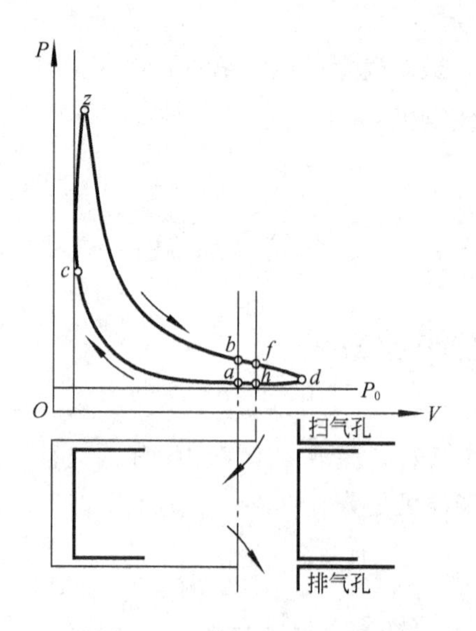

图2.7　二冲程内燃机的示功图

图2.7所示为二冲程内燃机的示功图，图中点

a表示排气孔关闭，曲线ac为压缩过程；曲线czb为做功过程；在b点排气孔开启，bf为先期排气阶段，在f点扫气孔开启，fdh段为扫气过程。在h点扫气孔关闭，ha段为额外排气阶段。从排气口开始打开到完全关闭占130°～150°曲轴转角，此为二冲程内燃机的换气过程，即示功图上的$bfdha$曲线。

2.3.2　二冲程柴油机的工作原理

图2.8所示为带扫气泵的气门-气孔式直流扫气二冲程柴油机的工作原理示意图。

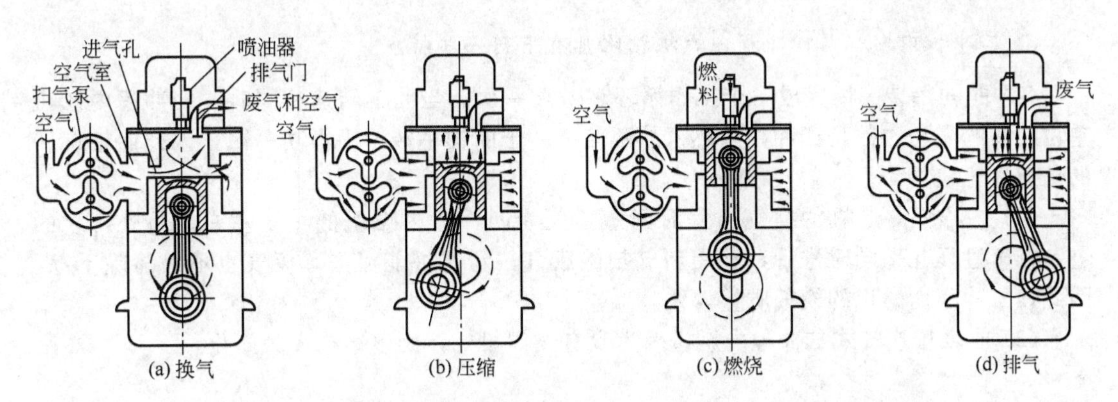

图2.8　带扫气泵的气门-气孔式二冲程柴油机的工作原理示意图

1. 第一行程

活塞由下止点移向上止点。当活塞还处于下止点位置时，进气孔和排气门均已开启。扫气泵将纯净的空气增压到0.12～0.14MPa，经空气室和进气孔送入气缸，扫除其中的废气。废气经气缸顶部的排气门排出，如图2.8(a)所示。当活塞上移将进气孔关闭的同时，排气门也关闭，进入气缸内的空气开始被压缩，如图2.8(b)所示。活塞运动至上止点，压缩过程结束。

2. 第二行程

活塞由上止点移至下止点。当压缩过程结束时，高压柴油经喷油器喷入气缸，并自行着火燃烧，如图2.8(c)所示，高温高压的燃烧气体推动活塞做功。当活塞下移2/3行程时，排气门开启，废气经排气门排出，如图2.8(d)所示。活塞继续下移，进气孔开启，来自扫气泵的空气经进气孔进入气缸进行扫气，扫气过程持续到上行活塞将进气孔关闭为止。

2.3.3　汽油机与柴油机、四冲程内燃机与二冲程内燃机的比较

以上叙述了各类往复活塞式内燃机的简单工作原理，从中可以看出汽油机与柴油机、四冲程内燃机与二冲程内燃机的若干异同之处。

1. 四冲程汽油机与四冲程柴油机的共同点

(1) 每个工作循环都包含进气、压缩、做功和排气4个活塞行程，每个行程各占曲轴转角180°，即曲轴每旋转两周完成一个工作循环。

(2) 4个活塞行程中，只有一个做功行程，其他3个是耗功行程。

2. 四冲程汽油机与四冲程柴油机的不同之处

(1) 汽油机的可燃混合气在气缸外部开始形成，并延续到进气和压缩行程结束时，时间较长。柴油机的可燃混合气在气缸内部形成，从压缩行程接近结束时开始，并占小部分做功行程，时间很短。

(2) 汽油机的可燃混合气用电火花点燃，柴油机则是自燃，所以又称汽油机为点燃式内燃机，称柴油机为压燃式内燃机。

3. 二冲程内燃机与四冲程内燃机相比具有下列一些特点

(1) 曲轴每转一周完成一个工作循环，做功一次。当曲轴转速相同时，二冲程内燃机单位时间的做功次数是四冲程内燃机的两倍。由于曲轴每转一周做功一次，因此曲轴旋转的角速度比较均匀。

(2) 二冲程内燃机的换气过程时间短，仅为四冲程内燃机的1/3左右。另外，它的进、排气过程几乎同时进行，利用新气扫除废气，新气可能流失，废气也不易清除干净。因此，二冲程内燃机的换气质量较差。

(3) 曲轴箱换气式二冲程内燃机因为没有气门机构，所以结构大为简化。

2.4 内燃机总体构造

内燃机是极其复杂的机器。为实现由燃料化学能到机械能的转换，并且达到优异的性能指标，内燃机一般采用多个气缸，所以只具备基本结构是不够的，必须包含许多机构和系统，且随发动机的用途、生产厂家和生产年代的不同而千差万别，图2.9～图2.14所示为几种内燃机的总体结构。但就其总体构造而言，却都是由机体组、曲柄连杆机构、配气机构、进排气系统、燃料供给系统、冷却系统、润滑系统、起动系统和有害排放物控制装置组成。另外，汽油机还包括点火系统，增压发动机还有增压系统。

1. 机体组

机体组主要包括气缸体、气缸盖、曲轴箱等。机体组是内燃机各机构、各系统装配的基体，它的许多部位还是曲柄连杆机构、配气机构、进排气系统、燃油供给系统、冷却系统、润滑系统的组成部分。

2. 曲柄连杆机构

曲柄连杆机构是发动机的主要运动机构，由活塞、活塞环、活塞销、连杆、曲轴和飞轮等组成，其功用是将活塞的往复运动转变为曲轴的旋转运动，同时将作用于活塞上的力转变为曲轴对外输出的转矩。

3. 配气机构

配气机构的作用是根据每一气缸内的工作和发火次序的要求，定时地开启和关闭各气缸的进、排气门，以便新鲜可燃混合气(汽油机)或空气(柴油机)及时进入气缸，并把燃烧生成的废气及时排出气缸。配气机构主要由气门组和气门传动组(包括凸轮轴、挺柱、推

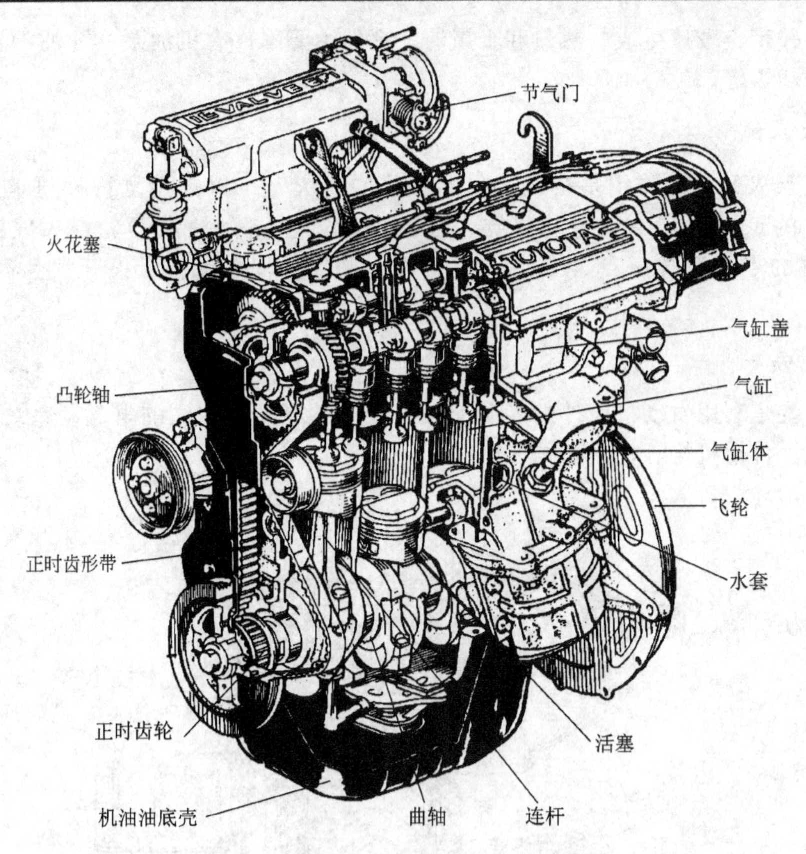

图 2.9　丰田 4E－FE 汽油机立体剖面图

杆、摇臂轴、摇臂和正时齿轮等)组成。

4. 进、排气系统

进、排气系统的作用是将新鲜空气或可燃混合气分配到各气缸中，并汇集燃烧后的废气，经消声器排到大气中。它由空气滤清器、进气歧管、排气歧管和排气消声器等组成。

5. 燃料供给系统

汽油机燃料供给系统的作用是将汽油和空气按一定比例混合成可燃混合气，并供入气缸，它由汽油箱、输油泵、汽油滤清器和汽油喷射系统组成。

柴油机燃料供给系统的作用是适时适量地把柴油以一定压力通过喷油器直接喷入气缸，使柴油在缸内形成混合气并燃烧做功。它由柴油箱、输油泵、柴油滤清器、高压油泵、喷油器、调速器等组成。

6. 冷却系统

冷却系统的主要作用是将内燃机的受热零件，如气缸盖、气缸、气门等的热量及时散发到大气中，以保证内燃机在适宜的温度下工作。冷却介质一般为水或空气。水冷内燃机的冷却系统一般由水泵、水套、节温器、散热器、冷却风扇等组成。

7. 润滑系统

内燃机润滑系统的主要作用是将润滑油送入运动零件的摩擦表面，以减少摩擦副的摩擦和磨损，并带走摩擦生成的热量和金属屑。它的主要部件有机油泵、机油滤清器、机油道、机油冷却器等。

8. 点火系统

汽油机点火系统的作用是按时产生足够强的电火花，以点燃缸内被压缩的混合气。现代汽油机的点火系统一般由传感器、微机控制器和点火控制器、点火线圈等组成；传统汽油机的点火系统由点火线圈、分电器、火花塞、电源、点火开关和高压导线等组成。

9. 起动系统

起动系统是利用发动机以外的能源使发动机开始运转，常用的电起动系统由蓄电池、直流电动机、传动机构、控制机构等组成。

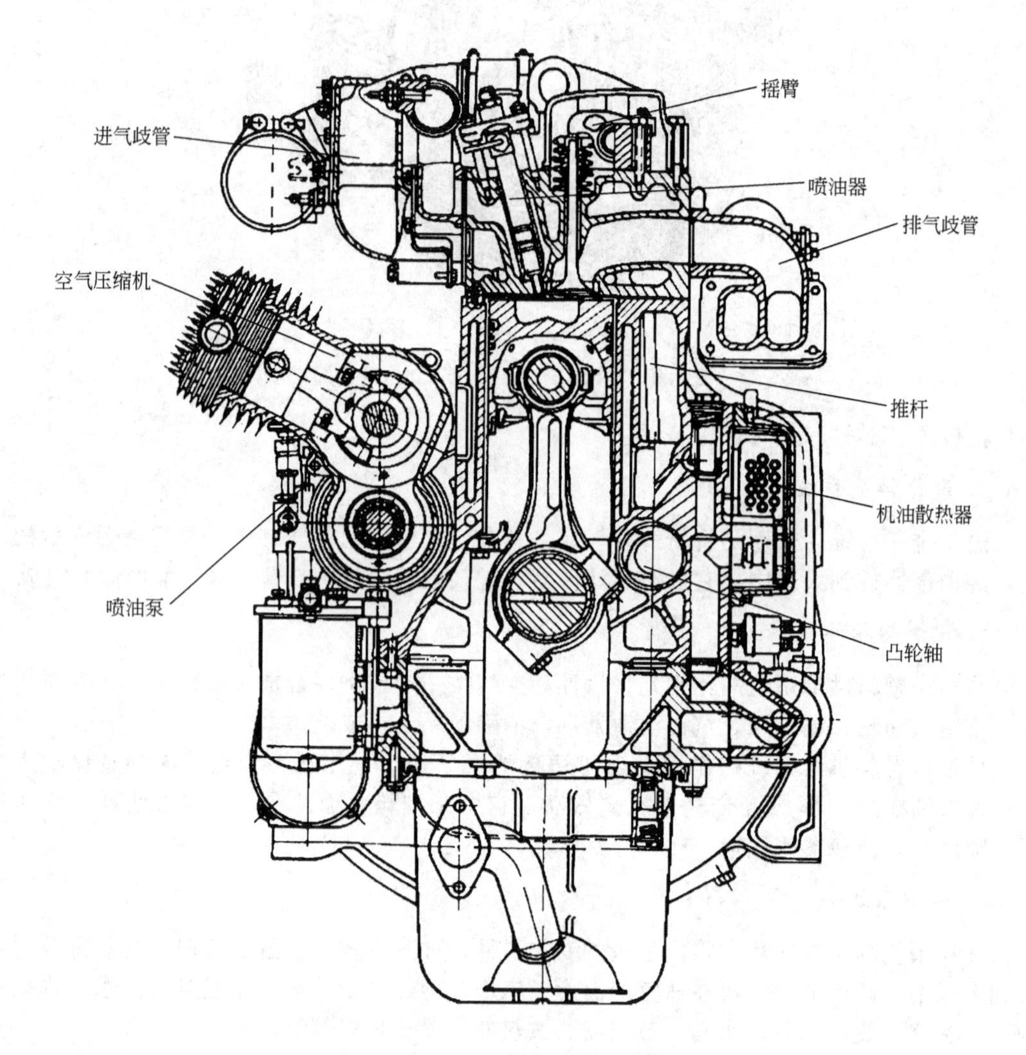

图 2.10　WD615 柴油机横剖面图

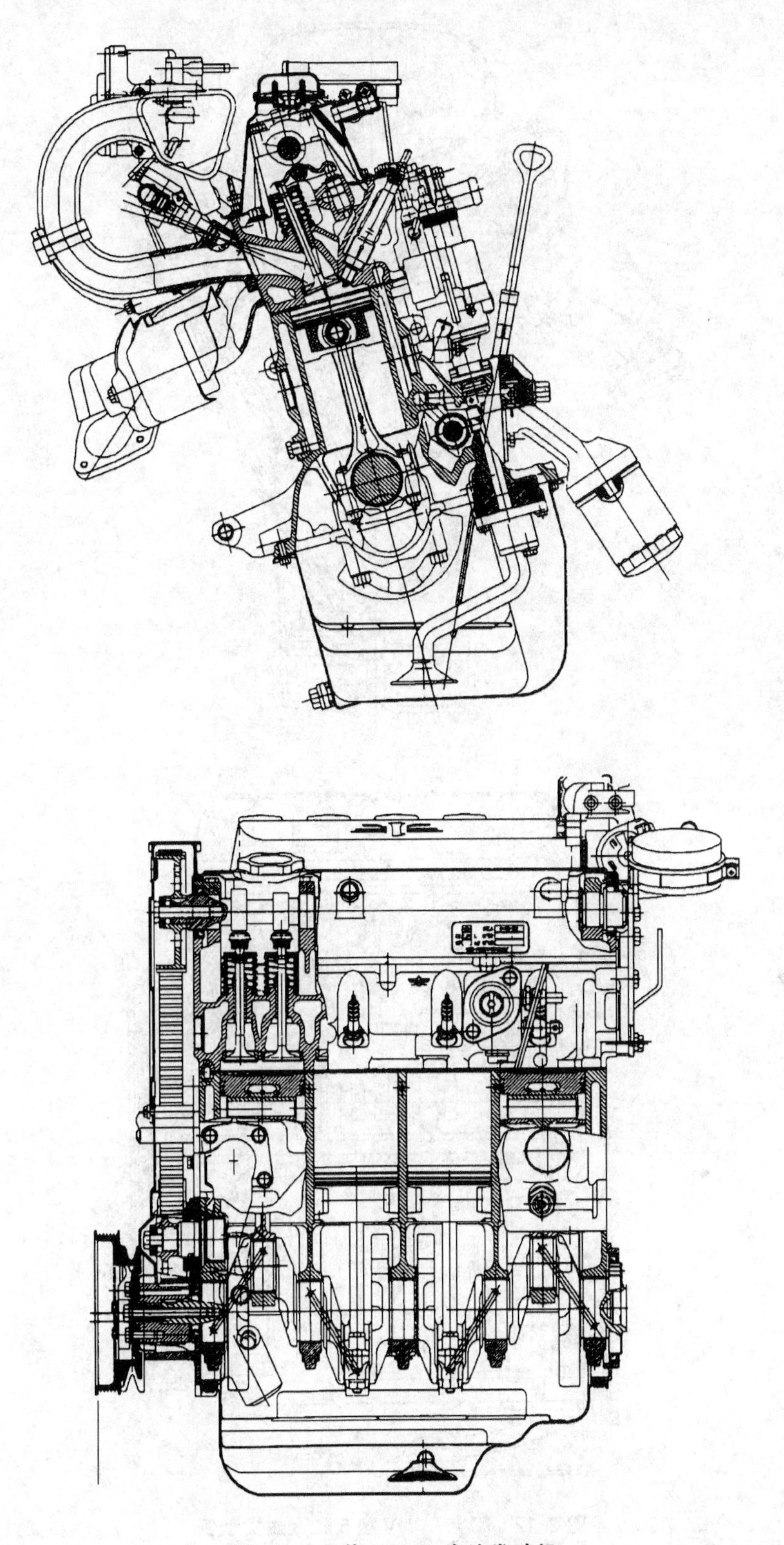

图 2.11　红旗 CA4GE 汽油发动机

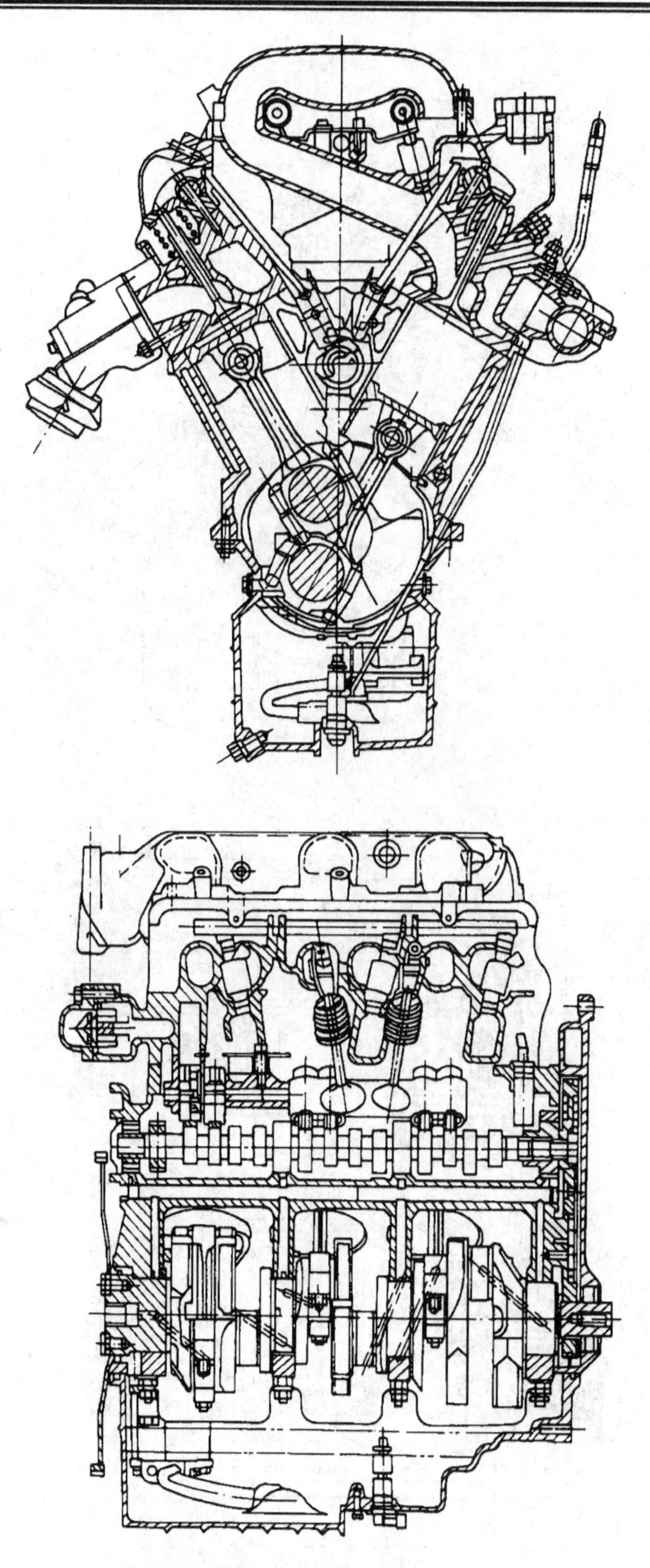

图 2.12　别克 LW9V 型 6 缸汽油发动机

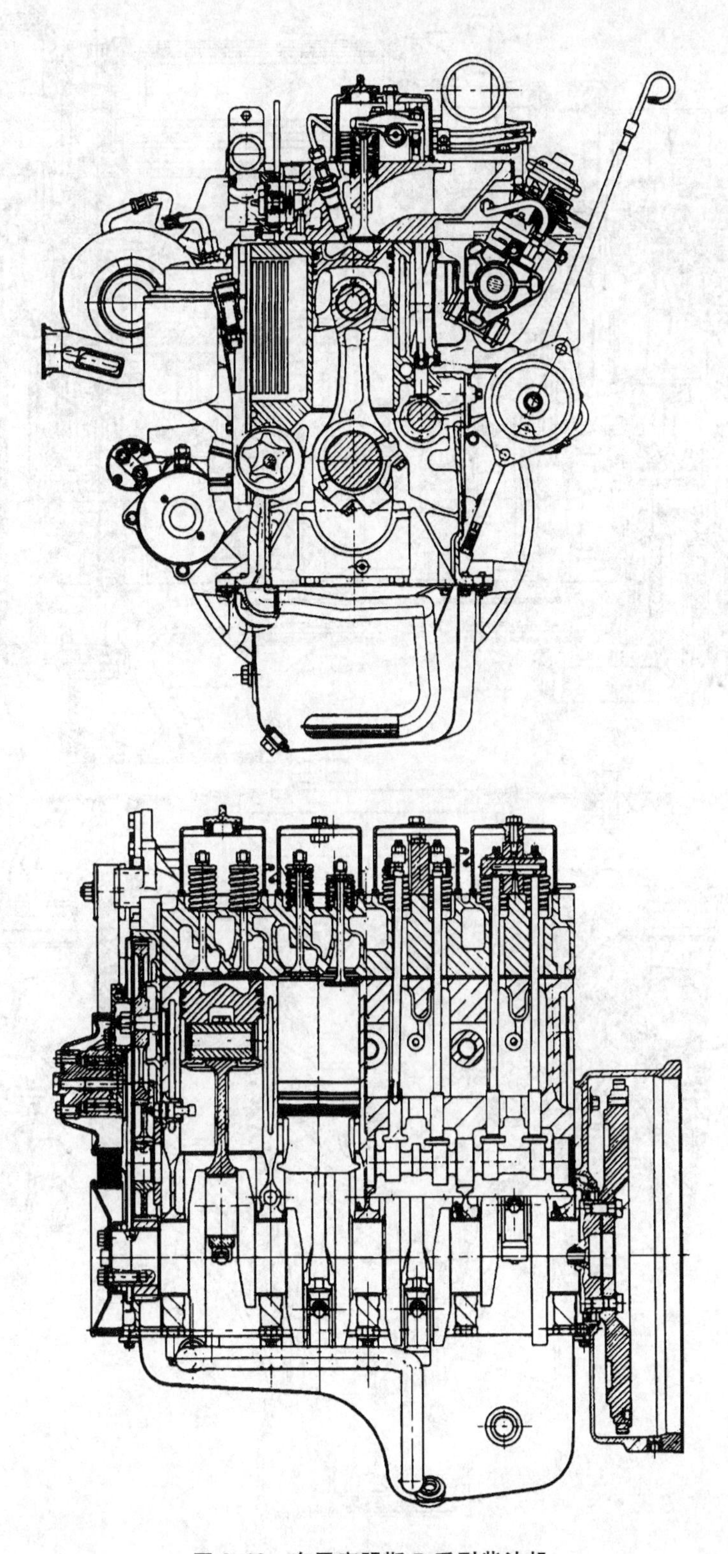

图2.13　东风康明斯B系列柴油机

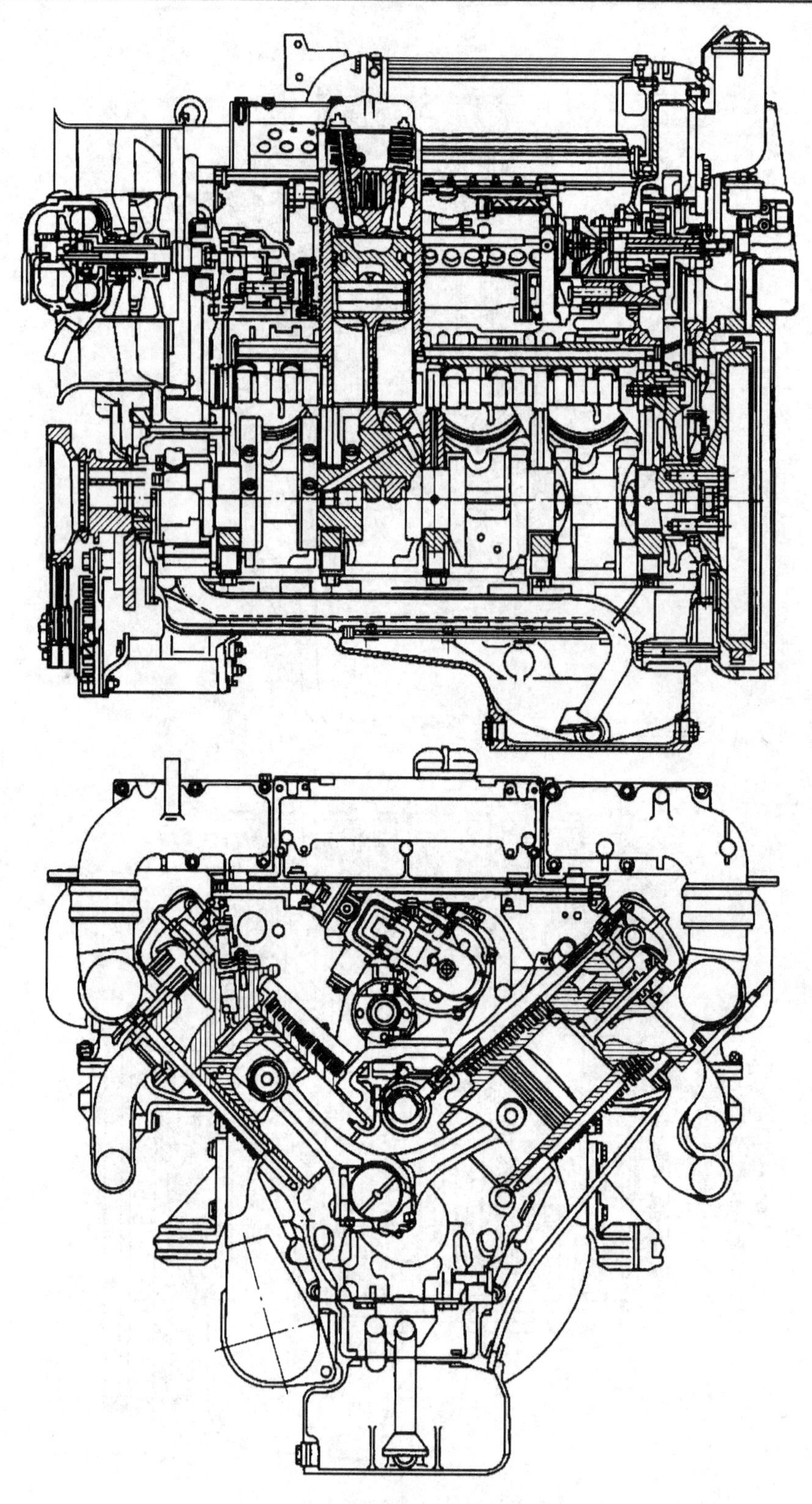

图 2.14　BF8L413FV 型风冷柴油机

2.5 内燃机的分类

常用的往复活塞式内燃机的分类方法如下。

1. 按燃料分类

按使用燃料分为煤气机、汽油机、柴油机(包括各种代用燃料)等。

2. 按一个工作循环的行程数分类

往复活塞式内燃机按一个工作循的行程数分为四冲程内燃机、二冲程内燃机。

3. 按燃料着火方式分类

往复活塞式内燃机按燃料着火方式分为压燃式内燃机、点燃式内燃机。

4. 按冷却方式分类

往复活塞式内燃机按冷却方式分为水冷式内燃机、风冷式内燃机。

5. 按进气方式分类

往复活塞式内燃机按进气方式分为自然吸气式内燃机、增压式内燃机。

6. 按气缸数目分类

往复活塞式内燃机按气缸数目分为单缸内燃机、多缸内燃机。

7. 按气缸排列方式分类

往复活塞式内燃机按气缸排列方式分为直列式内燃机、V 型内燃机、水平对置式内燃机、卧式内燃机等，如图 2.15 所示。

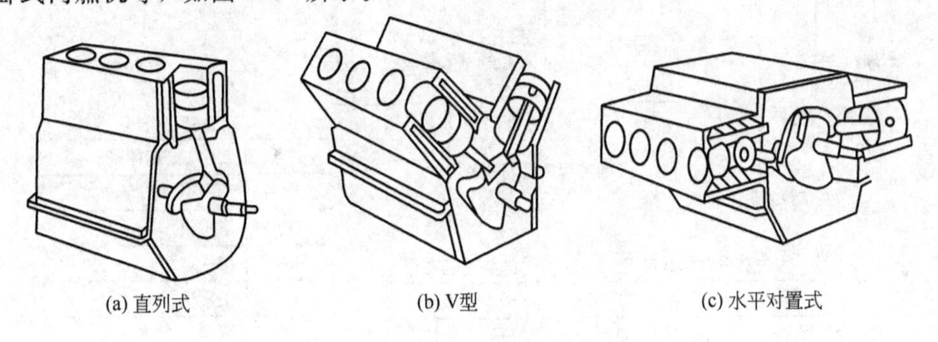

(a) 直列式　　(b) V型　　(c) 水平对置式

图 2.15 气缸排列形式

8. 按转速或活塞平均速度分类

往复活塞式内燃机按转速或活塞平均速度分为高速内燃机(标定转速高于 1000r/min 或活塞平均速度高于 9m/s)；中速内燃机(标定转速 600～1000r/min 或活塞平均速度 6～9m/s)；低速内燃机(标定转速低于 600r/min 或活塞平均速度低于 6m/s)。

9. 按用途分类

往复活塞式内燃机按用途分为农用、汽车用、工程机械用、拖拉机用、铁路机车用、船用及发电用等内燃机。

2.6　内燃机型号的编制规则

为了方便内燃机的生产管理和使用，我国对内燃机名称和型号的编制规则重新审定并颁布了国家标准 GB/725—1991。标准的主要内容如下。

(1) 内燃机产品名称均按所采用的燃料命名，例如柴油机、汽油机、煤气机、沼气机、双(多种)燃料发动机等。

(2) 内燃机型号由阿拉伯数字、汉语拼音字母和 GB 1883 中关于气缸布置所规定的象形字符号组成。

(3) 内燃机型号由四部分组成。

① 首部：包括产品系列代号、换代符号和地方、企业代号，由制造厂根据需要自选相应字母表示，但需经行业标准化归口单位核准、备案。

② 中部：由缸数符号、气缸布置形式符号、冲程符号和缸径符号组成。

③ 后部：由结构特征符号和用途特征符号组成。

④ 尾部：包括区分符号。当同一系列产品因改进等原因需要区分时，由制造厂选用适当符号表示。后部与尾部可用“-”分隔。

(4) 型号表示方法。

型号表示方法如图 2.16 所示。

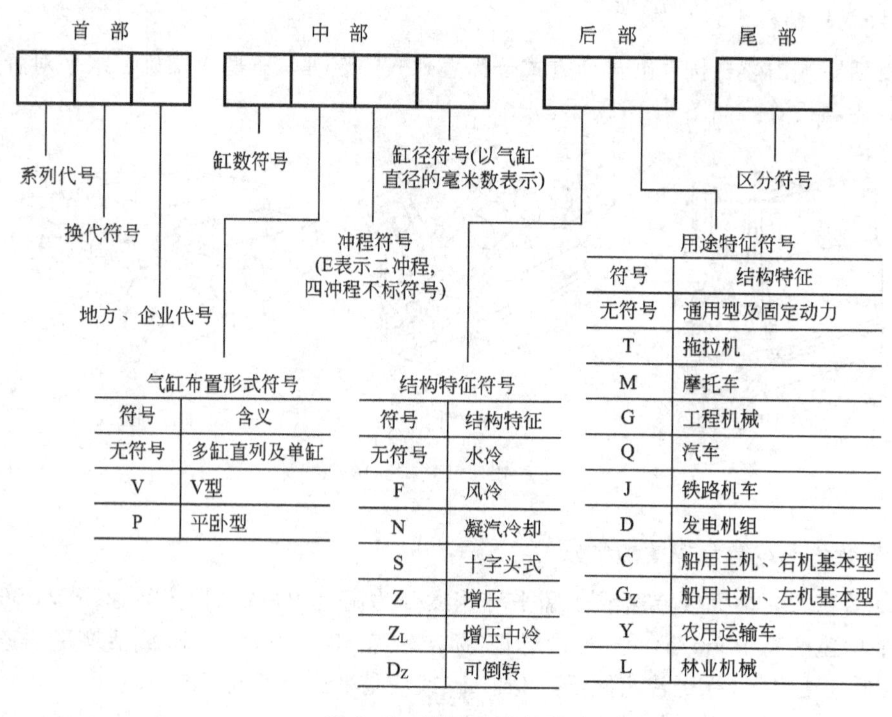

气缸布置形式符号

符号	含义
无符号	多缸直列及单缸
V	V型
P	平卧型

结构特征符号

符号	结构特征
无符号	水冷
F	风冷
N	凝汽冷却
S	十字头式
Z	增压
Z_L	增压中冷
D_Z	可倒转

用途特征符号

符号	结构特征
无符号	通用型及固定动力
T	拖拉机
M	摩托车
G	工程机械
Q	汽车
J	铁路机车
D	发电机组
C	船用主机、右机基本型
G_Z	船用主机、左机基本型
Y	农用运输车
L	林业机械

图 2.16　型号表示方法

注：气缸直径的毫米取整数

(5) 型号示例。

① 汽油机。

a. 1E65F——单缸、二冲程、缸径为65mm、风冷、通用型。

b. EQ6100-1——6缸、直列、四冲程、缸径为100mm、水冷，区分符号1表示第一种变型产品(EQ为第二汽车制造厂代号)。

c. BN492QA——4缸、直列、四冲程、缸径为92mm、水冷、汽车用，区分符号A表示变型产品(BN为北京内燃机厂代号)。

② 柴油机。

a. LL480Q——4缸直列、四冲程、缸径为80mm、水冷、汽车用(LL为华源莱动股份有限公司代号)。

b. 10V120FQ——10缸V型气缸排列、四冲程、缸径为120mm、风冷、汽车用。

c. $12VE230ZC_Z$——12缸、V型、二冲程、缸径为230mm、水冷、增压、船用主机、左机基本型。

小　结

四冲程内燃机经过进气、压缩、做功和排气4个活塞冲程完成一个工作循环，二冲程内燃机用两个活塞行程完成一次能量转换过程。

内燃机要连续运转，即不断重复工作循环，需要复杂的机构和系统，一般由机体组、曲柄连杆机构、配气机构、进、排气系统、燃料供给系统、冷却系统、润滑系统、起动系统、有害排放物控制装置和增压系统、点火系统组成。

按不同的分类方法，可将内燃机分成多种类型。

习　题

1. 四冲程往复活塞式内燃机通常由哪些机构与系统组成？它们各有什么功用？
2. 四冲程汽油机和柴油机在基本原理上有何异同？
3. 二冲程内燃机与四冲程内燃机相比有何特点？
4. 内燃机有哪些类型？

第 3 章　机体组与曲柄连杆机构

教学提示：在做功行程时，曲柄连杆机构把活塞的往复运动转变成曲轴的旋转运动，对外输出动力，而在进气、压缩、排气行程时，它又把曲轴的旋转运动转变成活塞的往复直线运动，因而它是内燃机实现工作循环，完成能量转换的传动机构；曲柄连杆机构承受高温、高压、高速和化学腐蚀作用，工作条件恶劣。曲柄连杆机构的主要零件可以分为：活塞连杆组和曲轴飞轮组；机体组是曲柄连杆机构和其他机构系统装配基体和运动的支撑。

教学要求：本章通过对曲柄连杆机构的学习，了解曲柄连杆机构组成、各部件的作用、结构特点。重点掌握：机体组的组成与结构特点；活塞的结构和工作变形；气环的密封原理、泵油现象，扭曲环的作用原理、特点；连杆的构造、大头的定位方法；整体式曲轴的构造、定位、平衡和密封，4、6、8 缸内燃机的工作顺序。

曲柄连杆机构主要由活塞连杆组、曲轴飞轮组等组成，曲柄连杆机构安装在机体组中，如图 2.9 所示，曲柄支撑在机体的主轴承中旋转，活塞在气缸内作往复运动。活塞、气缸、缸盖形成变化的气体工作空间，在气缸中，燃料燃烧产生的热能转变为活塞的往复运动机械能，又通过连接活塞和曲轴的连杆传给曲轴，变为旋转运动而对外输出动力。

曲柄连杆机构在气体压下作变速运动，承受高温高压、运动惯性力、摩擦力等作用，与可燃混合气和废气直接接触零件还受到化学腐蚀。

(1) 做功行程中，气缸内最高温度可高达 2500K 以上，最高压力达 5～9MPa。高压气体作用在活塞顶上，推动活塞向下移动。活塞通过活塞销将平行于气缸轴线的力传给连杆。连杆力沿连杆方向的分力作用在曲柄销上，曲柄销力垂直于曲柄分力除使曲轴主轴颈与主轴承产生压紧力外，还对曲轴形成转矩使曲轴旋转；沿曲柄方向分力产生轴承压紧力。连杆力垂直于气缸壁的分力将活塞压向气缸壁，形成两者间的侧压力，使机体有翻倒的趋势，所以内燃机一般要求支撑在车架上。

压缩行程时气体压力阻碍活塞向上运动，曲柄连杆机构的受力分析和做功行程相似，不过垂直于曲柄的分力是阻止曲轴的旋转，连杆力垂直于气缸壁的分力的方向相反于做功行程的分力方向。

(2) 内燃机最高转速可达 3000～6000r/min，活塞每秒可进行 100～200 个行程，线速度很大，曲柄连杆机构变速运动产生惯性力。曲柄连杆机构惯性力可分为往复惯性力和旋转惯性力。在任意行程中，在行程中点以上的往复惯性力向上，行程中点以下的往复惯性力向下，活塞、活塞销、连杆小头质量越大，发动机转速越大，则往复惯性力就越大。往复惯性力会使曲柄连杆机构零件和所有轴颈承受周期性的附加载荷，加快轴颈的磨损，如果惯性力未平衡掉，还会引起发动机的振动。曲柄、曲柄销和连杆大头绕曲轴轴线旋转，产生旋转惯性力方向沿曲柄半径向外，也称离心力，离心力增加了各轴颈的变形和磨损。

(3) 摩擦力是任何相互压紧并作相对运动的零件表面之间必须存在的，其最大值取决于上述各种力对摩擦面形成的正压力和摩擦系数。

3.1 机 体 组

机体组主要由气缸体、曲轴箱、油底壳、气缸盖和气缸垫等零件组成，如图3.1所示。机体组是曲柄连杆机构、配气机构和发动机各系统主要零部件的装配基体。

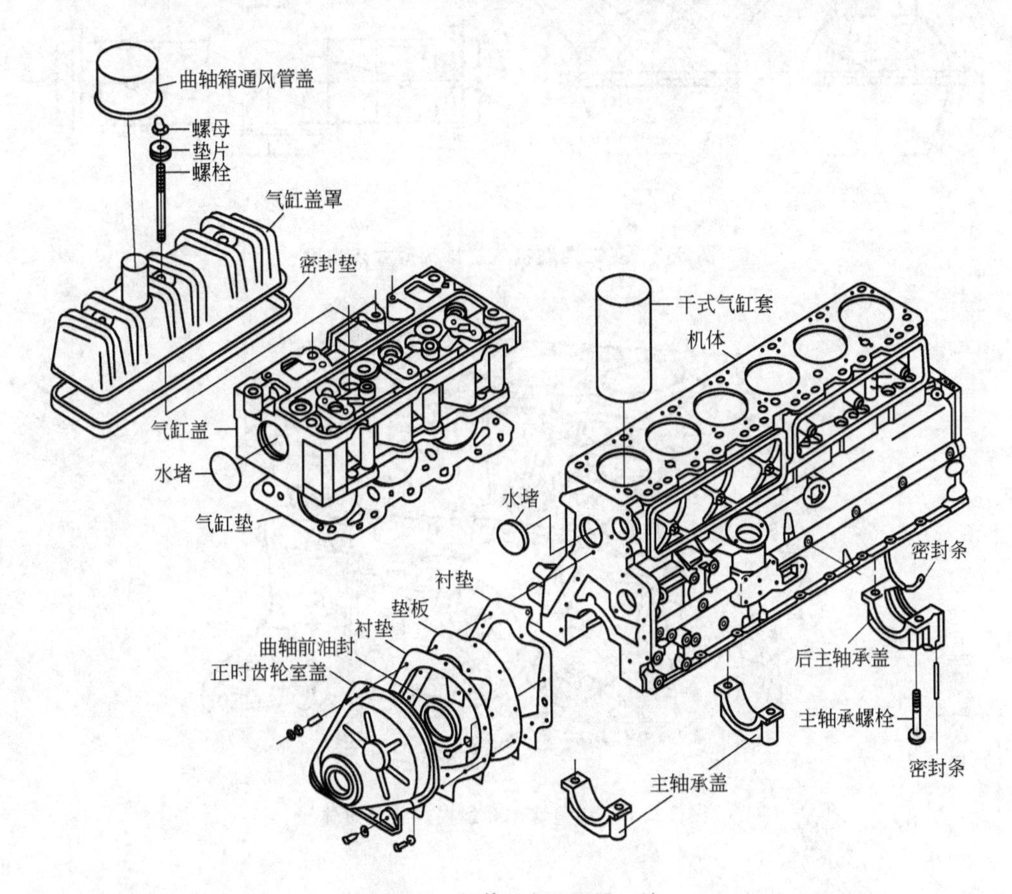

图3.1 机体组(EQ6100-1)

3.1.1 气缸体

几个圆筒形气缸合成一体成为气缸体，气缸体与曲轴箱常铸成一体，总称气缸体。气缸体是内燃机运动机构和各组成系统的安装基体，承受多种载荷，要有足够的强度和刚度，气缸应有良好的冷却性能和足够的耐磨性。气缸体一般用灰铸铁或铝合金铸成。

1. 气缸排列形式

汽车内燃机气缸排列基本上是直列式和双列式的。

直列式内燃机各个气缸排成一列(图3.2(a)、图3.3)，一般是垂直布置，有时为了降低内燃机的高度，可将气缸布置成倾斜或水平的。直列式内燃机气缸体结构简单、加工容易，但内燃机长度和高度较大。6缸以下内燃机多采用直列式，如一汽奥迪100等。

双列式可根据左右两列气缸中心线的夹角γ不同分为V型内燃机($\gamma<180°$)(图3.2(b)、图3.4所示，对置式内燃机($\gamma=180°$)(图3.2(c)、图3.5)。

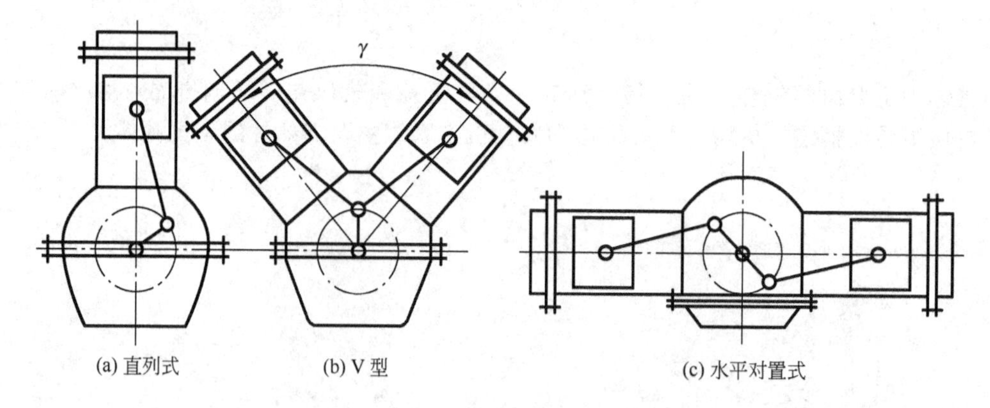

图3.2　多缸内燃机气缸排列型式示意图

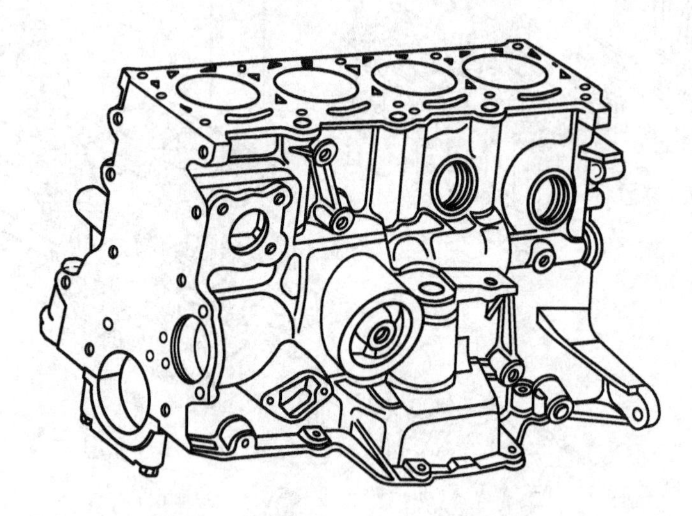

图3.3　一汽奥迪100型内燃机气缸体

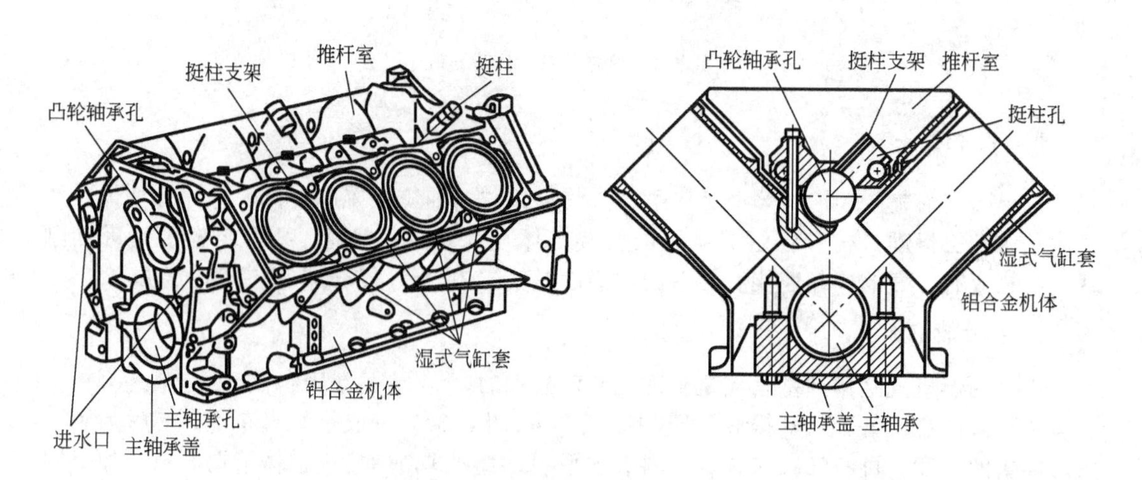

图3.4　V8内燃机机体(凯迪拉克)

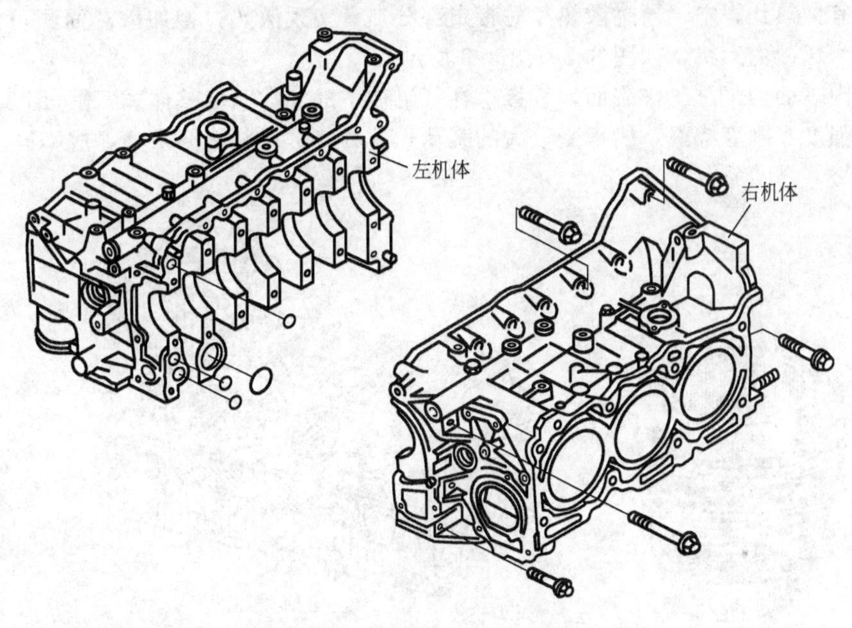

图 3.5　水平对置式机体(富士重工 SUBARU BOXER6)

V 型内燃机缩短了机体的长度和高度，增加了刚度，减轻了内燃机的重量；但形状复杂，加工困难，多用于 8 缸以上大功率内燃机上，轿车 6 缸内燃机也多采用这种形式的气缸体。

对置式内燃机高度比其他形式的内燃机更小，使内燃机总体布置方便，特别是轿车和大型客车，同时风冷内燃机采用对置气缸更有利。

多缸内燃机气缸的排列形式决定内燃机外形尺寸和结构特点，也影响内燃机机体的刚度、强度和汽车的总体布置。

2. 气缸结构

为使气缸体和气缸盖能在燃烧时的高温环境下正常工作，必须对内燃机进行冷却：一种是在内燃机的气缸体和气缸盖中设置冷却水套，并且气缸体和气缸盖冷却水套相通，冷却水在水套内不断循环，带走部分热量，对气缸和气缸盖起冷却作用，称为水冷内燃机，如图 3.6、图 3.7 所示，现代汽车上多采用水冷多缸内燃机；另一种是在气缸体和气缸盖

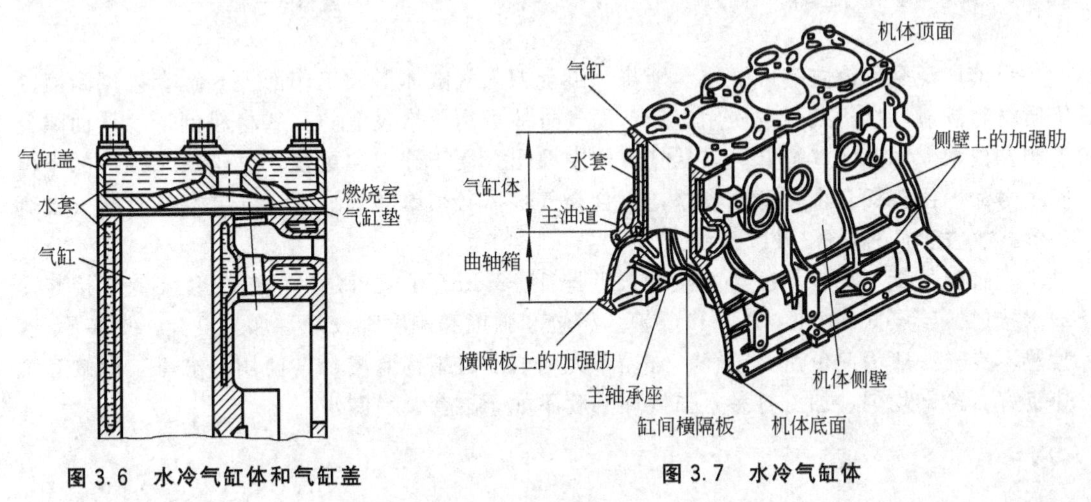

图 3.6　水冷气缸体和气缸盖　　图 3.7　水冷气缸体

外表面铸有散热片，空气通过散热片时带走部分热量实现散热，增加散热面积可保证充分散热，称为风冷内燃机，如图 3.8、图 3.9 所示。

气缸内表面为气缸工作表面，直接镗在气缸体上的气缸叫做整体式气缸(图 3.10)，整体式气缸强度和刚度都好，能承受较大的载荷，这种气缸对材料要求高，成本高。

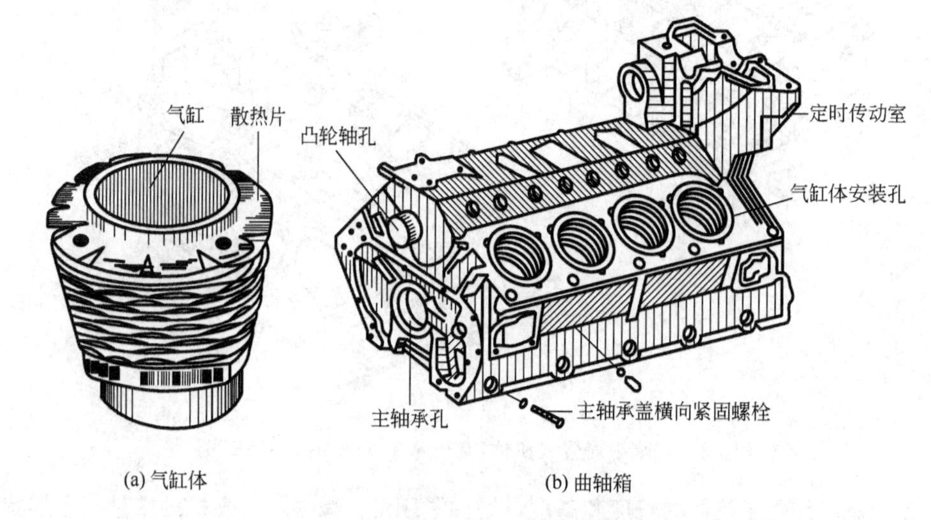

图 3.8　风冷内燃机的气缸体与曲轴箱

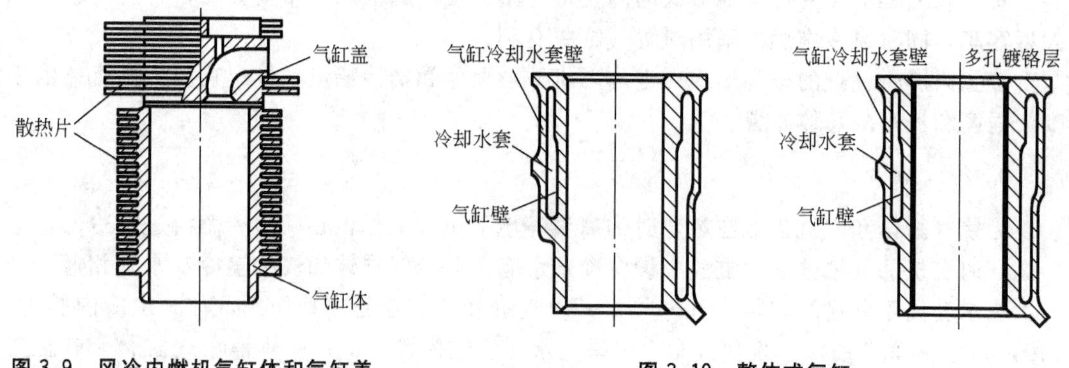

图 3.9　风冷内燃机气缸体和气缸盖

图 3.10　整体式气缸

目前广泛采用镶缸套气缸体，即将气缸套镶入气缸体形成工作面。气缸套采用耐磨的优质材料制成，以延长气缸使用寿命，而气缸体可用价格较低的一般材料制造，从而降低了制造成本。同时，气缸套可以从气缸体中取出，便于修理和更换，可延长气缸体的整体使用寿命。由于铝合金耐磨性较差，铝合金气缸体必须镶嵌气缸套。气缸套有干式气缸套和湿式气缸套两种(图 3.11)。

干缸套外壁不直接与冷却水接触，壁厚 1～3mm(图 3.11(a))；湿缸套外壁直接与冷却水接触，壁厚 5～9mm(图 3.11(b))。干缸套强度和刚度都较好，加工复杂，拆装不便，散热不良。一般为使负荷比较轻、缸径不大的汽油机结构紧凑，常使用干缸套。湿缸套散热良好，冷却均匀，加工容易，强度和刚度不如干缸套，易漏水。

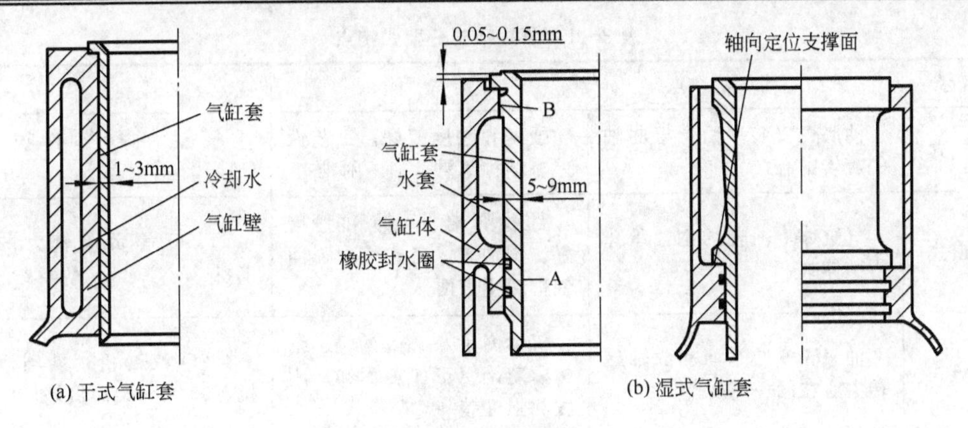

图 3.11　气缸套

3.1.2　曲轴箱

曲轴箱是气缸体下部用来安装曲轴的部分。上轴箱与气缸体铸成一体，下轴箱也叫油底壳(图 3.12)，储存或收集内燃机各摩擦表面流回的机油，并封闭曲轴箱。

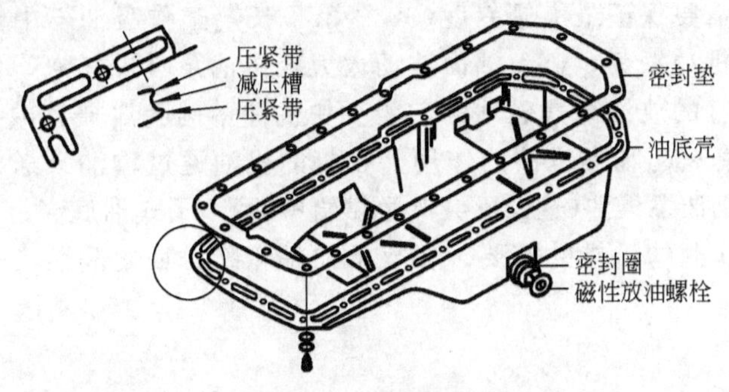

图 3.12　油底壳

曲轴箱剖分型式有龙门式(图 3.13(a))、隧道式(图 3.13(b))、一般式(平分式)(图 3.13(c))。不同结构型式特点比较见表 3－1。为提高风冷内燃机曲轴箱的刚度，多采用龙门式或隧道式曲轴箱。

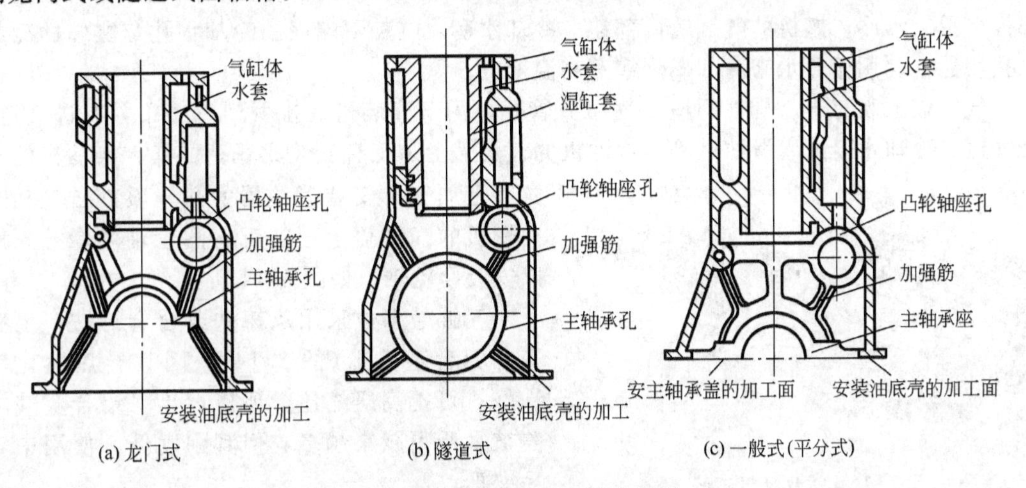

图 3.13　曲轴箱剖分型式示意图

表 3-1　曲轴箱剖分型式特点

名称	结构特点	性能	应用
龙门式	油底壳安装平面低于曲轴的旋转中心	强度和刚度较好。工艺性差、结构笨重、加工困难	捷达、桑塔纳轿车、CA6102 等
隧道式	气缸体上曲轴的主轴承孔为整体式	结构紧凑、刚度和强度好。难加工、工艺性差、曲轴拆卸不方便	6135Q 等负荷较大的柴油机
一般式	油底壳安装平面和曲轴旋转中心在同一高度	机体高度小、重量轻、结构紧凑，便于加工拆卸。刚度和强度差	492Q 汽油机，夏利汽油机、90 系列柴油机等

油底壳受力较小，一般用薄钢板冲压而成，有的内燃机为了加强机油散热，采用铝合金铸造，在壳的底部铸有散热肋片。

湿式油底壳结构和形状根据机油容量、内燃机的总体布置及使用中的纵横倾斜度来决定，后部一般做得较深，以便内燃机纵向倾斜时机油泵能吸到机油。如工程机械用内燃机的油底壳，就需要保证最大倾斜度(30°～35°)长期工作吸油不中断。其油底壳内设有挡油板，可减少机油振荡，避免油面波动太大，机油泵吸进气泡，供油不畅。油底壳底部设有放油塞，有的放油塞是磁性的，能吸住机油中的金属屑，减少内燃机运动零件的磨损。干式油底壳只起收集机油的作用，收集的机油通过输油泵送到专用机油箱中储存，再由机油箱向机油泵供油(这样不会产生供给中断)，干式油底壳可满足工程机械或其他长期在倾斜工地作业的机械的需要。在上下曲轴箱接合面之间装有衬垫，防止润滑油泄漏。

3.1.3　气缸盖

1. 气缸盖材料和构造

气缸盖安装在气缸体的上方，主要功用是密封气缸的上部，与活塞、气缸壁等共同构成燃烧室。气缸盖直接受高温、高压的燃气和缸盖螺栓预紧力的作用，热应力和机械应力都很严重。水冷内燃机的气缸盖内部铸有冷却水套，缸盖下端面的冷却水孔与缸体的冷却水孔相通，利用循环水来冷却燃烧室等高温部分。

气缸盖上装有进、排气门座、气门导管孔，用于安装进、排气门，还布置有进气道、排气道、冷却水套、润滑油道等。汽油机的气缸盖上加工有安装火花塞的孔，柴油机的气缸盖上加工有安装喷油器的孔。顶置凸轮轴式内燃机的气缸盖上还加工有凸轮轴轴承孔，用以安装凸轮轴，如图 3.14 所示。

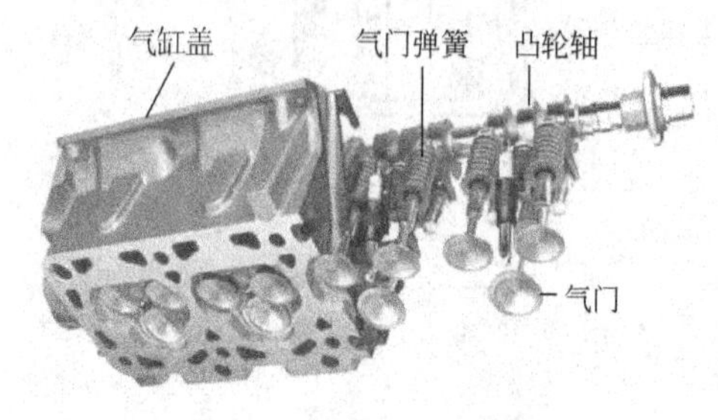

图 3.14　铝合金气缸盖

气缸盖多数采用灰铸铁或合金铸铁，也有采用铝合金铸造(图 3.14)，因其导热性比铸铁好，可提高压缩比，所以近年来铝合金气缸盖被采用得越来越多，但其刚度低，使用中容易变形。

根据多缸内燃机一列中气缸盖覆盖的气缸数，气缸盖的结构分 3 种形式：气缸盖覆盖一列气缸体全部气缸的是整体式气缸盖(图 3.15(a))；能覆盖部分(两个以上)气缸的是分块式(块状)气缸盖(图 3.15(b))；只覆盖一个气缸的是单体式气缸盖(图 3.15(c))。整体式气缸盖可缩短气缸中心距和内燃机长度，但刚度差，受热和受力后容易变形，影响密封，损坏时必须整体更换。多用于缸径小于 105mm 的汽油机上，缸径较大则采用单体式或块状气缸盖。

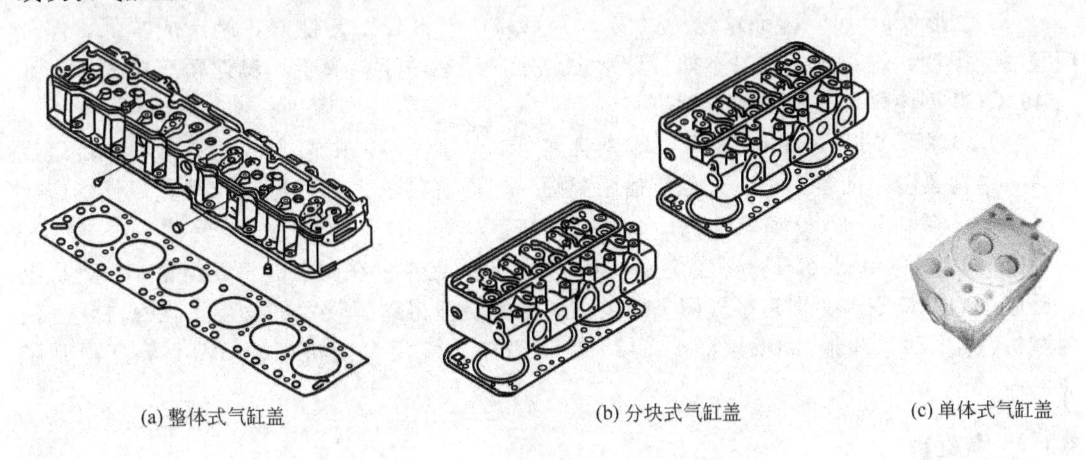

(a) 整体式气缸盖　(b) 分块式气缸盖　(c) 单体式气缸盖

图 3.15　6 缸内燃机气缸盖

2. 燃烧室

汽油机燃烧室由活塞顶部和缸盖上凹坑组成，燃烧室形状对内燃机的工作影响很大。燃烧室一是要结构尽可能紧凑，表面积要小，以减少热量损失及缩短火焰传播行程；二是混合气在压缩结束时应具有一定的涡流运动，以提高混合气燃烧速度，保证混合气得到及时和充分燃烧。汽油机常用燃烧室形状有半球形燃烧室、楔形燃烧室、盆形燃烧室、多球形燃烧室和篷形燃烧室(图 3.16)。

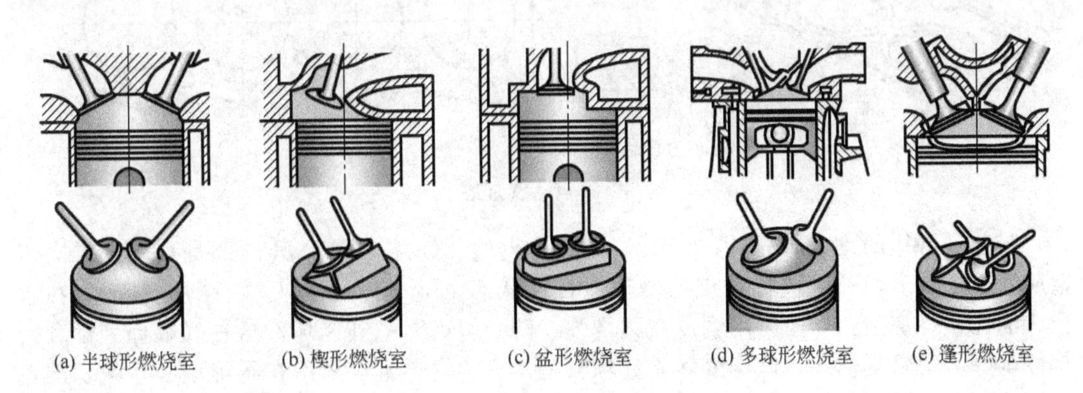

(a) 半球形燃烧室　(b) 楔形燃烧室　(c) 盆形燃烧室　(d) 多球形燃烧室　(e) 篷形燃烧室

图 3.16　汽油机燃烧室形状

(1) 半球形(Semi-spherical Type)燃烧室(图 3.16(a))结构紧凑，火花塞布置在燃烧室中央，火焰行程短，故燃烧速率高，散热少，热效率高，排气品质好。这种燃烧室结构上也允许气门双行排列，进气面积较大，故充气效率较高，虽然使配气机构变得较复杂(因进、排门位于缸盖两侧)，但有利于排气净化，在轿车内燃机上被广泛应用。

(2) 楔形(Wedge Type)燃烧室(图 3.16(b))结构简单、紧凑，散热面积小，热损失也小，能保证混合气在压缩行程中形成良好的挤气涡流运动，有利于提高混合气的混合质量，进气阻力小，提高了充气效率。气门排成一列，使配气机构简单，但火花塞置于楔形燃烧室高处，火焰传播距离长，存在较大的激冷面积，碳氢排放量大。切诺基、红旗牌轿车内燃机和解放 CA1091 型货车内燃机采用这种形式的燃烧室。

(3) 盆形(Bathtub Type)燃烧室(图 3.16(c))，气缸盖工艺性好，制造成本低，但气门直径受限制，进、排气效果不如半球形燃烧室。捷达轿车内燃机、奥迪轿车内燃机、北京 492QG2 型内燃机等采用盆形燃烧室。

(4) 多球形(Multi-spherical Type)燃烧室(图 3.16(d))，由两个以上半球形凹坑组成的，其结构紧凑，面容比小，火焰传播距离短，气门直径较大，气道比较平直，且能产生挤气涡流。夏利 TJ376Q 型汽油机即为此种燃烧室。

(5) 篷形(Pent Roof Type)燃烧室(图 3.16(e))，近年来在高性能多气门轿车内燃机上广泛应用的燃烧室。特别是小气门夹角的浅篷形燃烧室得到了较大的发展。在每缸 4 气门内燃机欧宝 V6、奔驰 320E、富士 EJ20 等和每缸 5 气门汽油机三菱 3G81 等上得到了应用。

3.1.4 气缸垫

在气缸盖和气缸体之间装有气缸垫(图 3.17)，保证气缸盖与气缸体接触面的密封，防止漏气、漏水和漏油。气缸垫应满足在高温、高压燃气作用下有足够的强度，不易破坏；耐热、耐腐蚀，即在高温、高压或有压力的机油和冷却水的作用下不烧坏或变质；具有一定弹性，能补偿结合面的不平度以保证密封；拆装方便、能重复使用，寿命长。

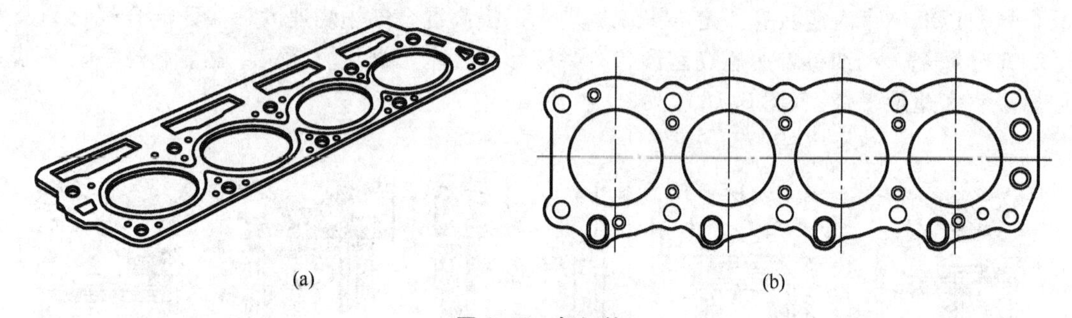

图 3.17　气缸垫

目前最常用的是金属-石棉垫(图 3.18(a)、(c)、(e)、(f))，其内部是石棉纤维夹着金属丝或金属屑，外面包着铜皮或钢皮，自由状态下 3mm，压紧后为 1.5～2mm，在水孔、油孔、燃烧室孔周围另用铜皮镶边增强，防止被高温燃气烧坏。这种气缸垫弹性和耐热性都好，可重复使用，但厚度和质量均较差。有的内燃机还采用在石棉中心用编织的钢丝网或有孔钢板为骨架、两面用石棉及橡胶粘结剂压成的气缸垫。

很多强化汽油机中，常采用实心的金属片气缸垫(图 3.18(b))，在需要密封的气缸孔、水孔、油孔周围压出一定高度的凸纹，利用凸纹的弹性和塑性变形来实现密封。这种气缸盖由单块光整冷轧低碳钢钢板制成，如红旗轿车的内燃机就采用实心的金属片气缸垫。

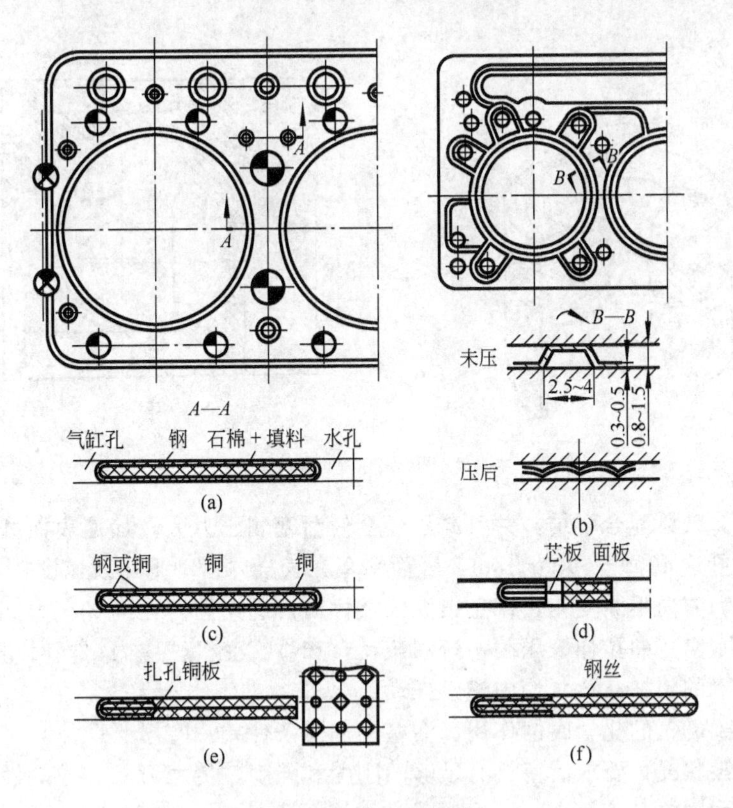

图 3.18 各种气缸垫

3.2 活塞连杆组

活塞连杆组由活塞、气环、油环、活塞销、连杆、连杆螺栓、连杆轴承、连杆盖等组成，如图 3.19 所示。

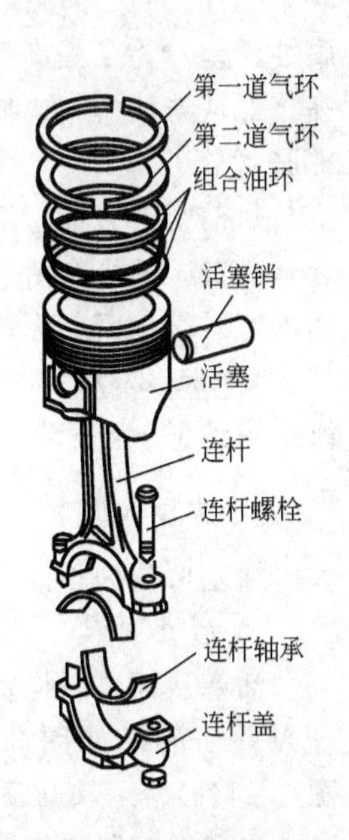

图 3.19 活塞连杆组

3.2.1 活塞

1. 活塞的功用及工作条件

活塞用以承受气缸中气体压力，将气体压力产生的作用力通过活塞销和连杆推动曲轴旋转。活塞构造如图 3.20 所示。

活塞顶部直接和高温燃气接触，燃气温度可达 2500K 以上；又因为散热条件差，其顶部工作温度高达 600～700K，且分布不均匀，所以从上到下温度下降。高温一方面使活塞材料机械强度下降，另一方面使活塞热膨胀量增大，破坏与相关零件的配合。温度不均匀使活塞产生热应力。

活塞顶部在做功行程中承受最高可达 3～5MPa(汽油机)或 6～9MPa(柴油机)的压力，增压时会更大，可达 8～12MPa，高压容

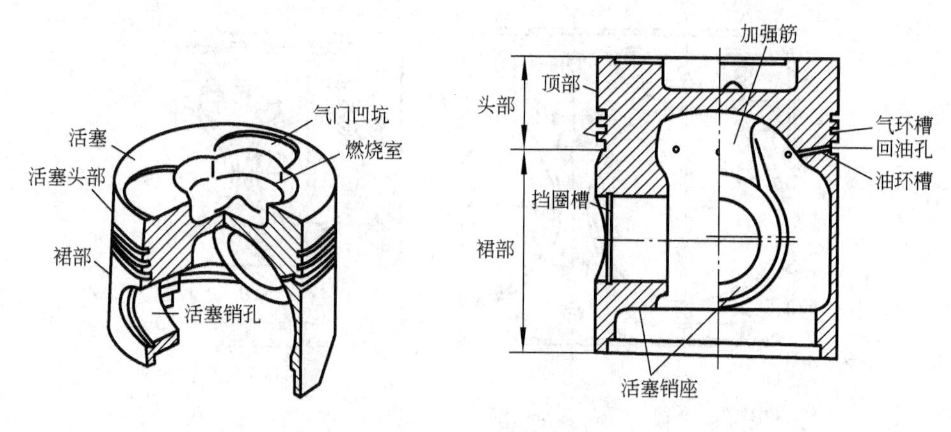

图 3.20　活塞

易使活塞变形，破坏配合联结，并且高压还会使活塞侧压力大，加速表面磨损；汽车用汽油机最高转速可达 4000～6000r/min，因而活塞在气缸内运动平均线速度在 8～15m/s，由于速度的大小和方向不断变化，产生很大的惯性力。周期性变化的气压力和惯性力，使活塞不同部分受到交变的拉伸、压缩、弯曲载荷，产生交变机械应力；同时增加曲柄连杆机构各零件和轴承的附加载荷，使内燃机振动。

活塞还受到燃气的化学腐蚀作用；活塞的润滑条件差，磨损严重。

基于其受载状况，要求活塞具有足够的刚度和强度，传力可靠；导热性能好，要耐高压、耐高温、耐磨损；质量小，尽可能减小往复惯性力。

2. 活塞材料

汽油机和高速柴油机大多采用铸造铝合金，优点是质量小(约为铸铁活塞质量的 50%～70%)，导热性好(约为铸铁的 3 倍)；缺点是机械强度差，热膨胀系数大，耐磨耐腐蚀性差。为了提高强度，减少热膨胀系数，采用锻造铝合金和液态模锻铝合金，但成本高。低速柴油机，二冲程内燃机和高增压柴油机采用灰铸铁活塞，优点是机械强度高，热膨胀系数小，抗腐蚀耐磨性好，价格低；缺点是比重大，导热性差。

目前铝合金活塞多用含硅 12%左右的共晶铝硅合金和含硅 18%～23%的过共晶铝硅合金制造。铝合金活塞毛坯可用金属型铸造、锻造和液态模锻等方法制造。液态模锻制得的毛坯组织细密，无铸造缺陷，可以实现少切削或无切削加工，使金属利用率大为提高。解放 CA6102、CA488-3、夏利 TJ376Q 和奥迪 100 等发动机均为共晶铝硅合金活塞，上海桑塔纳 JV 型发动机则采用过共晶铝硅合金活塞。

3. 活塞构造

活塞可分为顶部、头部和裙部三部分。

1) 活塞顶部

活塞顶部是燃烧室的构成部分，为满足可燃混合气形成和燃烧的要求，其顶部形状可分为平顶活塞如图 3.21(a)所示、凹顶活塞如图 3.21(b)、图 3.21(c)、图 3.21(d)、图 3.21(e)所示和凸顶活塞如图 3.21(f)所示。

平顶活塞制造工艺简单，吸热面积小，顶部应力分布较为均匀，一般用于汽油机。凹

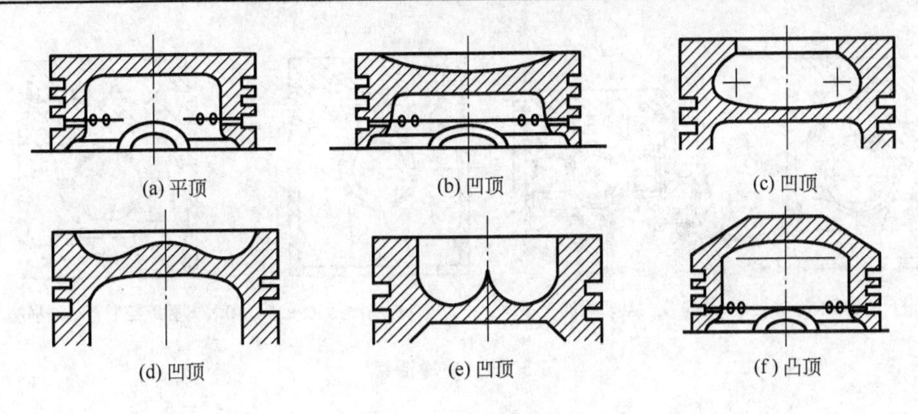

图 3.21 活塞顶部

顶活塞常用于柴油机，有双涡流凹坑、球形凹坑、U 形凹坑、ω 形凹坑等，合理的凹坑形状和位置有利于可燃混合气的形成和燃烧，凹坑还可用来调整内燃机的压缩比。凸顶活塞顶部起气流导向作用，二行程汽油机常采用凸顶活塞。

活塞顶部加工要求光洁；为了加强刚度，减小变形，活塞顶内下部设有加强筋，如图 3.20所示；有的活塞顶部喷镀陶瓷，可耐高温、防腐蚀和减少吸热，但陶瓷与铝合金结合性差，高温运转时陶瓷层易于剥落。

2）活塞头部

活塞头部是活塞顶部到油环槽下端面之间的部分。活塞头部切有若干道用以安装活塞环的环槽，有两、三道气环槽和一道油环槽。活塞头部和活塞环一起密封气缸，防止可燃混合气漏到曲轴箱内。油环从气缸壁上刮下润滑油，经油环槽底的多个径向小孔流回油底壳。

活塞顶部吸收的热量主要是由活塞头部经气环传给气缸壁，再由冷却水带走。第一道环槽工作温度最高，一般应离顶部较远些，使环温度低一些。有的汽油机活塞第一道环槽上面开着一道隔热槽，如图 3.22 所示，用来隔断从活塞顶流下来的部分热流通道，迫使热流方向折转，减少第一环槽的散热量，消除第一环过热后产生积炭和卡死在环槽中的可能性。

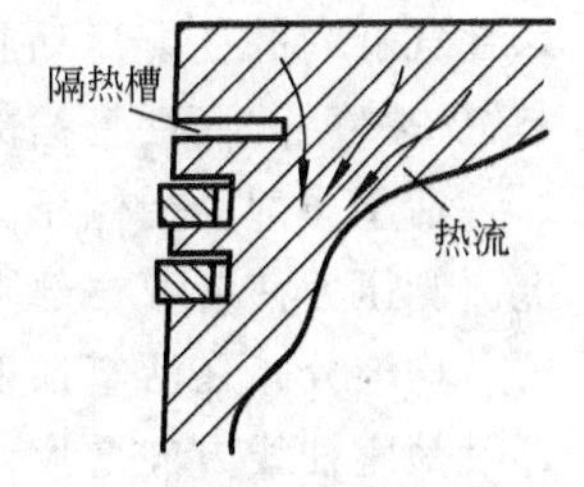

图 3.22 活塞隔热槽

有些活塞还通过连杆杆身油道将机油喷到活塞顶部底面，如图 3.23(a)所示，或用压力喷管将机油喷到活塞顶部底面，如图 3.23(b)所示，利用机油带走一部分热量。有些用连杆小头上的喷油孔将机油喷入到活塞内壁的环形油槽中，当活塞运动时使机油在油槽中振荡而进行对活塞的冷却，如图 3.23(c)所示；也有的活塞顶部用石蜡铸造法铸出蛇形管道，如图 3.23(d)所示，将机油用喷油嘴喷入蛇形管道入口，带走活塞上的热量后从另一端流出。

活塞环槽的磨损是制约活塞寿命的一个重要因素，特别是第一环槽，为了提高环槽的寿命，在第一、二环槽部位镶铸耐磨和耐热的奥氏体铸铁护圈，如图 3.24 所示，环槽寿命可提高 3～10 倍。在高强度直喷式柴油机中，有时在燃烧室喉口处镶嵌耐热护圈，如图 3.24(c)所示，以保证喉口不会因过热而开裂。高速内燃机也有在铝合金的头部镶嵌纤维增强合金圆环，如图 3.25 所示，以增强活塞的强度和提高第一道环槽的耐磨性。

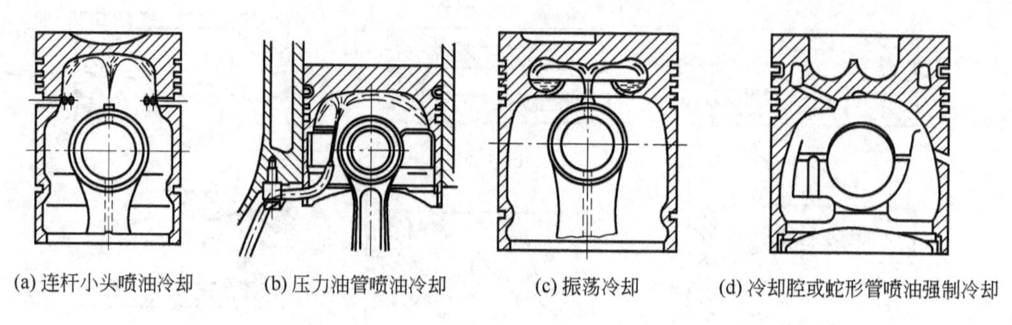

图 3.23　油冷活塞

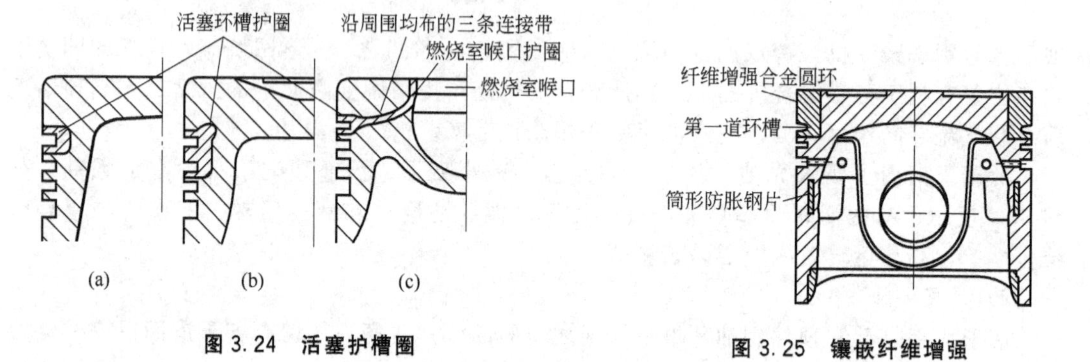

图 3.24　活塞护槽圈

图 3.25　镶嵌纤维增强

3）活塞裙部

活塞裙部为油环槽下端面至活塞最下端的部分，包括销座孔，如图 3.20 所示。对活塞在气缸内的往复运动起导向作用，并承受侧压力，防止破坏油膜。活塞头部通过活塞环与缸壁接触，而活塞裙部则直接与气缸壁接触。

活塞裙部承受侧压力的两个侧面称为推力面，它们处于与活塞销轴线相平行的方向上。侧压力使活塞裙部直径在活塞销轴线方向增大，如图 3.26(a)所示；活塞工作时燃气压力均匀分布在活塞顶上，而活塞销给予的支反力作用在销座处，因此产生的变形也使裙部沿销座轴线方向增大，如图 3.26(b)所示；销座孔处材料较多，受热后膨胀量大，使活塞裙部沿销孔轴线方向变长，如图 3.26(c)所示。若将活塞裙部加工成圆形，内燃机工作时，活塞的机械变形和热变形会使其裙部变成椭圆形，如图 3.26(d)所示(长轴沿活塞销轴线方向)。为消除以上机械变形和热变形的影响，一般预先在冷态下把活塞加工成裙部断

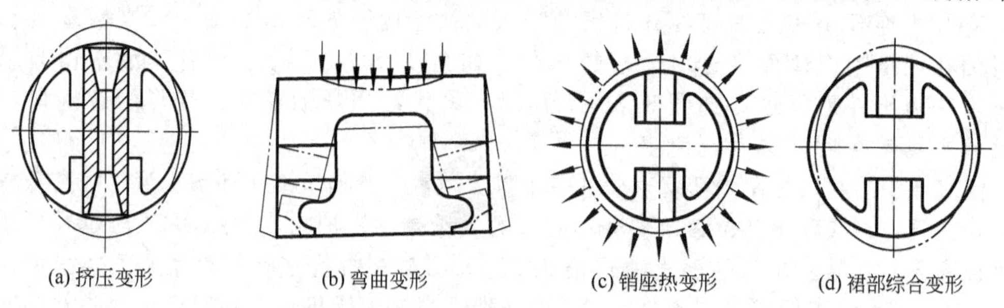

图 3.26　活塞裙部的变形

面为长轴垂直于活塞销方向的椭圆形，如图 3.27 所示。有的活塞为减少销座处的热变形量，将销座附近的裙部外表面加工成下陷 0.5～1.0mm。

活塞顶部温度高，热膨胀量大，裙部温度低，壁薄，热膨胀量小，在冷态下把活塞加工成直径上小下大的近似截锥形或阶梯形，如图 3.28 所示，使活塞在热膨胀后接近一个圆柱形，上下配合间隙均匀一致。

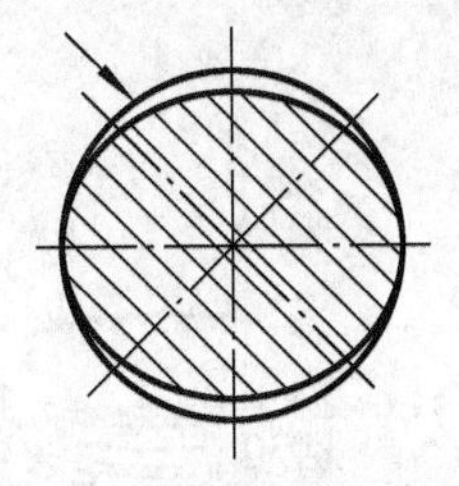

图 3.27　截面是椭圆形的活塞裙部

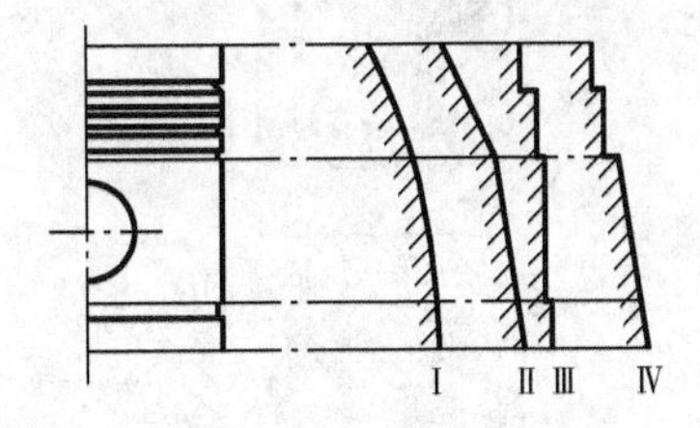

图 3.28　锥形活塞侧表面形状(4 种形状)

有些汽油机活塞在销座处镶“恒范钢片”或“钢圈”牵制裙部的热膨胀量，如图 3.29 所示。由于恒范钢为含镍 33%～36%的低碳铁镍合金，其膨胀系数仅为铝合金的 1/10。有些柴油机铸铝活塞的裙部镶铸圆筒式钢片，如图 3.30 所示。钢筒在浇铸活塞时夹在铝合金中间，冷凝时由于铝合金比钢筒收缩大很多，故钢筒外侧的铝合金层紧紧包在钢筒上并产生拉应力，而钢筒上产生压应力；钢筒内侧的铝合金可自由伸缩，于是在钢筒和内侧铝合金层之间形成收缩间隙。当活塞内因工作而温度升高时，热膨胀首先消除钢筒内侧的收缩间隙和外侧的残余应力，然后才向外膨胀，从而使整个活塞裙部的热膨胀量减小。

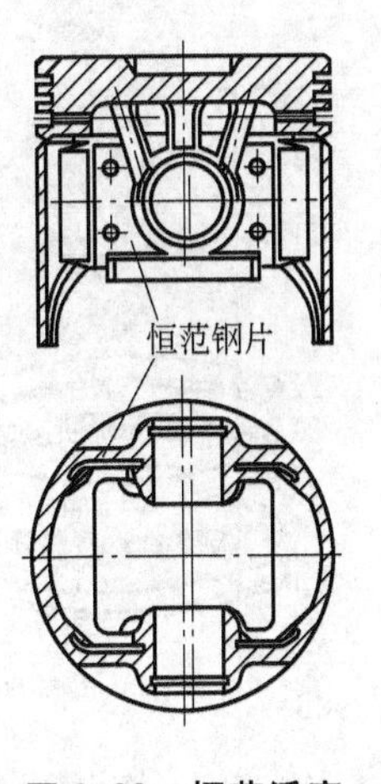

图 3.29　恒范活塞

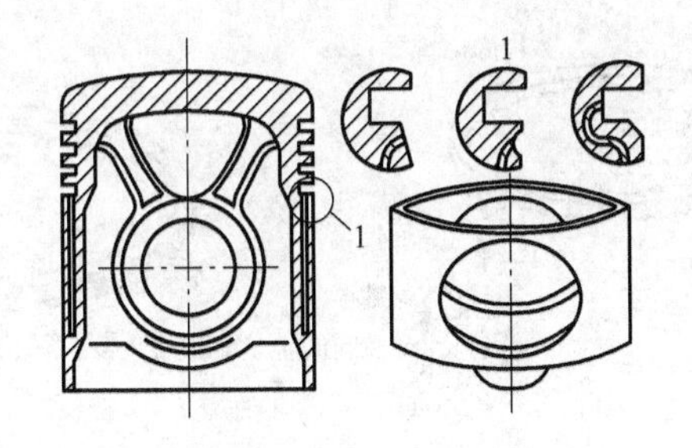

图 3.30　镶筒形钢片的活塞

有些活塞将碳素钢片铸在销座的铝合金层内侧形成双金属壁，如图 3.31 所示，因钢片和铝合金的膨胀系数不同，当温度升高时双金属壁发生弯曲，由于钢片两端长度基本不变，从而限制裙部的热膨胀量。因这种控制热膨胀的作用随温度升高而增大，故也称这种活塞为自动热补偿活塞。

镶复式钢片结构是在活塞裙部上方受侧压力的面上镶入两个比较矮的弓形钢片，在销座位置铸入相当于裙部圆周形状的钢片。两种钢片联合作用保证了整个裙部的膨胀量很小而且很均匀，使活塞与气缸壁之间的冷态装配间隙减小，减轻了冷起动时的敲缸现象。

有些活塞为了减轻重量，在裙部开孔或把裙部不受侧压力的两边切去一部分，以减小惯性力，减小销座附近的热变形量，形成拖板式活塞，如图 3.32 所示，拖板式结构裙部弹性好，质量小，活塞与气缸的配合间隙较小，适用于高速内燃机。

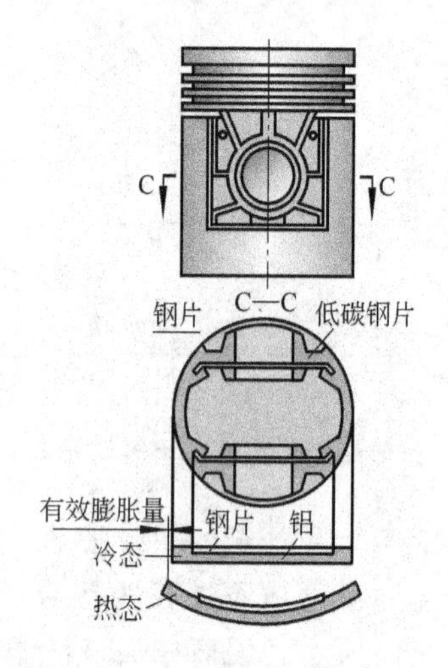

图 3.31 自动热补偿活塞燃机

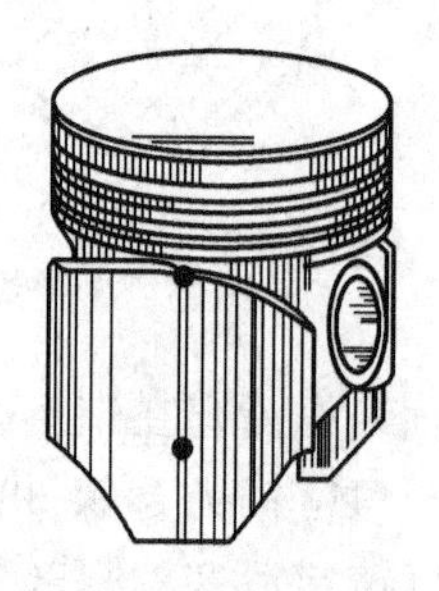

图 3.32 拖板式活塞

铝活塞裙部通常要进行外表面处理来改善活塞的磨合性。汽油机的铸铝活塞的裙部外表面镀锡保护可使油膜破坏时起润滑作用，又可加速磨合作用；对锻铝活塞裙部外表面涂石墨进行自润滑和促进磨合；柴油机的铸铝活塞的裙部外表面磷化；活塞裙部有规律的粗糙化，可加速磨合，沟谷可存机油润滑。

3.2.2 活塞环

活塞环是具有弹性的开口环，分气环和油环，如图 3.33 所示。

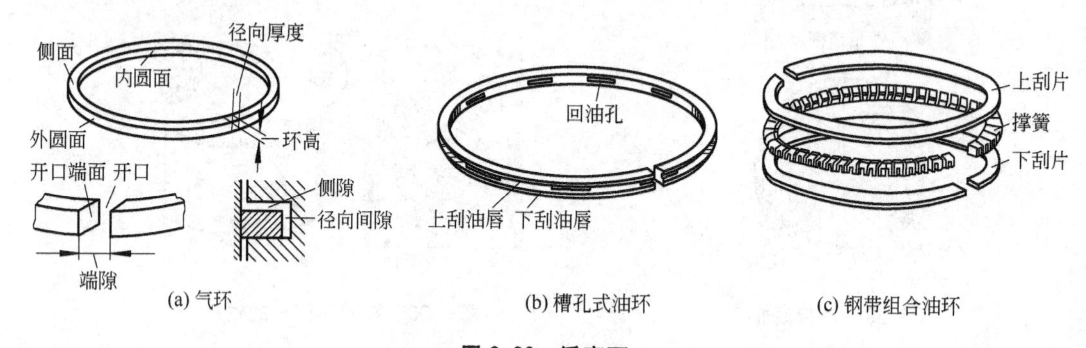

(a) 气环　(b) 槽孔式油环　(c) 钢带组合油环

图 3.33 活塞环

气环是保证活塞与气缸间的密封，防止燃烧室内高温高压燃气大量窜入曲轴箱，同时将活塞顶部的大部分热量传给气缸壁，再由冷却水或空气带走。密封是气环的主要功能，是气环导热的前提，如果气环密封不好，高温燃气将直接从气环外圆漏入曲轴箱，这不但由于环与缸壁贴合不严不能很好地散热，相反，气环外表面还附加热量，将导致活塞与环烧坏。

油环下行时刮除气缸壁上多余的机油，上行时在气缸壁上铺涂一层均匀的油膜。既可防止机油窜入气缸燃烧，又能减少活塞、环和气缸的摩擦磨损，还起到密封气缸的作用。

1. 活塞环的工作条件和活塞环的材料

活塞环工作时受到气缸中高温高压燃气的作用，温度很高(特别是第一道环温度可高达600K)，活塞环在气缸内随活塞一起作高速运动，加上高温下机油可能变质，使环的润滑条件变坏，难以保证良好的润滑，因而磨损严重。由于气缸壁的锥度和椭圆度，活塞环随活塞往复运动时，沿径向会产生一张一缩运动，使环受到交变应力而容易折断。因此，要求活塞环弹性好、耐热、耐磨损。随着内燃机的强化，活塞环特别是第一道环承受着很大的冲击负荷，还要求活塞环具有足够的强度和冲击韧性。

现在活塞环的材料多用优质灰铸铁或合金铸铁(在优质灰铸铁中加入铜钼铬等合金元素)，对工作条件最恶劣的第一道环镀上多孔性铬，不仅硬度高且可储存少量机油，改善润滑条件，使环寿命提高2～3倍。其余气环一般镀锡或磷，改善磨合性。此外活塞环喷钼可提高耐磨性。有些高速强化柴油机采用钢片环以提高弹力和冲击韧性。国外也试用粉末冶金的金属陶瓷和聚四氟乙烯制造活塞环。

2. 活塞环的结构

1）气环的密封原理及结构

活塞环在自由状态下是一个开口环，外径尺寸比气缸内径大，装入气缸后便产生弹力紧贴在气缸壁上，燃气不能通过环与气缸的接触面之间的间隙。活塞环在燃气压力作用下压紧在环槽下端面上，于是燃气便绕流到环的背面，发生膨胀，压力下降，燃气压力对环背的作用力使环更紧地贴在气缸壁上，如图3.34所示。活塞环开口处有一定的间隙(称开口间隙)，压力已下降的燃气从切口漏到下道气环的上平面时，又把环压在环槽的下端面上，燃气绕到环背面，压力进一步下降，如此继续下去，几道切口相互错开的气环构成“迷宫式”封气装置，足以对气缸中的高压燃气进行有效的密封。从最后一道气环漏出的燃气压力和流速很小，因而泄漏的燃气量也就很少。

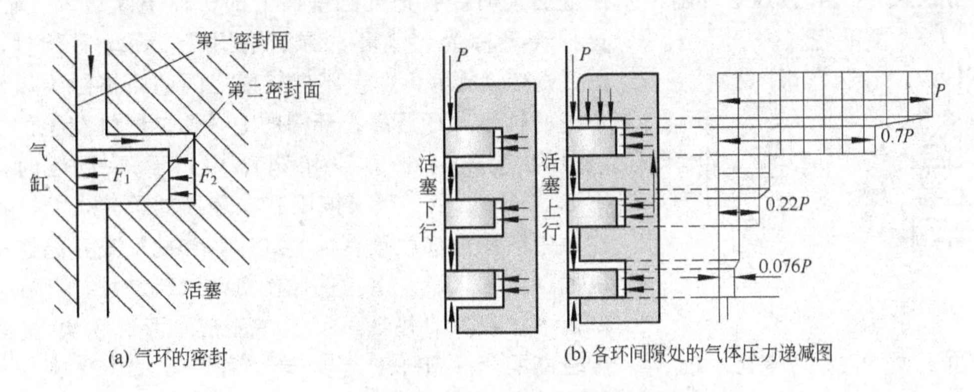

图3.34　气环的密封原理

一般汽油机有两道气环，其切口位置错开180°；柴油机由于压缩比高，常设有3道气环，三道活塞环切口位置错开120°，而四道气环的切口位置错开90°。

2）气环开口形状

活塞环切口是气缸中燃气漏入曲轴的主要通道，切口形状有直切口、阶梯形切口、斜切口，如图 3.35 所示。直切口工艺性好；阶梯形切口密封性好，但工艺性差；斜切口(30°或45°)密封性和工艺性介于两者之间，但锐角容易折断。二冲程内燃机用带销钉切口，如图 3.35(d)所示，防止环在工作时绕活塞中心转动，避免切口卡入进排气口而折断环。

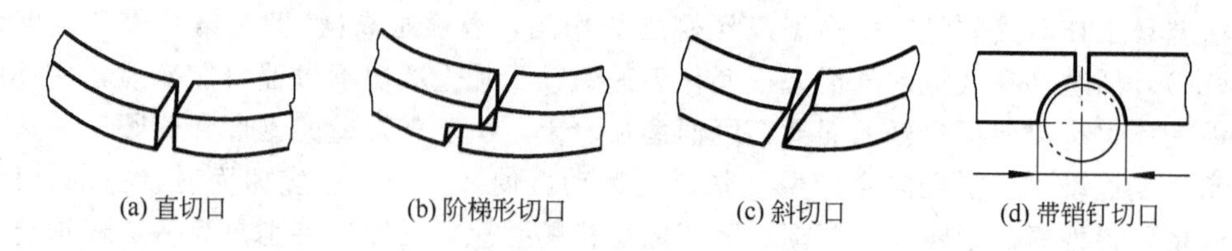

图 3.35　气环的开口形状

活塞环切口的形状和装入气缸后切口间隙的大小对漏入曲轴箱的燃气量有一定影响。大的切口间隙漏气严重，内燃机的功率会下降；而切口间隙太小时在活塞环受热膨胀后会卡死或折断。第一道气环因为温度高，其切口间隙也相对较其他环大些。一般汽油机开口间隙为 0.2～0.6mm，柴油机开口间隙为 0.4～0.8mm。

3）气环的断面形状

气环的断面形状很多，最常见的有矩形环、扭曲环、锥面环、梯形环和桶面环，如图 3.36所示。

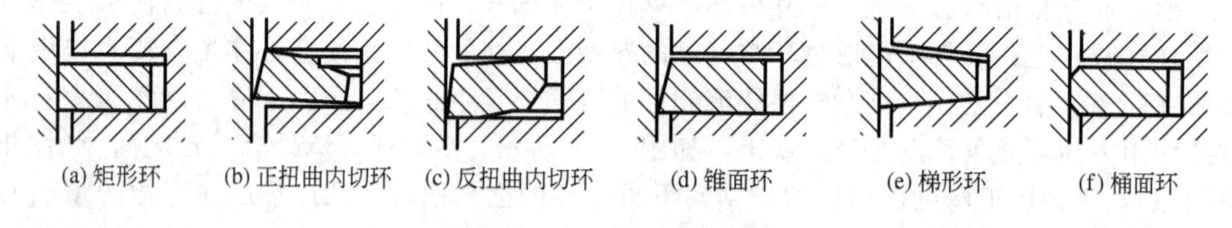

图 3.36　气环的断面形状

(1) 矩形环断面为矩形，结构简单、制造方便、易于生产、导热效果好，但磨合性差、消耗功率大，且矩形环随活塞往复运动时，会把气缸壁面上的机油不断送入气缸中。这种现象称为“气环的泵油作用”。活塞下行时，如图 3.37(a)所示，由于环与缸壁之间的摩擦阻力以及环本身的惯性，环压靠在环槽的上端面。气缸壁上的机油就被刮入环的下边隙和背隙中，当环上行时，如图 3.37(b)所示，环又被压靠在环槽的下端，第一道环背隙中的润滑油就被挤进气缸中，如此反复，将缸壁的机油“泵”入燃烧室。这样使机油消耗增加，并在燃烧室内形成积炭，并且还可能在环槽中形成积炭(尤其温度较高的第一道环槽)，使环卡死在环槽中失去密封作用，划伤气缸壁，甚至把环折断。

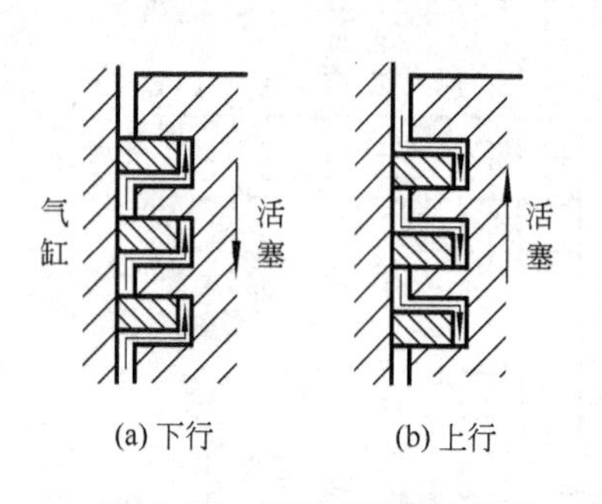

图 3.37　矩形环的泵油作用

(2) 扭曲环结构不对称，在矩形断面的内圆上边缘和外圆下边缘切去一部分，将这种环随同活塞装入气缸后，由于环的弹性内力不对称作用产生明显的断面倾斜。因为活塞环比气缸直径略大，装入气缸后，其外侧拉伸应力的合力与内侧压缩应力的合力之间有一力臂，于是产生了扭曲力矩，它使环外圆周扭曲成上小下大的锥形，从而使环的边缘与环槽的上下端面接触，提高了表面接触应力，防止活塞环在环槽内上下窜动而造成的泵油作用，同时也增加了密封性，如图 3.38 所示。扭曲环易于磨合，并有向下刮油作用。其广泛应用在内燃机的第二、三道环，装配时必须注意环的断面形状和方向，应将内圆切槽向上、外圆切槽向下，如图 3.39 所示。

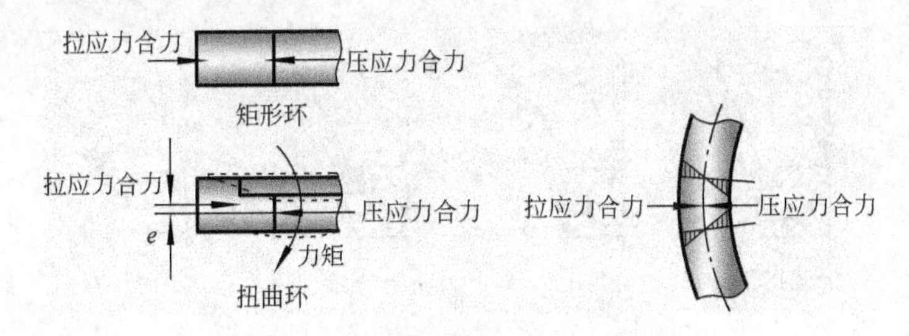

图 3.38　扭曲环的作用原理

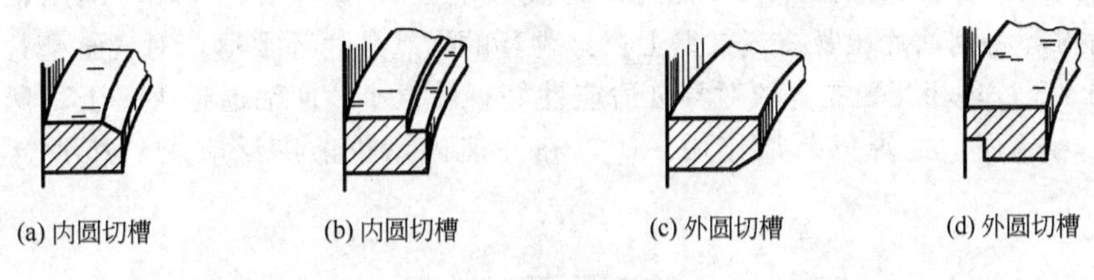

图 3.39　几种扭曲环

(3) 锥面环是将矩形环的外圆柱面加工成 0.5°～1.5°的锥角。其优点是外表面接触应力大(线接触)，磨合性和密封性均较好。另外活塞下行时，锥面具有刮油作用，向上滑动时，由于斜面的油楔作用，可在油膜上浮起，减少磨损。缺点是高压燃气侧向分力有可能把环推离气缸壁，造成漏气，它不宜做第一道环。若扭曲环的外圆面为锥面则为扭曲锥面环，也可分为正反扭曲锥面环。

(4) 在热负荷较高的柴油机的第一道环常用梯形环。主要是当活塞受侧压力作用改变位置时，环的侧隙相应发生变化，使沉积在环槽中的胶状物质(机油在高温时变成胶状物)挤出，避免了环被粘在环槽中而引起折断。另外在做功行程中，作用在梯形环上的燃气作用力 R 的径向分力 R_x 加强了环的密封作用，因此梯形环在弹力下降时仍能与气缸贴合良好，延长了环的寿命。缺点是环上下端面的精磨工艺比较复杂。

(5) 桶面环是活塞环外圆面为凸圆弧形，气环上下运动时，都与气缸壁形成楔形空间，机油容易进入摩擦面，将环浮起使磨损减少。并且桶面环与气缸壁接触对气缸表面的适应性和对活塞偏摆的适应性都较好，有利于密封。缺点是凸圆弧表面加工困难。

4) 油环

油环分为槽孔式油环、槽孔撑簧式油环和组合油环，如图 3.40 所示。

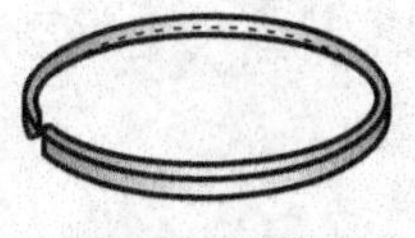

(a) 槽孔式油环

(b) 板形撑簧式油环

(c) 螺旋撑簧式油环

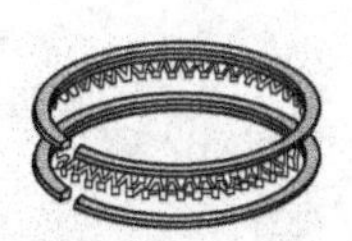

(d) 组合油环

图 3.40　油环

槽孔式油环是在环的外圆柱面中间切有凹槽，在凹槽的底部加工出许多串通的排油小孔或狭缝，与环槽上的回油小孔相通。油环上端面外缘一般均有倒角，使油环向上运动时形成油楔，机油把油环推离气缸壁易于进入环中的切槽，下端外缘无倒角，这样向下刮油能力强。槽孔式油环断面形状如图 3.41 所示。

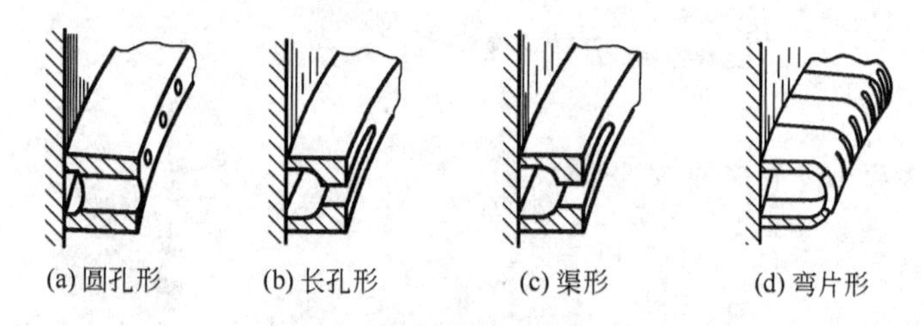

图 3.41　槽孔式油环的断面形状

组合式钢片环由刮油钢片和弹性衬环组成，如图 3.42 所示。片环中间用轴向衬环隔开，径向衬环将刮油片压紧在气缸壁上。这种环的优点是片环很薄，对气缸壁比压大，刮油能力强；3 片环相互独立，故对气缸适应性好；质量小；回油通道大；上下两片环紧贴在环槽上下端面，可避免泵油作用。所以在高速内燃机上广泛应用。其缺点是制造成本高。

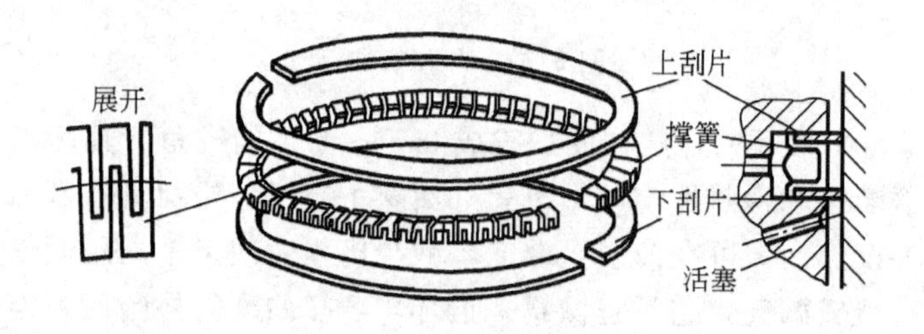

图 3.42　组合式钢片环

3.2.3　活塞销

活塞销连接活塞和连杆小头，并把活塞承受的气体压力传递给连杆。在高温下承受很大的周期性冲击载荷，润滑条件差(靠飞溅润滑)，因而要求有足够的刚度和强度，表面耐磨，质量尽可能小。活塞销一般用低碳钢(20 号钢)或低碳合金钢制造。先经渗碳处理提高表面硬度并保证心部有一定的冲击韧性，然后进行精磨和抛光。圆柱形的活塞销为减小质量，内部一般为空心的，如图 3.43 所示。

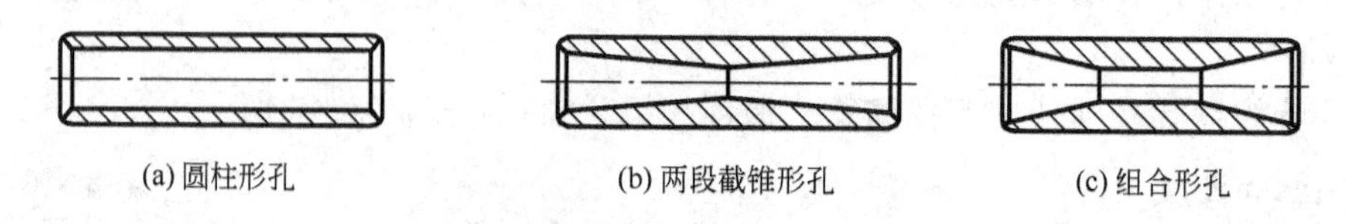

图 3.43　活塞销的结构

圆柱形孔如图 3.43(a)所示，结构简单，加工容易，但从受力角度分析，中间部分应力最大，两端较小，所以这种结构质量较大，往复惯性力大；为了减小质量，减小往复惯性力，活塞销做成两段截锥形孔，如图 3.43(b)所示，接近等强度梁，但孔的加工较复杂；组合形孔的结构介于两者之间，如图 3.43(c)所示。

活塞销、连杆小头衬套孔、活塞销座孔的连接形式有两种：全浮式如图 3.44(a)所示；半浮式如图 3.43(b)所示。全浮式在内燃机运转过程中，活塞销不仅可以在连杆小头衬套孔内转动，还可以在销座孔内缓慢转动，使活塞销各部分磨损比较均匀，为防止销轴向窜动刮伤气缸壁，在活塞销座两端用卡环嵌在销座凹槽中加以轴向定位，如图 3.45 所示。

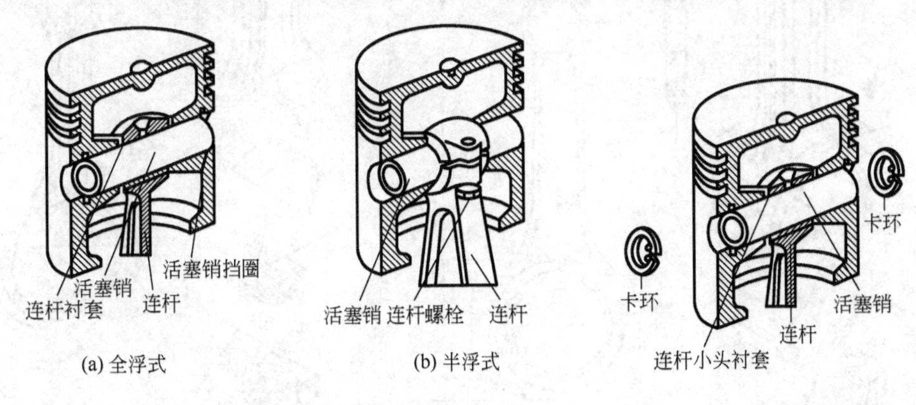

图 3.44　活塞销的连接　　图 3.45　全浮式活塞销

应当注意的是采用铝合金活塞，活塞销座的热膨胀量大于钢活塞销，所以为了保证高温工作时有正常的工作间隙，在冷态装配时，活塞与销为过渡配合。装配时，应先将活塞放在温度为 70～90℃的水或油中加热，然后将销轻轻装入，严禁采用冷敲方法强行压入。

3.2.4　连杆

连杆由连杆体(杆身、大头、小头)、连杆盖、连杆轴瓦、连杆衬套和连杆螺栓等组成，如图 3.46 所示。连杆小头通过活塞销与活塞相连，连杆大头与曲轴的连杆轴颈相连，将活塞承受的气体压力传给曲轴，使活塞的往复运动变成曲轴的旋转运动。连杆工作时承受从活塞传来的气体作用力、活塞组和连杆小头的往复惯性力、连杆本身绕活塞销座变速摆动时的惯性力。这些力的大小和方向是周期性变化的，所以连杆受到压缩、拉伸和弯曲等交变载荷。这就要求连杆有足够的刚度和强度，并且重量尽可能轻。连杆一般用优质中碳钢或合金钢，如 45 号、42CrMo、40Cr、40MnB 等，模锻后经机械加工和热处理。

连杆小头结构为圆管形，如图 3.47 所示，为减小连接处应力集中，连杆杆身用半径较大圆弧光滑衔接。连杆小头与活塞销相连，全浮式活塞销工作时与连杆小头有相对转动，为使活塞销磨损均匀，连杆小头孔中一般压入减摩的青铜衬套。为润滑活塞销和衬套，在小头和衬套上钻有集油孔和铣出集油槽，用来收集内燃机运转时激溅上来的机油；也有的采用压力润滑，在杆身内钻有纵向的压力油道，与曲轴轴颈油道相通，润滑油经杆身进入小头衬套的摩擦表面。半浮式活塞销只在活塞销孔内转动，与连杆小头紧配合，所以小头孔内不需要衬套和润滑，活塞销孔中不装卡环可降低内燃机噪声，但消除卡环可能引起事故。

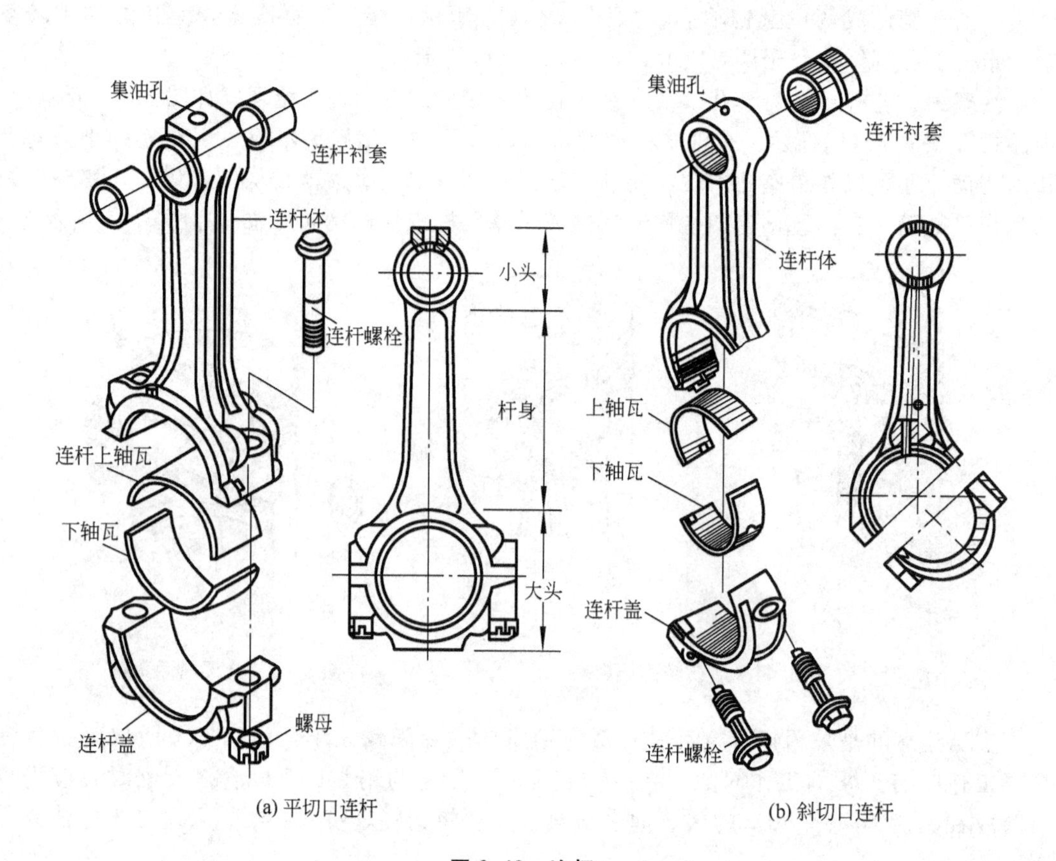

(a) 平切口连杆　　(b) 斜切口连杆

图 3.46　连杆

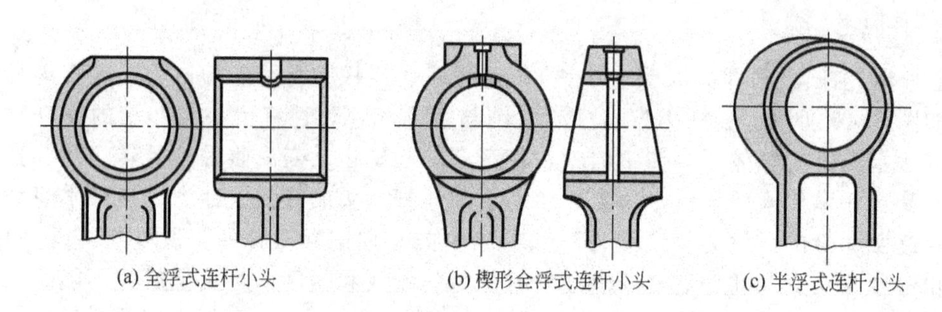

(a) 全浮式连杆小头　　(b) 楔形全浮式连杆小头　　(c) 半浮式连杆小头

图 3.47　连杆小头形状

连杆杆身通常做成“工”字形断面，如图 3.48 所示，以求强度和刚度足够的前提下减少质量，采用压力润滑的连杆，杆身中部有连通大、小头的油道。

连杆大头与曲柄销相连，除一些二冲程汽油机采用整体式大头以外，一般做成分开式的，被分开的部分叫连杆盖，借特制的连杆螺栓紧固在连杆大头上，连杆盖与大头是配对镗孔的，为了防止装配时错误，在同一侧刻有配对记号，如图 3.49 所示。大头孔里装有轴瓦，一般大头孔上铣有连杆轴瓦的定位凹坑。连杆大头孔表面有很高的光洁度，保证和连杆轴瓦或滚动轴承贴合紧密。有些连杆大头上连同轴瓦钻有直径 1～1.5mm 的喷油孔，以加强配气凸轮和气缸壁的飞溅润滑。

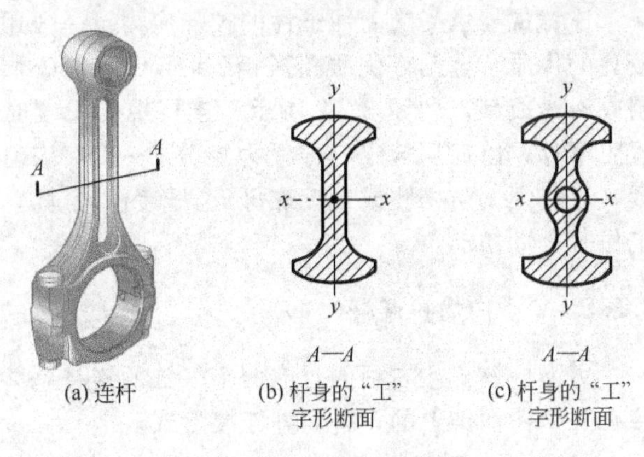

(a) 连杆　(b) 杆身的"工"字形断面　(c) 杆身的"工"字形断面

图 3.48　连杆杆身断面

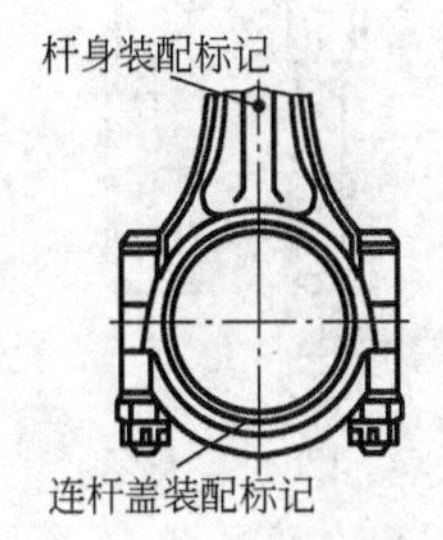

图 3.49　连杆装配标记

剖分式连杆大头按剖分面分为平切口(图 3.46(a))和斜切口(图 3.46(b))。

平切口连杆的剖分面垂直于连杆轴线，汽油机和小功率柴油机的连杆大头尺寸小于气缸直径，常用平切口形式。平切口连杆盖和连杆的定位，是用连杆螺栓上精加工出来的圆柱凸台或光圆柱部分，与精加工的螺栓孔来保证的，如图 3.50(a)所示。

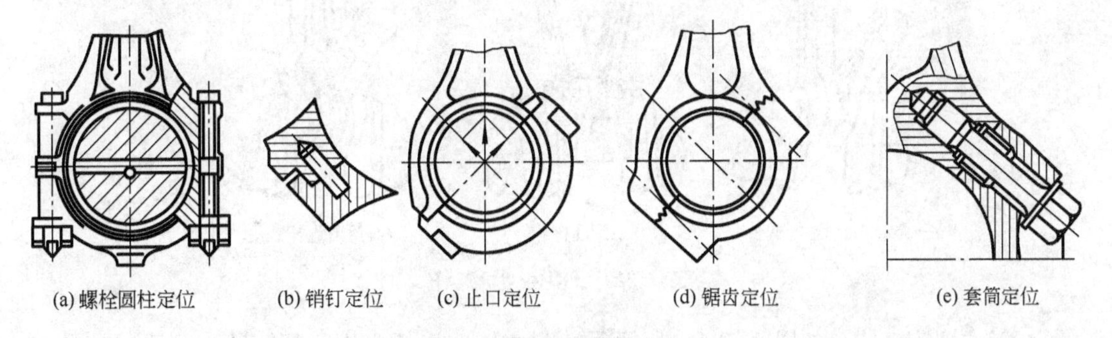

(a) 螺栓圆柱定位　(b) 销钉定位　(c) 止口定位　(d) 锯齿定位　(e) 套筒定位

图 3.50　连杆盖的定位方式

斜切口与连杆轴线成 30°～60°夹角，因柴油机压缩比大，机械负荷大，连杆大头尺寸超过缸径，为了使大头能通过气缸，便于拆装，采用斜切口。斜切口连杆在工作中受到惯性力的拉伸，在切口方向有一个较大的横向分力，为了使螺栓不受剪切力，在剖分面上设计了可靠的抗剪定位结构。斜切口常见的定位方法如下。

(1) 销钉定位。如图 3.50(b)所示，基本相似于下面介绍的套筒定位。

(2) 止口定位。利用连杆盖和连杆体大端的止口进行定位，如图 3.50(c)所示。特点是工艺简单，只能单向定位，不大可靠，无法保证连杆盖向外变形、连杆大头止口向内的变形。

(3) 锯齿定位。在连杆盖和连杆体大端的结合面上拉削出锯齿进行横向定位，如图 3.50(d)所示。锯齿接触面大，贴合紧密，结构紧凑，定位可靠，但齿节距公差要求严格，否则连杆盖装在连杆大头上时，若有定位齿配合不上，连杆大头孔会失圆，影响曲轴主轴颈和连杆大头的寿命，同时连杆组件的刚度也会下降。采用拉削工艺可以保证定位齿的节距公差。

(4) 套筒定位。在连杆盖各螺栓孔中压配刚度大，剪切强度高的同心短套筒，如图 3.50(e)所示，连杆盖拆装方便，和连杆大头有很高精度的配合间隙。缺点是连杆大头横向尺寸变大、定位套筒孔工艺要求高，若孔距不准确，会产生定位干涉，使大头孔失圆。

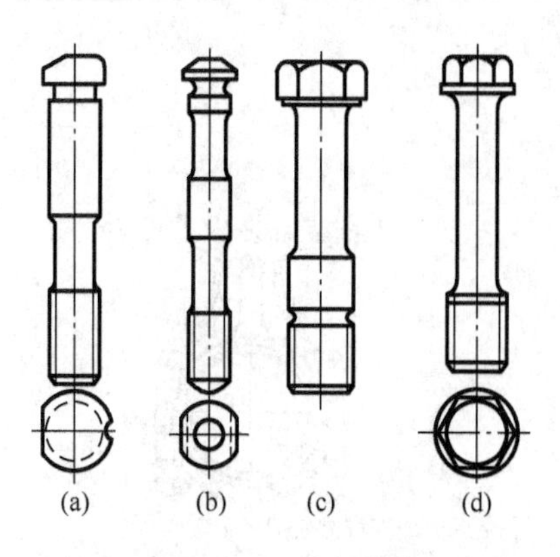

图 3.51　连杆螺栓

连杆螺栓承受交变冲击性的拉伸应力。一般用韧性较高的优质合金钢或优质碳素钢(如 40Cr、35CrMo)锻制或冷镦成型，如图 3.51 所示。连杆螺栓安装时必须紧固可靠，以工厂规定的拧紧力矩分 2～3 次均匀地拧紧，还必须用防松胶或自锁螺母(螺母镀铜)紧固，防止工作时自动松动。

3.2.5　V 型内燃机连杆

V 型内燃机左右两侧对应两个气缸的连杆是共同连接在一个曲柄销上的，有 3 种连接形式。

(1) 并列连杆式。如图 3.52(a)所示，相对应的左右两缸的连杆一前一后地装在同一个曲柄销上。优点是连杆可通用，两侧活塞连杆组的运动规律相同。缺点是两列气缸轴线沿曲轴轴向要错开一段距离，使曲轴的长度增加，刚度降低。

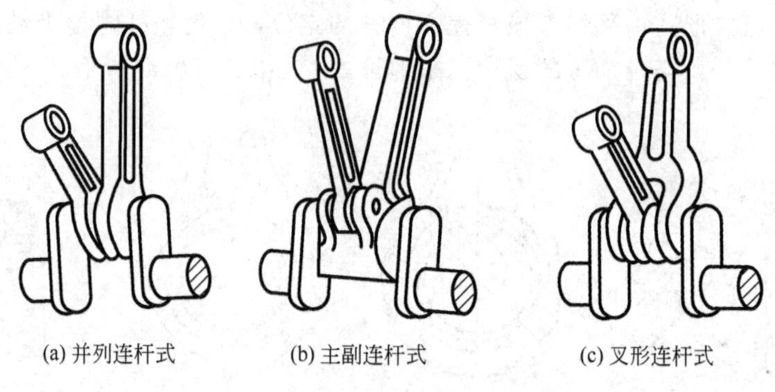
(a) 并列连杆式　　(b) 主副连杆式　　(c) 叉形连杆式

图 3.52　V 型内燃机连杆

(2) 主副连杆式。如图 3.52(b)所示，一列气缸的连杆为主连杆，其大头直接安装在曲柄销全长上；另一列气缸的连杆是副连杆，其大头与对应的连杆大头上的两个凸耳作铰链连接。优点是左右两列对应气缸中心线在同一平面上，不会增加内燃机长度；缺点是主副连杆不能互换，左右两侧气缸的活塞连杆组的运动规律和受力都不一样。

(3) 叉形连杆式：如图 3.52(c)所示，左右两列气缸的对应两个连杆中，一个连杆的大头做成叉形的，跨于另一个连杆的厚度较小的片形大头两端。优点是两列气缸中的活塞连杆组的运动规律相同，左右对应的两气缸轴线不需要错位；缺点是叉形连杆大头结构和制造工艺比较复杂，而且大头的刚度也不高。

3.3　曲轴飞轮组

曲轴飞轮组主要由曲轴、飞轮和扭转减振器等组成。

3.3.1　曲轴

曲轴是内燃机最重要的一个零部件，与连杆配合将作用在活塞连杆组上的气体压力转变为扭矩对外输出，同时还驱动内燃机的配气机构及其他各种辅助装置，如风扇、水泵、发电机等。

内燃机工作时曲轴受旋转质量的离心力、周期性变化的气体压力、往复惯性力的作用，承受弯曲和扭转等交变载荷的冲击，易引起疲劳破坏。为保证工作可靠，要求曲轴具有足够的刚度和强度，良好的承受冲击载荷的能力，耐磨损且润滑良好。

1. 曲轴材料

曲轴一般采用优质中碳钢或中碳合金钢如铬镍钢(18CrNi5)、铬铝钢(34CrAl16)等强度、冲击韧性和耐磨性较好的材料模锻而成。为提高耐磨性，主轴颈和曲柄销表面高频淬火或氮化，再经过精磨和抛光，以达到高的光洁度和精度。其轴颈圆角过渡处不经淬火，采用滚压强化工艺，以提高疲劳强度。轴颈直径可以较细，内燃机结构紧凑，为避免应力集中，要求高的表面加工质量。有些内燃机采用高强度稀土球墨铸铁铸造，其耐磨性和抗扭振性好、轴颈不需硬化处理、成本低、机械加工量少，但强度刚度低。

2. 曲轴结构组成

如图 3.53 所示，曲轴主要由曲轴前端(自由端)、若干个曲拐(图 3.54)、曲轴后端(功率输出端)三部分组成。曲拐数取决于内燃机气缸数和排列方式。直列式内燃机曲轴的曲拐数目等于气缸数；V 型内燃机曲轴的曲拐数等于气缸数的一半。

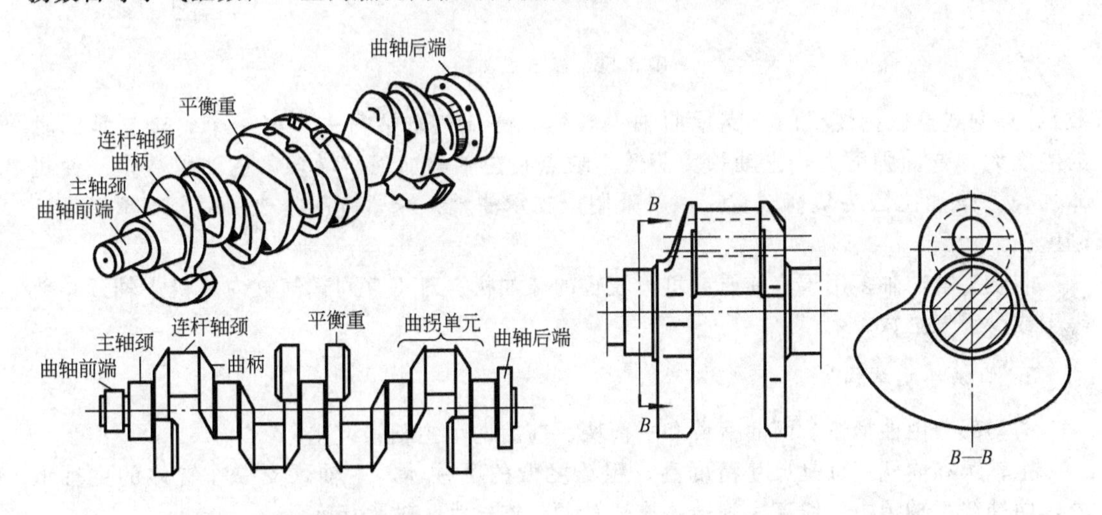

图 3.53 曲轴各部分名称　　图 3.54 曲拐单元

按结构形式曲轴可分为整体式曲轴(图 3.55)和组合式曲轴(图 3.56)。整体式曲轴优点是结构简单、紧凑，强度刚度高、重量轻、加工面少、成本低。组合式曲轴各段分段加工，然后组装成整体，相应气缸体为隧道式的，主轴承为滚动轴承。其优点是方便制造和更换；缺点是结构复杂拆装不便，质量大，成本高，滚动轴承噪声大。

主轴颈支承在曲轴箱的主轴承中，曲轴按主轴颈数目分为全支承曲轴和非全支承曲轴。在相邻两个曲拐之间都设有一个主轴颈的曲轴称为全支承曲轴；否则称为非全支承曲轴。

直列式气缸内燃机的全支承曲轴，主轴颈总数比气缸数多一个(曲拐数等于气缸

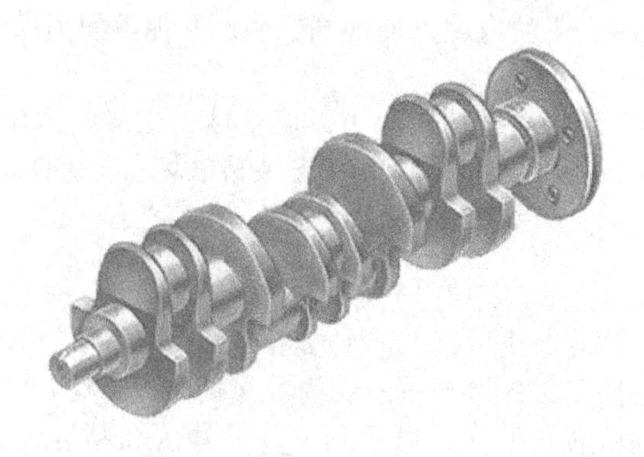

图 3.55　整体式曲轴

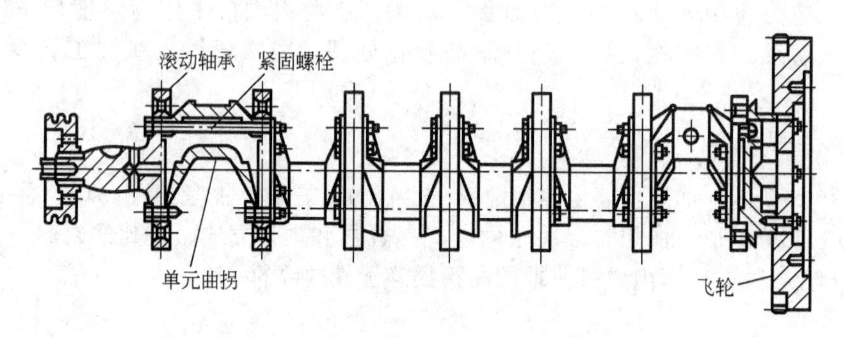

图 3.56　组合式曲轴

数)。V型式气缸内燃机的全支承曲轴主轴颈总数比气缸数得一半多一个。全支承曲轴的刚度大，弯曲强度大，主轴颈负荷低。缺点是曲轴的加工面增多，主轴承数多，使机体加长。柴油机因为负荷较重，一般采用全支承曲轴，球墨铸铁曲轴采用全支承以保证刚度。

非全支承曲轴多用于汽油机或负荷较轻的柴油机。对于直列式气缸内燃机主轴颈总数等于或少于气缸数。

3. 曲拐单元结构

曲拐部分由曲柄销、两曲柄臂和平衡块、前后两个主轴颈组成。

主轴颈和曲柄销都是尺寸精度高、粗糙度低的圆柱体，主轴颈支撑在缸体的主轴承内，曲轴绕主轴承中心线高速旋转，连杆轴颈与连杆大头轴承相连。

主轴承和连杆轴承都采用压力润滑。连杆轴颈做成中空，一方面是为了减少质量，减小离心力，同时也作为润滑油离心滤清的空腔。主轴承中压力油通过曲柄中的斜油道送到曲柄销空腔中，在旋转离心力的作用下，将机油中比重大的金属磨屑及其他杂质甩到空腔的外壁，中心干净的机油通过油管流到曲柄销和轴承工作表面，如图 3.57 所示。

如果主轴颈与曲柄销半径之和比回转半径大时，就有一定的重叠度，重叠度越大，则曲轴的刚度越大。

曲柄是用来连接主轴颈和曲柄销，形状通常做成椭圆形或圆形，它的厚度和宽度要保证曲轴具有足够的强度和刚度。

平衡重是用来平衡内燃机不平衡离心力和离心力矩，有时还用来平衡一部分往复惯性

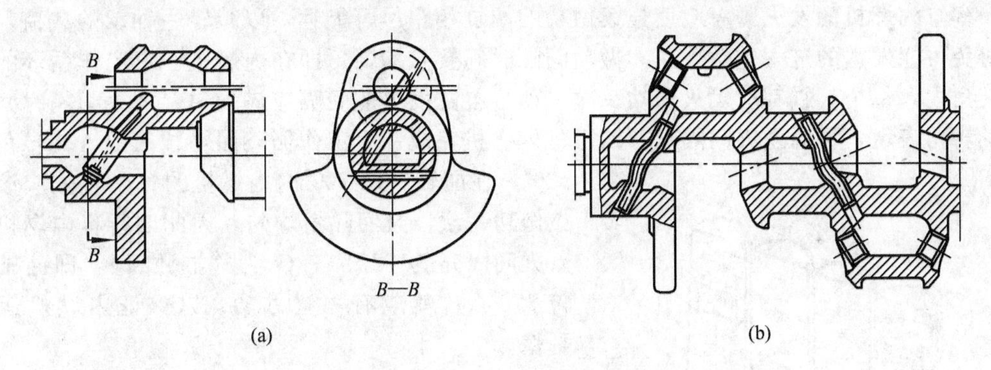

图 3.57　空心主轴颈和曲柄销

力，增加运转平稳性。完全平衡法如图 3.58(a)所示，每个曲柄臂设有平衡重，平衡重数量多则曲轴质量增加工艺性变差；分段平衡法如图 3.58(b)所示，部分曲柄臂设有平衡重。有的平衡重与曲柄是一体的，有的则单独制造，并用螺钉安装在曲柄上，平衡重安装在与曲柄销相对的一侧，加平衡重会导致曲轴质量和材料消耗增加，锻造工艺复杂。所以是否加平衡重，要视具体情况而定。有的内燃机采用全支承，本身刚度大就不设平衡重。

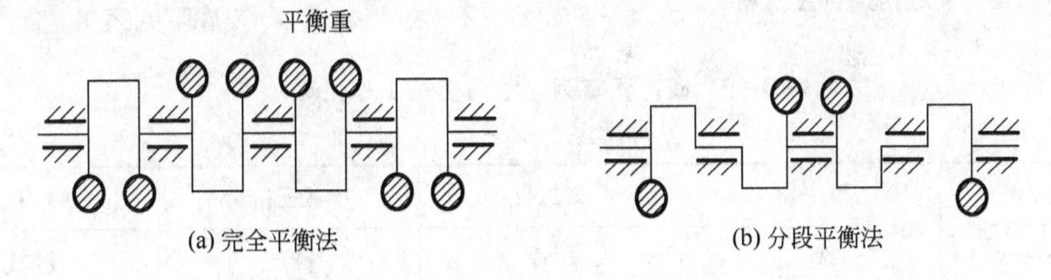

图 3.58　曲轴平衡方法

平衡重形状多为扇形，使其重心远离曲轴回转中心，以较小质量获得较大旋转惯性力。平衡重形状及安装方法如图 3.59 所示。

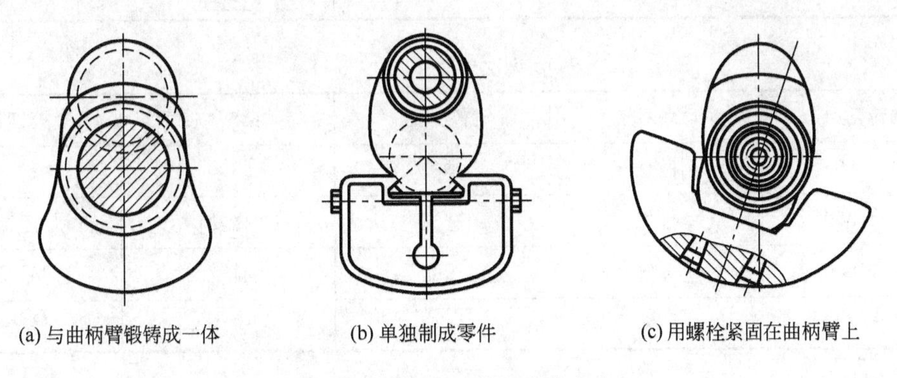

图 3.59　平衡重形状及安装方法

4. 曲拐布置

曲轴的形状和曲拐相对位置(即曲拐的布置)取决于气缸数、气缸排列和内燃机的发火顺序。

多缸内燃机的发火顺序应使连续做功的两缸相距尽可能远，以减轻主轴承的载荷，同时避免可能发生的进气重叠现象。做功间隔时间要求均匀，即在内燃机一个工作循环的曲轴转角内，每个气缸都应发火做功一次，而且各缸发火的间隔应该均匀。发火间隔时间以曲轴转角表示，称为发火间隔角。四行程内燃机完成一个工作循环曲轴转两圈，其转角为720°，在曲轴转角720°内内燃机的每个气缸应该点火做功一次，且间隔角均匀，因此四行程内燃机的点火间隔角为720°/i，（i 为气缸数目），即曲轴每转720°/i，就应有一缸做功，以保证内燃机运转平稳。

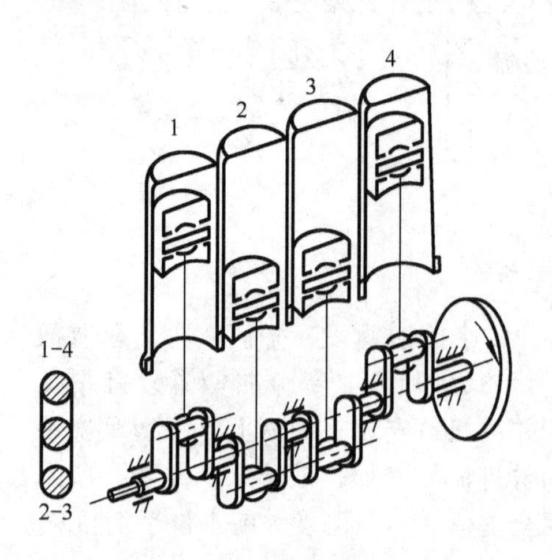

图 3.60　直列 4 缸内燃机曲拐布

直列 4 缸内燃机 4 个曲拐布置，在同一平面，如图 3.60 所示，两上两下，夹角为720°/4＝180°，当第一缸在压缩行程结束，做功行程开始即上止点时，第四缸也在上止点，则一定是排气结束，进气开始，第二、三缸在下止点，其中一个是做功结束，排气开始，另一个为进气结束，压缩行程开始，因此，发火次序有两种可能的排列法：1－3－4－2 或 1－2－4－3，其工作循环见表 3－2。

表 3－2　四行程直列 4 缸内燃机工作循环

发火次序 1－3－4－2

曲轴转角/(°)	第一缸	第二缸	第三缸	第四缸
0～180	做功	压缩	排气	进气
180～360	排气	做功	进气	压缩
360～540	进气	排气	压缩	做功
540～720	压缩	进气	做功	排气

发火次序 1－2－4－3

曲轴转角/(°)	第一缸	第二缸	第三缸	第四缸
0～180	做功	排气	压缩	进气
180～360	排气	进气	做功	压缩
360～540	进气	压缩	排气	做功
540～720	压缩	做功	进气	排气

直列四冲程 6 缸内燃机曲轴曲拐布置如图 3.61 所示，6 个曲拐布置在 3 个平面内，各平面夹角为720°/6＝120°，曲拐的布置有两种方案，相对应的发火次序一种为 1－5－3－6－2－4，其工作循环见表 3－3，国产 6 缸内燃机都采用这种方案；另一种为 1－4－2－6－3－5。

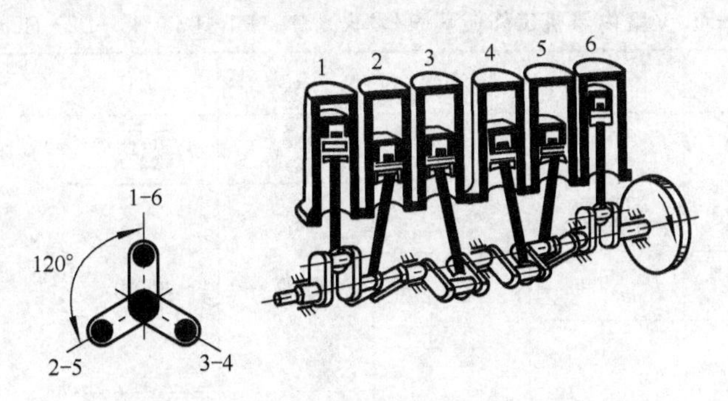

图 3.61 直列四冲程 6 缸内燃机曲轴曲拐布置

表 3-3 直列四冲程 6 缸内燃机工作循环表(发火次序：1-5-3-6-2-4)

<table>
<tr><th colspan="2">曲轴转角/(°)</th><th>第一缸</th><th>第二缸</th><th>第三缸</th><th>第四缸</th><th>第五缸</th><th>第六缸</th></tr>
<tr><td rowspan="3">0～180</td><td>0～60</td><td rowspan="3">做功</td><td rowspan="2">排气</td><td>进气</td><td>做功</td><td rowspan="2">压缩</td><td rowspan="3">进气</td></tr>
<tr><td>60～120</td><td rowspan="3">压缩</td><td rowspan="3">排气</td></tr>
<tr><td>120～180</td><td rowspan="3">进气</td><td rowspan="3">做功</td></tr>
<tr><td rowspan="3">180～360</td><td>180～240</td><td rowspan="3">排气</td><td rowspan="3">压缩</td></tr>
<tr><td>240～300</td><td rowspan="3">做功</td><td rowspan="3">进气</td></tr>
<tr><td>300～360</td><td rowspan="3">压缩</td><td rowspan="3">排气</td></tr>
<tr><td rowspan="3">360～540</td><td>360～420</td><td rowspan="3">进气</td><td rowspan="3">做功</td></tr>
<tr><td>420～480</td><td rowspan="3">排气</td><td rowspan="3">压缩</td></tr>
<tr><td>480～540</td><td rowspan="3">做功</td><td rowspan="3">进气</td></tr>
<tr><td rowspan="3">540～720</td><td>540～600</td><td rowspan="3">压缩</td><td rowspan="3">排气</td></tr>
<tr><td>600～660</td><td rowspan="2">进气</td><td rowspan="2">做功</td></tr>
<tr><td>660～720</td><td>排气</td><td>压缩</td></tr>
</table>

四冲程 6 缸内燃机发火间隔角为 720°/6＝120°，V 型内燃机(图 3.62)左右两列中相对应的一对连杆共用一个曲拐，故只有 3 个曲拐，布置在 3 个平面内。发火次序为 R1-L3-R3-L2-R2-L1，其工作循环见表 3-4。

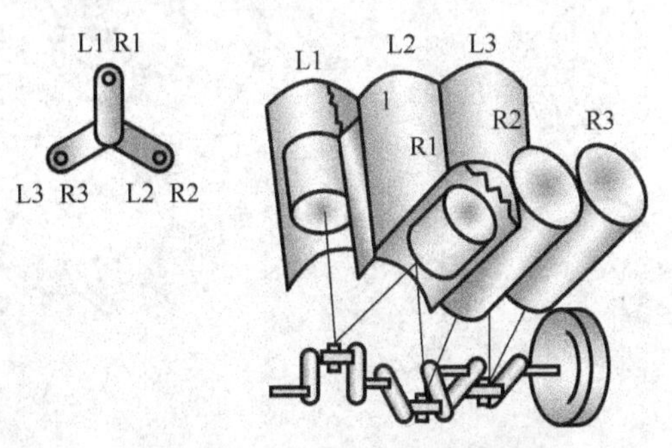

图 3.62 V 型内燃机曲拐布置

表 3-4　V型内燃机工作循环表(发火次序：R1-L3-R3-L2-R2-L1)

<table>
<tr><th colspan="2">曲轴转角/(°)</th><th>R1</th><th>R2</th><th>R3</th><th>L1</th><th>L2</th><th>L3</th></tr>
<tr><td rowspan="3">0～180</td><td>0～60</td><td rowspan="3">做功</td><td rowspan="2">排气</td><td>进气</td><td>做功</td><td rowspan="3">进气</td><td rowspan="2">压缩</td></tr>
<tr><td>60～120</td><td rowspan="3">压缩</td><td rowspan="3">排气</td></tr>
<tr><td>120～180</td><td rowspan="3">进气</td><td rowspan="3">做功</td></tr>
<tr><td rowspan="3">180～360</td><td>180～240</td><td rowspan="3">排气</td><td rowspan="3">压缩</td></tr>
<tr><td>240～300</td><td rowspan="3">做功</td><td rowspan="3">进气</td></tr>
<tr><td>300～360</td><td rowspan="3">压缩</td><td rowspan="3">排气</td></tr>
<tr><td rowspan="3">360～540</td><td>360～420</td><td rowspan="3">进气</td><td rowspan="3">做功</td></tr>
<tr><td>420～480</td><td rowspan="3">排气</td><td rowspan="3">压缩</td></tr>
<tr><td>480～540</td><td rowspan="3">做功</td><td rowspan="3">进气</td></tr>
<tr><td rowspan="3">540～720</td><td>540～600</td><td rowspan="3">压缩</td><td rowspan="3">排气</td></tr>
<tr><td>600～660</td><td rowspan="2">进气</td><td rowspan="2">做功</td></tr>
<tr><td>660～720</td><td>排气</td><td>压缩</td></tr>
</table>

四冲程8缸内燃机发火间隔角为720°/8=90°。V型8缸内燃机只有4个曲拐，与4缸内燃机相同，其4个曲拐布置在一个平面内或布置在两个相互错开90°的平面内，可使内燃机获得更好的平衡性，红旗轿车8V100型内燃机采用布置在两个相互错开90°的平面内形式，发火次序为1-8-4-3-6-5-7-2，如图3.63(a)所示，其工作循环见表3-5。V型内燃机发火次序另一种表示方法是：R1-L1-R4-L4-L2-R3-L3-R2，如图3.63(b)所示，其工作循环见表3-6。

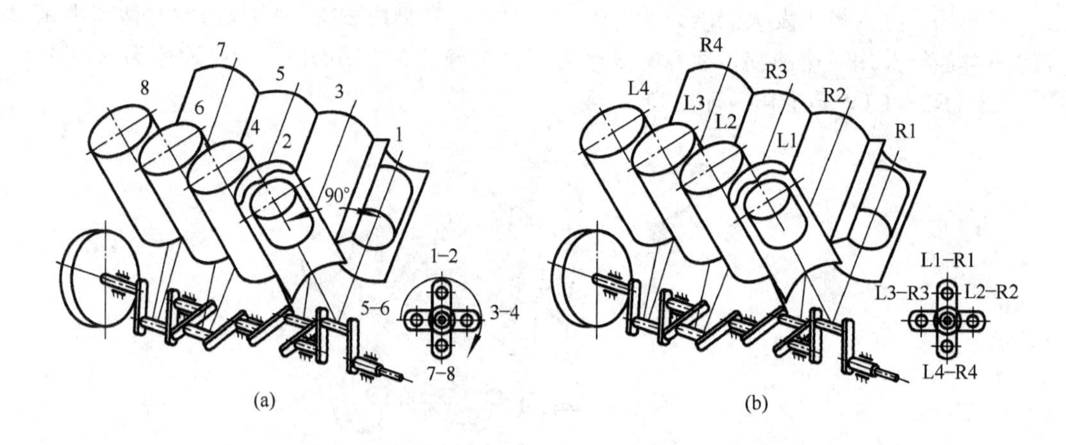

图3.63　V型8缸内燃机的曲拐布置

表 3-5 V型 8 缸内燃机工作循环表(发火次序 1-8-4-3-6-5-7-2)

<table>
<tr><th colspan="2">曲轴转角/(°)</th><th>第一缸</th><th>第二缸</th><th>第三缸</th><th>第四缸</th><th>第五缸</th><th>第六缸</th><th>第七缸</th><th>第八缸</th></tr>
<tr><td rowspan="2">0～180</td><td>0～90</td><td rowspan="2">做功</td><td>做功</td><td>进气</td><td rowspan="2">压缩</td><td>排气</td><td rowspan="2">进气</td><td rowspan="2">排气</td><td>压缩</td></tr>
<tr><td>90～180</td><td rowspan="2">排气</td><td rowspan="2">压缩</td><td rowspan="2">进气</td><td rowspan="2">做功</td></tr>
<tr><td rowspan="2">180～360</td><td>180～270</td><td rowspan="2">排气</td><td rowspan="2">做功</td><td rowspan="2">压缩</td><td rowspan="2">进气</td></tr>
<tr><td>270～360</td><td rowspan="2">进气</td><td rowspan="2">做功</td><td rowspan="2">压缩</td><td rowspan="2">排气</td></tr>
<tr><td rowspan="2">360～540</td><td>360～450</td><td rowspan="2">进气</td><td rowspan="2">排气</td><td rowspan="2">做功</td><td rowspan="2">压缩</td></tr>
<tr><td>450～630</td><td rowspan="2">压缩</td><td rowspan="2">排气</td><td rowspan="2">做功</td><td rowspan="2">进气</td></tr>
<tr><td rowspan="2">540～720</td><td>540～630</td><td rowspan="2">压缩</td><td rowspan="2">进气</td><td rowspan="2">排气</td><td rowspan="2">做功</td></tr>
<tr><td>630～720</td><td>做功</td><td>进气</td><td>排气</td><td>压缩</td></tr>
</table>

表 3-6 V型 8 缸内燃机工作循环表(发火次序 R1-L1-R4-L4-L2-R3-L3-R2)

<table>
<tr><th colspan="2">曲轴转角/(°)</th><th>R1</th><th>R2</th><th>R3</th><th>R4</th><th>L1</th><th>L2</th><th>L3</th><th>L4</th></tr>
<tr><td rowspan="2">0～180</td><td>0～90</td><td rowspan="2">做功</td><td>做功</td><td>排气</td><td rowspan="2">压缩</td><td>压缩</td><td rowspan="2">进气</td><td rowspan="2">排气</td><td>进气</td></tr>
<tr><td>90～180</td><td rowspan="2">排气</td><td rowspan="2">进气</td><td rowspan="2">做功</td><td rowspan="2">压缩</td></tr>
<tr><td rowspan="2">180～360</td><td>180～270</td><td rowspan="2">排气</td><td rowspan="2">做功</td><td rowspan="2">压缩</td><td rowspan="2">进气</td></tr>
<tr><td>270～360</td><td rowspan="2">进气</td><td rowspan="2">压缩</td><td rowspan="2">排气</td><td rowspan="2">做功</td></tr>
<tr><td rowspan="2">360～540</td><td>360～450</td><td rowspan="2">进气</td><td rowspan="2">排气</td><td rowspan="2">做功</td><td rowspan="2">压缩</td></tr>
<tr><td>450～630</td><td rowspan="2">压缩</td><td rowspan="2">做功</td><td rowspan="2">进气</td><td rowspan="2">排气</td></tr>
<tr><td rowspan="2">540～720</td><td>540～630</td><td rowspan="2">压缩</td><td rowspan="2">进气</td><td rowspan="2">排气</td><td rowspan="2">做功</td></tr>
<tr><td>630～720</td><td>做功</td><td>排气</td><td>压缩</td><td>进气</td></tr>
</table>

5. 曲轴前后端

曲轴前端装有驱动配气凸轮轴的正时齿轮、驱动风扇和水泵的皮带轮等，在正时齿轮前装有甩油盘，其外斜面向后可防止机油沿曲轴轴颈外漏，如图 3.64 所示。随着曲轴旋转，被齿轮挤出或甩出的机油落在盘上，在离心力的作用上，被甩到齿轮室的壁面上，再沿壁面流回到油底壳中，即使有少量机油落到甩油盘前面的曲轴上，也会被压在齿轮室盖上的油封挡住，如图 3.65 所示。

此外，中小型内燃机的曲轴前端还有起动爪，必要时用人力转动曲轴来起动内燃机，高速内燃机前面装有扭转减振器。工程机械内燃机前面装有动力输出装置。

曲轴的后端是指最后一道主轴颈之后的部分，一般有安装飞轮的凸缘。曲轴后端密封装置如图 3.66 所示。

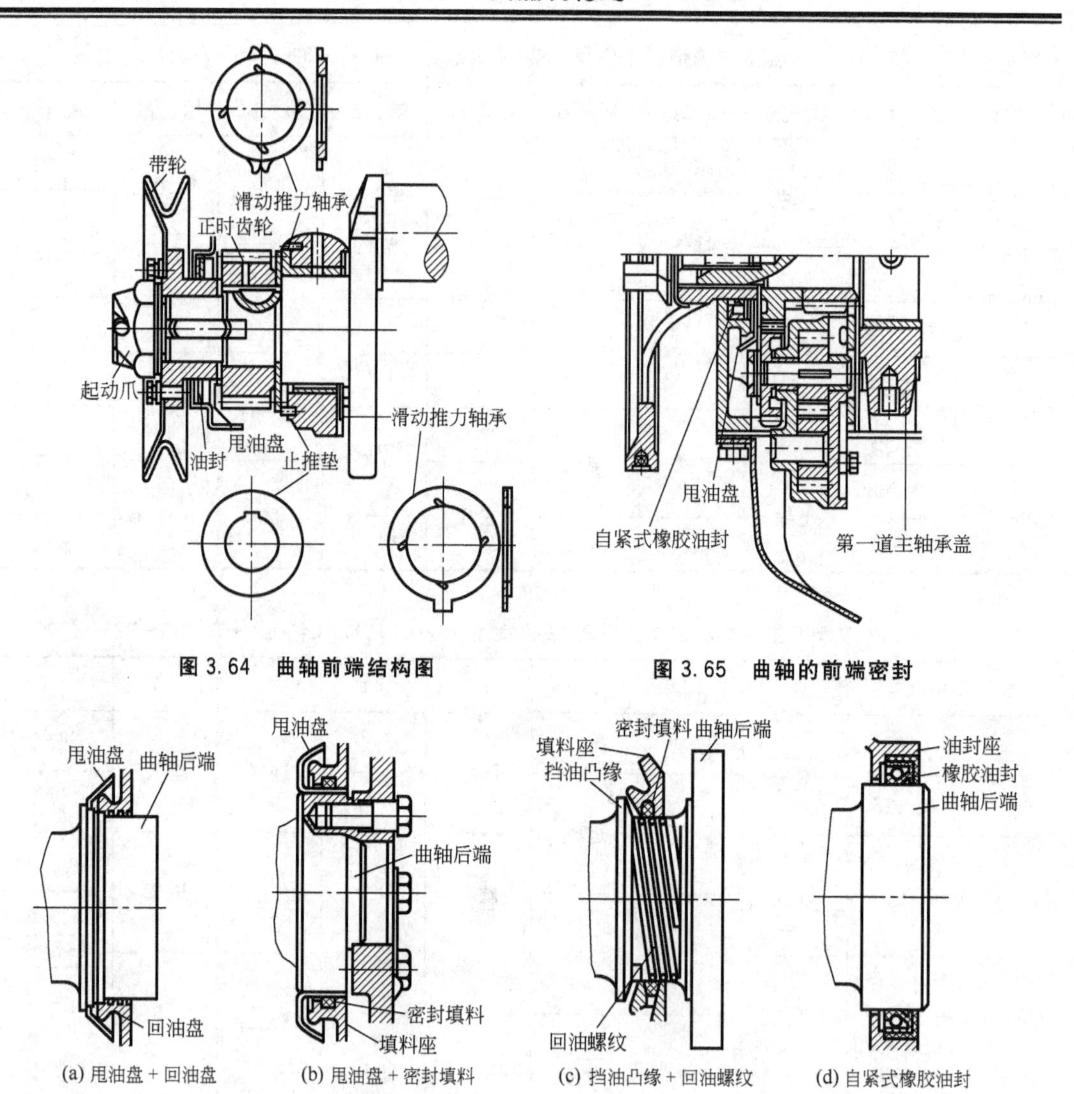

图 3.64　曲轴前端结构图

图 3.65　曲轴的前端密封

图 3.66　曲轴的后端密封

3.3.2　曲轴轴承

为了减小轴颈的摩擦阻力和磨损，曲轴主轴颈和连杆轴颈装在轴承中，轴承分为滚动轴承和滑动轴承两种。

内燃机常用滑动轴承，轴承是两个半圆形的瓦片，简称轴瓦，如图 3.67 所示。轴瓦基体是 1～3mm 薄钢片，在其内圆面上浇注 0.3～0.7mm 的减摩合金层(巴氏合金、铜铅合金、高锡铝合金等)，减摩合金层有保持油膜，减少摩擦阻力和加速磨合的作用。半个轴瓦自由状态下不是半圆形，背面有很高的光洁度，将其装入轴承孔内时，又有过盈，所以能均匀地紧贴在大头孔壁上，具有很好的承载能力和导热性，有利于提高其工作可靠性和延长使用寿命。为防止轴瓦在工作中产生转动或轴向移动，在瓦口处冲出高于钢背面的两个定位凸键，装配时，两个凸键分别嵌入轴承孔的相应凹槽中。在轴瓦内表面上还加工有油槽用来储存润滑油，保证可靠润滑。有的轴瓦上还制有油孔，安装时应与轴承座上相应的油孔对齐。

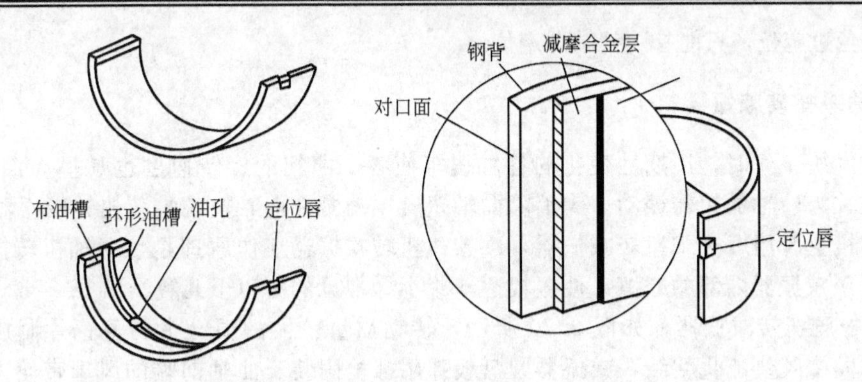

图 3.67 轴瓦结构

连杆轴承以大头孔为轴承座。主轴承装在曲轴箱的主轴承孔内，用主轴承盖固定。为保证孔形，轴承盖和轴承座配对加工，并印有装配标记，防止装错。现代内燃机也将主轴承盖制成一体，既增加曲轴的支承刚度，又提高了气缸体的刚度，如图 3.68 所示。

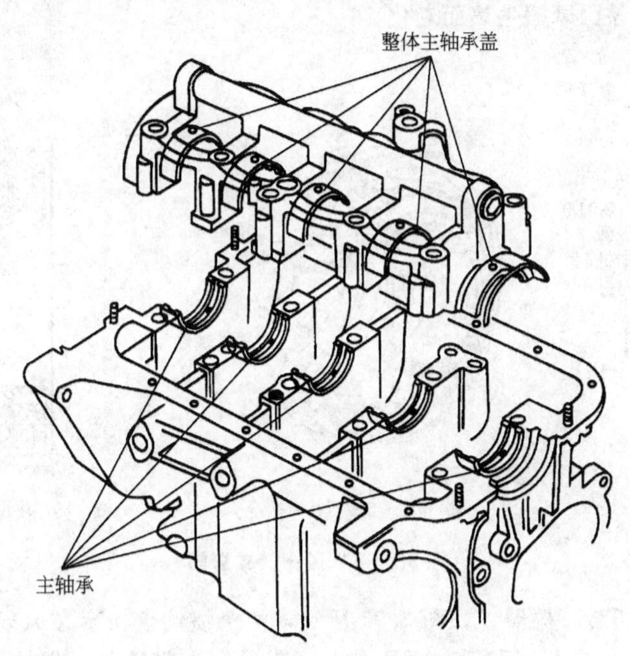

图 3.68 整体式主轴承盖

在内燃机工作时，曲轴受到离合器施加于飞轮的轴向力的作用，会破坏曲柄连杆机构各零件的正确相对位置，一般用止推轴承进行轴向定位。有在中间或最后主轴颈处用翻边轴瓦定位的，如图 3.69 所示，当曲轴热膨胀时向前伸长，可保证曲轴后端的轴向间隙，缺点是正时齿轮的配合相位会发生变化，对配气定时和供油定时有一定的影响；也有利用具有减摩合金层的止推片在前端第一主轴颈处定位，如图 3.64 所示，当曲轴受热后向后伸长，可保证配气定时及供油定时不受影响，但曲轴后端传来的轴向力会使曲轴产生附加应力。为能使曲轴受热膨胀后能自由

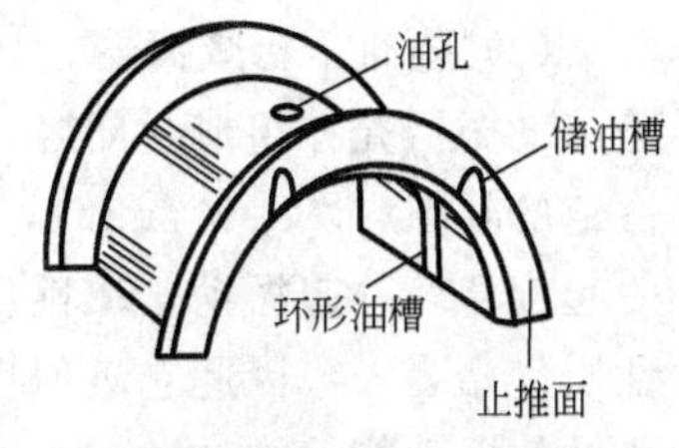

图 3.69 翻边轴瓦

伸长，避免过定位，只能有一处轴向定位。

3.3.3　曲轴扭转减振器

在内燃机工作时，周期性变化的各缸扭矩使各个曲拐的旋转速度也是呈周期性变化，这种现象称为曲轴的扭转振动。为消除曲轴扭转振动常在曲轴前端加装扭转减振器。

内燃机上常用摩擦式扭转减振器，摩擦式扭转减振器工作原理是将曲轴扭转振动能量逐渐消耗于减振器内部的摩擦，使振幅逐渐减小。常见的有以下几种。

(1) 橡胶扭转减振器。如图 3.70 所示，转动惯量较大的惯性盘与薄钢片制成的减振器圆盘都同橡胶垫硫化粘结，减振器圆盘毂部用螺栓固装于曲轴前端的风扇带轮上，或者带轮和橡胶扭转减振器组合成一体，风扇带轮又与曲轴前端螺栓固紧。因此，减振器圆盘与带轮、曲轴同步转动，惯性盘与减振器圆盘有了相对角振动，橡胶垫的扭转变形消耗了扭转振动能量，振幅减小。还有的做成复合惯性质量减振器结构，如图 3.70(c)所示。橡胶减振器的主要优点是结构简单、质量小、工作可靠，但橡胶对曲轴扭转振动的衰减作用不够强，而且橡胶易因摩擦生热而老化。

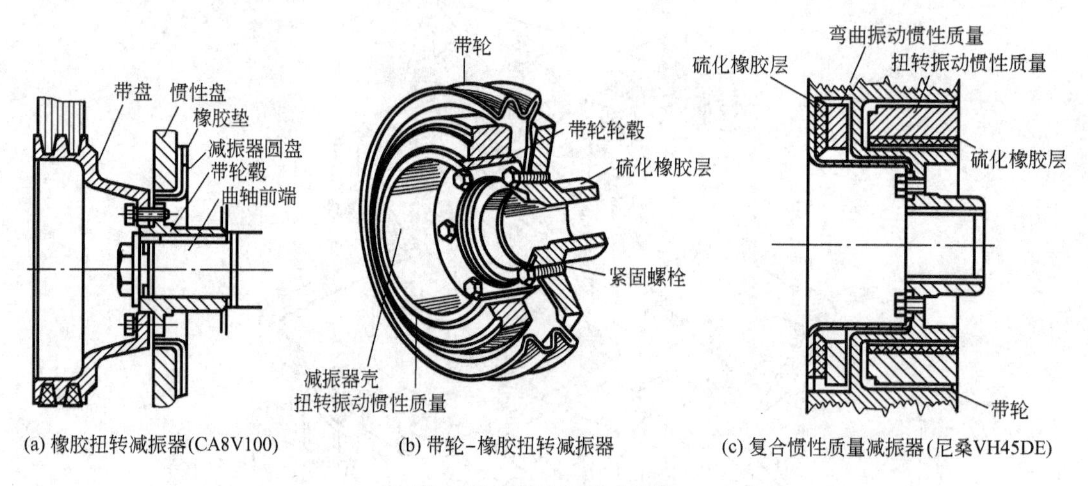

(a) 橡胶扭转减振器(CA8V100)　(b) 带轮-橡胶扭转减振器　(c) 复合惯性质量减振器(尼桑VH45DE)

图 3.70　橡胶扭转减振器

(2) 干摩擦式扭转减振器。如图 3.71 所示，两个惯性盘松套在风扇带轮的轮毂上(之间有衬套)，两盘可轴向相对移动，但不能相对转动。在带轮与一惯性盘之间以及平衡重与另一惯性盘之间各有一摩擦片。装在两个惯性盘之间的弹簧使惯性盘压紧摩擦片。当曲轴带动带轮、平衡重发生扭转振动时，由于惯性盘、带轮、平衡重与摩擦片之间的摩擦消耗了曲轴扭转振动的能量，振幅减小。

(3) 硅油扭转减振器。如图 3.72 所示，钢板冲压而成的减振器壳体与曲轴连接，侧盖与减振器壳体组成封闭腔，其中滑套着扭转振动惯性质量。惯性质量与封闭腔之间留有一定的间隙(0.5～0.7mm)，其中充满高粘度硅油。当内燃机工作时，减振器壳体与曲轴一起旋转，一起振动，惯性质量则被硅油的粘性摩擦阻尼和衬套的摩擦力所带动。由于惯性质量相当大，因此它近似做匀速转动，于是在惯性质量与减振器壳体间产生相对运动。曲轴的振动能量被硅油的内摩擦阻尼吸收，使扭振消除或减轻。硅油扭转减振器减振效果好，性能稳定，工作可靠，结构简单，维修方便，所以在汽车内燃机上的应用日益普遍。

但它需要良好的密封和较大的惯性质量，致使减振器尺寸较大；当摩擦使硅温度升高后，硅油粘度下降，对曲轴的扭振衰减作用减弱。

(4) 硅油-橡胶式扭转减振器。如图 3.73 所示，硅油-橡胶扭转减振器在封闭腔内注满高粘度硅油，橡胶环作为弹性体，并密封硅油和支撑惯性质量。硅油-橡胶扭转减振器集中了硅油扭转减振器和橡胶扭转减振器两者的优点，即体积小、质量轻和减振性能稳定等。

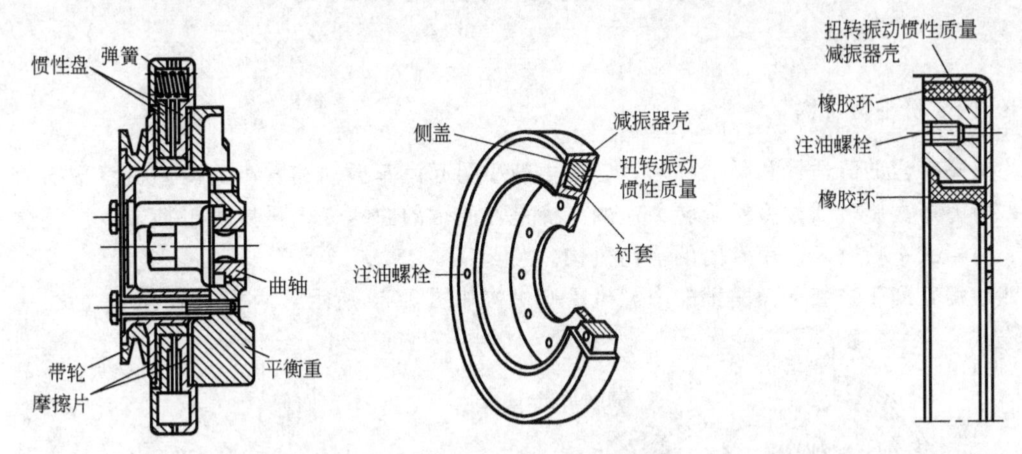

图 3.71　干摩擦式扭转减振器　　图 3.72　硅油扭转减振器　　图 3.73　硅油-橡胶式扭转减振器

3.3.4　飞轮

飞轮是一个转动惯量很大的圆盘，如图 3.74 所示，主要功用是将做功行程中输入曲轴的动能的一部分储存起来，用以在其他行程中克服阻力，带动曲柄连杆机构越过上、下止点，保证曲轴的旋转角速度和输出转矩尽可能均匀，并使内燃机有可能克服短时间的超载荷，同时将内燃机的动力传给离合器。

飞轮应具有大的转动惯量，但质量尽可能要小，所以飞轮的大部分质量都集中在轮缘上，轮缘做得宽而厚。飞轮材料一般用灰铸铁，当轮缘速度超过 50m/s 时要采用球铁或铸钢。飞轮外缘压有齿环，与起动机的驱动齿轮啮合，供起动内燃机用。飞轮外缘上的齿圈是热压配的，齿圈磨损失效后可以更换，但拆装齿圈时应注意加热后进行。

飞轮上通常刻有第一缸发火正时记号(第一缸处于上止点的标记)，当这个标记与飞轮壳上的刻线对正时，如图 3.75 所示，第一缸活塞处于上止点，用来调整配气机构、供油系统(柴油机)、点火系统(汽油机)正时。奥迪 100 飞轮上有——“0”标记。

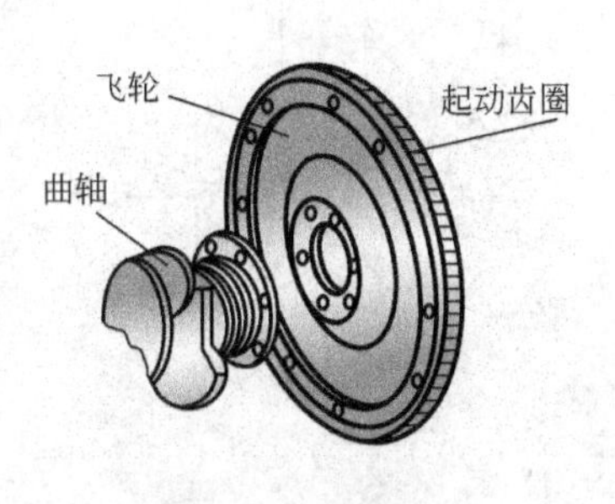

图 3.74　飞轮

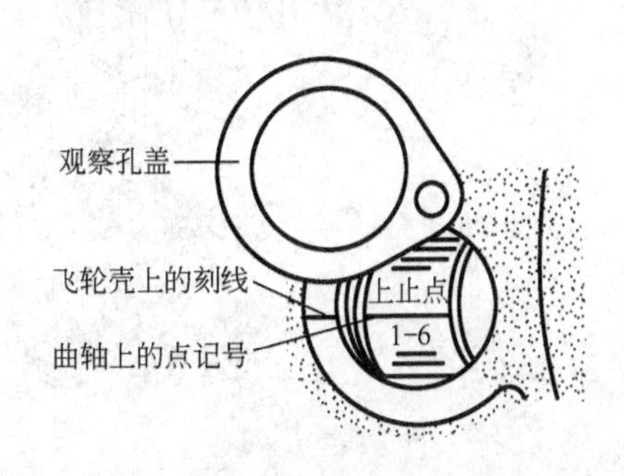

图 3.75　飞轮的上止点记号

多缸内燃机的飞轮应与曲轴一起参加动平衡试验，否则会因旋转质量不平衡而引起内燃机振动，加速主轴承磨损。为了拆装后不破坏动平衡，保证重新装配时的正确性，在曲轴接盘与飞轮上有定位销孔，通过定位销定位或采用不对称螺栓进行定位。

3.4　内燃机的平衡机构和支撑

3.4.1　内燃机平衡机构

为提高乘坐的舒适性和降低噪声，应尽力减小引起汽车振动和噪声的内燃机不平衡力及不平衡力矩。旋转惯性力及旋转力矩的平衡是在曲轴的曲柄臂上设置的平衡重；往复惯性力、力矩的平衡则需采用专门的平衡机构。

四冲程直列 4 缸装平面曲轴的内燃机平衡机构如图 3.76 所示，两根平衡轴与曲轴平

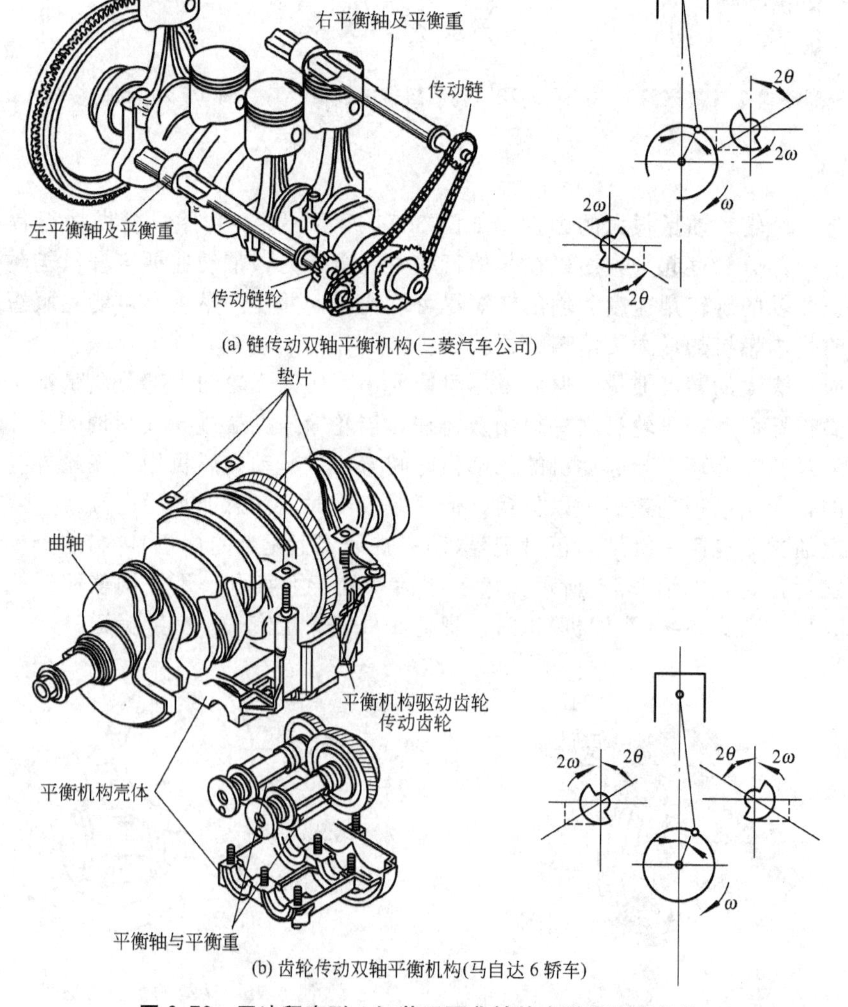

(a) 链传动双轴平衡机构(三菱汽车公司)

(b) 齿轮传动双轴平衡机构(马自达 6 轿车)

图 3.76　四冲程直列 4 缸装平面曲轴的内燃机平衡机构

行，与气缸中心线等距，旋转方向相反，转速相同，都为曲轴转速的两倍。两根轴上都装有质量相同的平衡重，其旋转惯性力在垂直于气缸中心线方向的分力互相抵消，在平行于气缸中心线方向的分力则合成为沿气缸中心线方向作用的力，与往复惯性力大小相等、方向相反，从而使往复惯性力得到平衡。

3.4.2　内燃机的支撑

内燃机一般通过气缸体和飞轮壳或变速箱壳上的支撑支承在车架上，如图 3.77 所示。有三点支撑(前二后一、前一后二)和四点支撑(前后各两)两种。

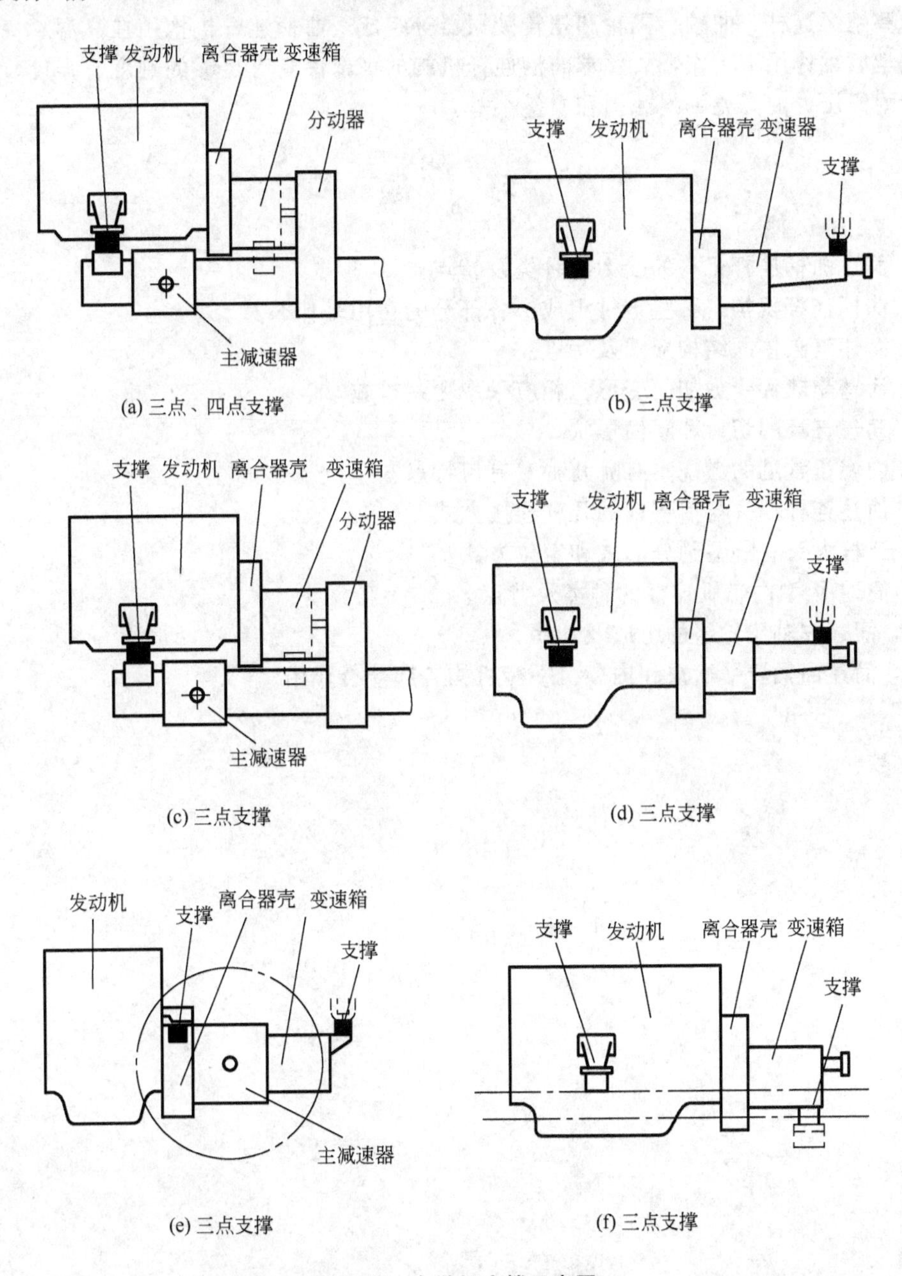

图 3.77　内燃机支撑示意图

固定式内燃机一般采用四点支撑，刚性地固定在机座或其他质量较大的基础上。移动式内燃机一般采用三点或四点弹性支撑，可吸收振动，减少传到底盘和车架上的振动和噪声，对于汽车可使乘客感到舒适。

小　　结

机体组是内燃机装配的基体，主要由气缸体、曲轴箱、油底壳、气缸盖和气缸垫等零件组成。曲柄连杆机构用来传递力和改变运动方式，完成能量的转换，主要由活塞、活塞环、活塞销、连杆、曲轴、飞轮和扭转减振器等组成，曲柄连杆机构用在高温、高压、高速和化学腐蚀作用下工作，故要求曲柄连杆机构的零部件具有足够的刚度、强度、导热性能好、耐高压、耐高温、耐磨损和质量小等。

习　　题

1. 简述曲柄连杆机构的受力的种类及特点。
2. 曲柄连杆机构由哪些零件组成？各部分的功用是什么？
3. 简述气缸体的结构形式及特点。
4. 活塞受热和受力如何变形？相应采取哪些措施？
5. 简述气环的切口和断面形状。
6. 内燃机常见的燃烧室有哪几种？有何特点？
7. 简述连杆小头与活塞销的几种连接方式。
8. 连杆大头有哪些剖分形式和定位方式？
9. 简述V型内燃机连杆的种类及特点。
10. 简述曲轴飞轮组的组成及功用。
11. 简述曲柄臂平衡重和内燃机平衡机构各起什么作用。

第4章　配 气 机 构

教学提示：配气机构控制着气缸内工质的更换，对内燃机的性能有重要影响。内燃机配气机构的形式多样，其目的均在于提高充量系数、减小气缸内残余废气量，使内燃机得到更高的性能。配气正时与内燃机的运行工况息息相关，先进内燃机采用的可变配气正时和可变气门升程技术，可以有效改善内燃机的性能。

教学要求：掌握配气机构的作用、组成和布置形式；掌握配气机构零件和零件组的组成和结构特点；掌握凸轮轴的传动方式；掌握配气正时、充量系数的概念。了解可变配气正时和可变气门升程技术的结构特点和工作原理。

目前，四冲程汽车内燃机均采用气门式配气机构。配气机构的作用是根据内燃机工作循环和着火次序的要求，定时开启和关闭各缸进、排气门，以保证新鲜充量定时充入气缸，燃烧废气及时以最大限度排出气缸，并在压缩和做功行程中保证气门与气门座的良好密封。

进入气缸内的新鲜充量和气缸内的残余废气量对内燃机性能有着重要影响，两者的表征参数分别为充量系数和残余废气系数。

(1) 充量系数(或者称为容积效率)是内燃机单缸每循环实际进入气缸的空气量与按进气状态计算得到的理论空气量的比值。

$$\phi_c = m_1/(\rho_s \cdot V_s) \qquad (4-1)$$

式中，ϕ_c 为充量系数；m_1 为单缸每循环实际进入气缸的空气质量；ρ_s 为进气系统的干空气密度(自然吸气式内燃机为大气中的干空气密度，增压内燃机为压气机后的干空气密度)；V_s 为内燃机的单缸容积。

内燃机的充量系数越高，进气量越多，有效功率和转矩就越大。

(2) 残余废气系数是指进气过程结束时，单缸每循环气缸内残余的废气量与进入气缸的新鲜充量的比值。

$$\phi_r = m_r/m_2 \qquad (4-2)$$

式中，ϕ_r 为残余废气系数；m_r 为进气过程结束时，单缸每循环气缸内的残余废气质量；m_2 为单缸每循环实际进入气缸的新鲜充量质量。

残余废气系数越小，残留在气缸内的废气量就越少，内燃机也会表现出更佳的性能。

4.1　配气机构的组成

气门式配气机构由气门组和气门传动组两部分组成，各组的零件组成与气门位置、凸轮轴位置和气门驱动形式等因素有关。早期内燃机的配气机构把进、排气门直立于内燃机机体侧面，称为侧置气门配气机构，由于该机构形式的综合性能不佳，所以已被淘汰。现代汽车内燃机均采用气门顶置式配气机构，即进、排气门置于气缸盖内，倒挂在气缸顶上，如图 4.1 所示。通常，配气机构按凸轮轴的布置形式划分为凸轮轴下置式、凸轮轴中置式和凸轮轴上置式配气机构。

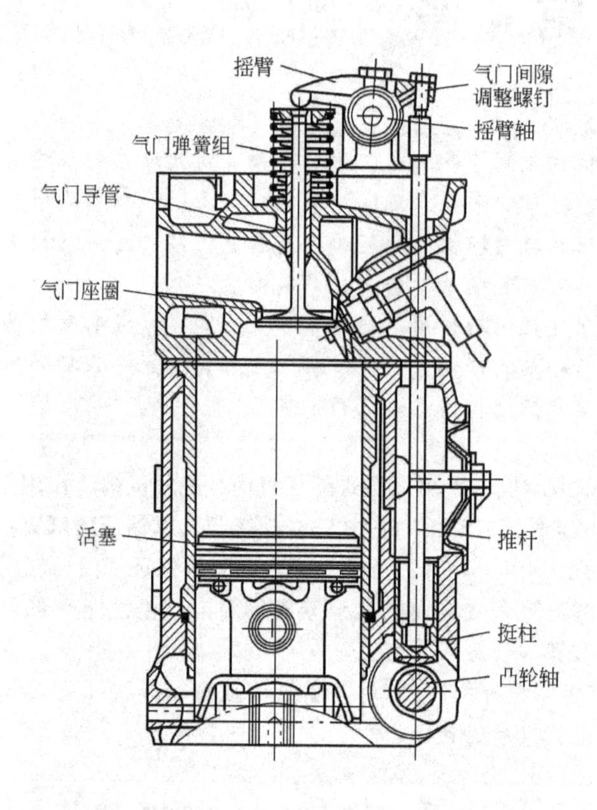

图 4.1　凸轮轴下置式配气机构的结构简图

4.1.1　凸轮轴下置式配气机构

图 4.1 所示为凸轮轴下置式配气机构的结构简图，它的主要部件包括凸轮轴、挺柱、推杆、气门间隙调整螺钉、摇臂轴和气门组。该形式配气机构的凸轮轴布置于气缸体内，凸轮轴与曲轴之间距离较小，动力传递结构简单，一般采用安装于曲轴和凸轮轴上的一对正时齿轮驱动凸轮轴。对于四冲程内燃机，曲轴齿轮的齿数与凸轮轴齿轮的齿数之比为 1∶2,即曲轴旋转两周凸轮轴运转一周。为满足配气正时的需要，曲轴齿轮和凸轮轴齿轮上均制作有正时标记，如图 4.2 所示，凸轮轴在安装时，应旋转曲轴，使内燃机第一缸的活塞处于上止点位置，按两齿轮上的正时标记安装凸轮轴，以保证准确的配气正时。

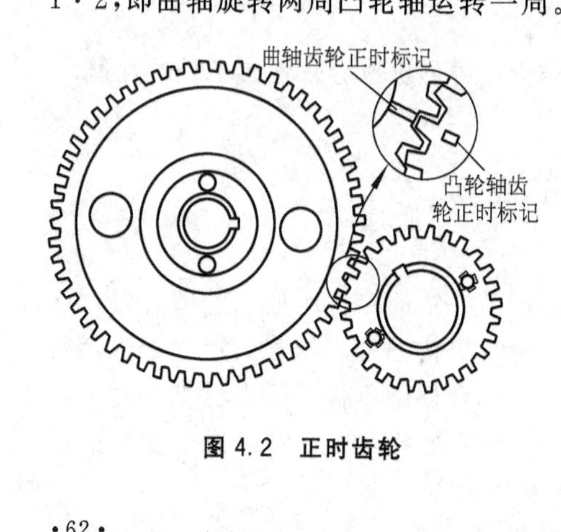

图 4.2　正时齿轮

内燃机在运行时，曲轴通过正时齿轮驱动凸轮轴旋转，当凸轮的上升段顶起挺柱时，挺柱推动推杆，经气门间隙调整螺钉推动摇臂绕摇臂轴摆动，从而压缩气门弹簧使气门开启。当凸轮的下降段与挺柱接触时，在气门弹簧的弹力作用下，气门传动组按相反过程运动，逐渐关闭气门。

凸轮轴下置式配气机构的优点是凸轮轴易于布置，缸盖结构简单。但该配气机构的传动环节多、整个机构刚度低，在内燃机高速运动时，其运动件的惯性力大，细长推杆弹性大，易引起严重的振动和噪声，可能破坏气门的运动规律和气门的定时启闭，所以它不适用于高速车用内燃机。该形式的配气机构多用于像CA6102、EQ6100－1、BJ492Q、6135Q等转速较低的内燃机。

4.1.2 凸轮轴中置式配气机构

图4.3所示为凸轮轴中置式配气机构结构简图。该配气机构的特点是凸轮轴布置在气缸体的上部，凸轮轴经过挺柱直接驱动摇臂，没有推杆，配气机构的往复运动件质量相对较小，机构刚度较高，可以满足较高转速内燃机的需要。

某些凸轮轴中置式配气机构的组成与凸轮轴下置式配气机构的组成没有太大区别，只是推杆较短，如YC6105、6110A、依维柯8210－22S等内燃机均采用了这种结构形式。

由于该机构的凸轮轴相距曲轴较远，不能用一对正时齿轮直接驱动凸轮轴，因此，凸轮轴的动力传递一般采用一对正时链轮或者一对正时齿带轮传动，如图4.4所示，凸轮轴的安装类似于凸轮轴下置式配气机构。

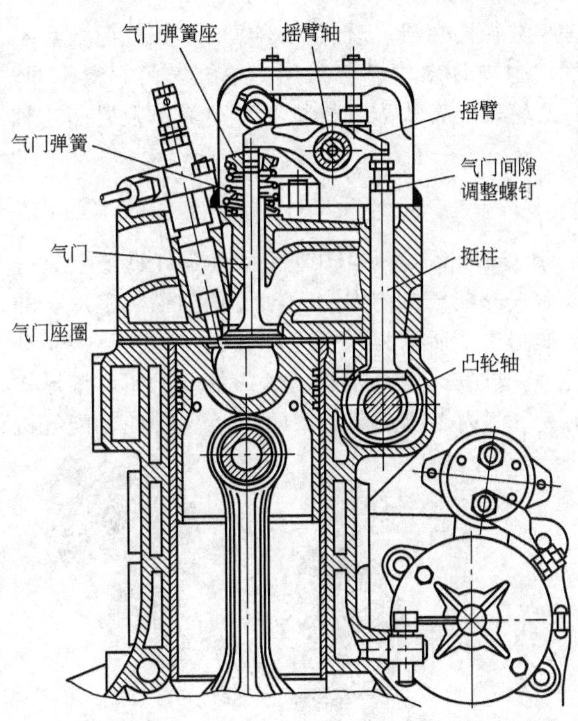

图4.3 凸轮轴中置式配气机构结构简图

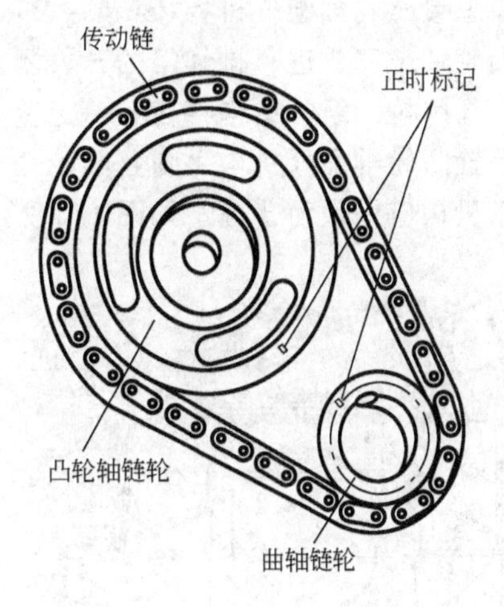

图4.4 正时链轮

4.1.3 凸轮轴上置式配气机构

凸轮轴上置式配气机构是现代轿车内燃机最常见的一种结构，简称为OHC(Over-head Camshaft)。凸轮轴布置在气缸盖上，可通过摇臂驱动气门，如图4.5所示；也可直接驱动气门，如图4.6所示。由于凸轮轴距离曲轴远，需要采用链条或者齿带进行远距离驱动力传递。和其他形式的配气机构相比，该配气机构气门的传动组部件最少，往复运动质量最小，惯性最低，特别适合高速内燃机使用。该机构的缺点是气缸盖结构相对比较复杂。

为使内燃机气缸内得到更多的新鲜充量，应尽量增大进气门口的流通面积，采用多气

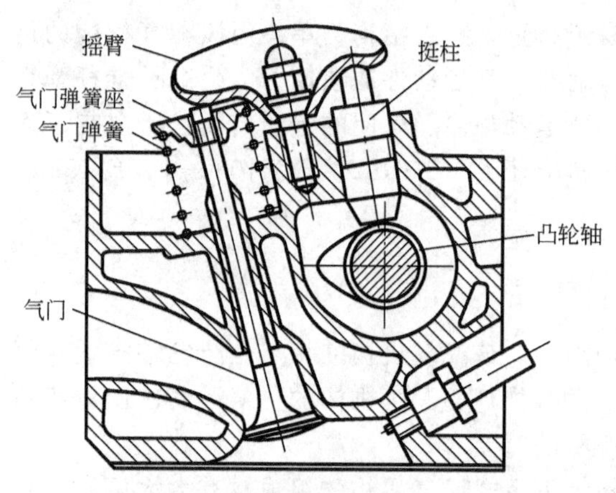

图 4.5 摇臂驱动的凸轮轴上置式配气机构图

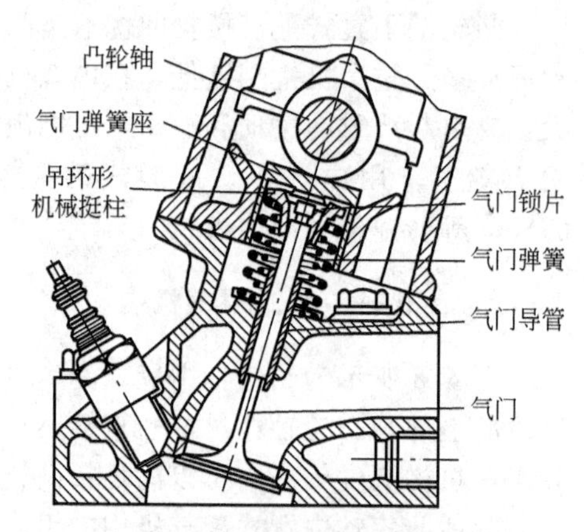

图 4.6 凸轮轴直接驱动的凸轮轴上置式配气机构

门技术是提高流通面积的良好手段，尤其是小缸径内燃机。现代内燃机的单缸气门数量不再仅仅是 2 气门，3、4、5 气门，甚至 6 气门也被许多内燃机采用。单缸气门数量不同，气门传动组的结构就存在一定差异。因此，凸轮轴上置式配气机构又可分为单上置凸轮轴配气机构和双上置凸轮轴配气机构。

1. 单上置凸轮轴配气机构

单上置凸轮轴配气机构(Single Over-head Camshaft，SOHC)的特点是气缸盖上只有一根凸轮轴来完成进、排气门的开、闭。该形式的配气机构因凸轮轴位置和燃烧室形状的不同，气门传动组的结构存在着一定差异。如图 4.7 所示为 2 气门内燃机凸轮轴直接驱动的单上置凸轮轴配气机构简图，凸轮轴上的进、排气凸轮直接驱动气门的开、闭，该形式的配气机构应用最为普遍。如图 4.8 所示为 2 气门内燃机摇臂驱动的单上置凸轮轴配气机

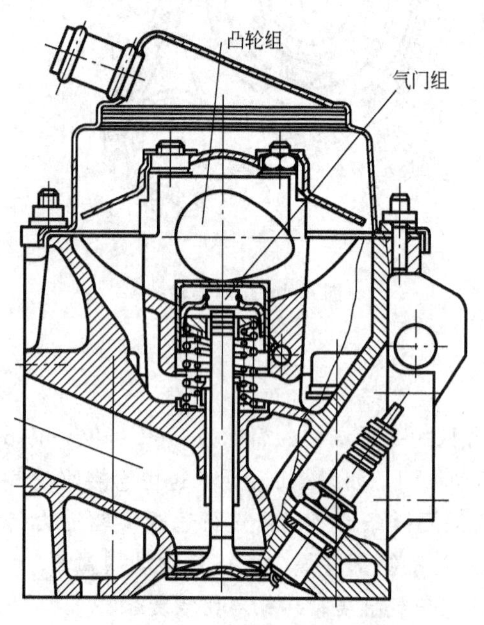

图 4.7 2 气门内燃机凸轮轴直接驱动的单上置凸轮轴配气机构简图

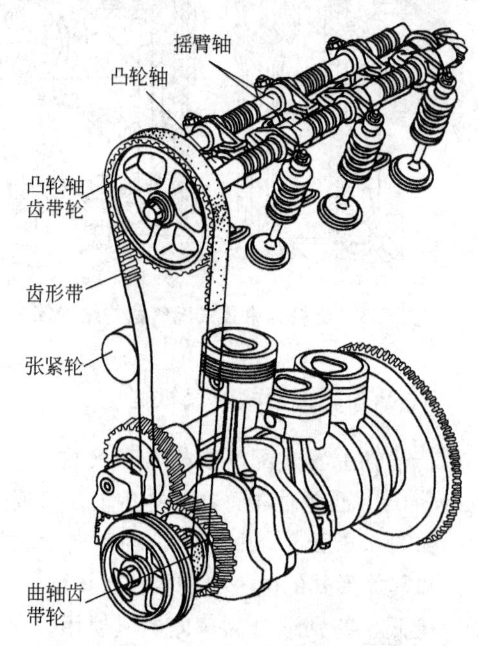

图 4.8 2 气门内燃机摇臂驱动的单上置凸轮轴配气机构的立体结构图

构的立体结构图，其特点是凸轮轴上的进、排气凸轮通过摇臂驱动气门的开、闭，夏利TJ376Q采用了这种配气机构形式。

2. 双上置凸轮轴配气机构

双上置凸轮轴配气机构(Double Over-head Camshaft，DOHC)的特点是气缸盖上布置有两根凸轮轴——进气门凸轮轴和排气门凸轮轴，凸轮轴通过摇臂或者直接驱动气门，实现气门的开启和闭合。这种形式的配气机构主要用于多气门(3气门以上)内燃机。图4.9所示为4气门内燃机凸轮轴直接驱动的双上置凸轮轴配气机构的立体图，两根凸轮轴上的进、排气凸轮经过液力挺柱直接驱动气门，马自达FE内燃机采用了这种配气机构形式。图4.10所示为4气门内燃机摇臂驱动的双上置凸轮轴配气机构的立体图，两根凸轮轴通过摇臂驱动进、排气门的运动，日产SR18DE内燃机就采用了这种配气机构。图4.11所示为5气门内燃机凸轮轴直接驱动的双上置凸轮轴配气机构的立体图，该内燃机每缸有3个进气门和两个排气门，两根凸轮轴经过液力挺柱直接驱动气门，本田内燃机采用了这种结构形式。

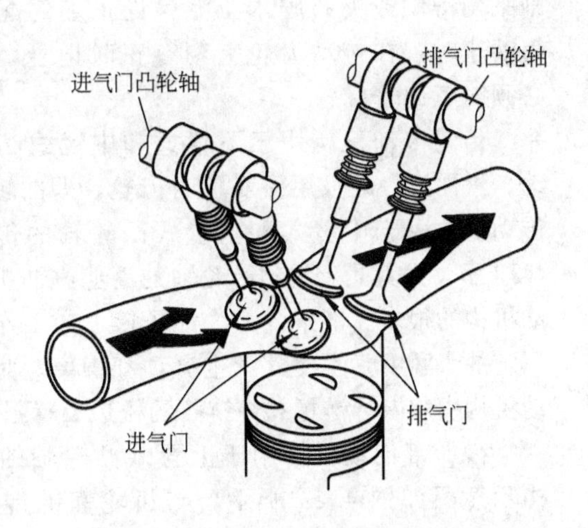

图4.9 4气门内燃机凸轮轴直接驱动的双上置凸轮轴配气机构的立体图

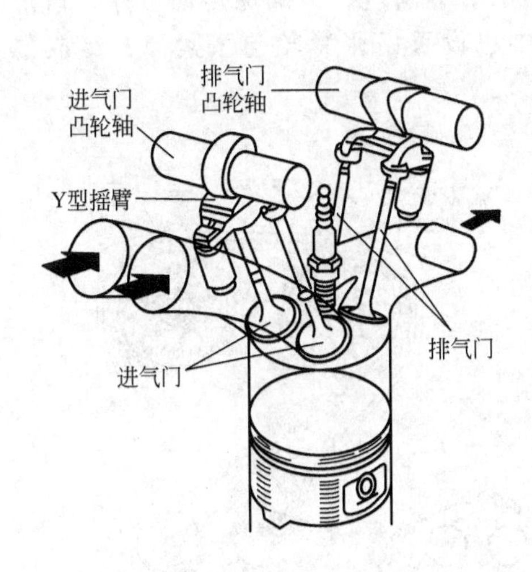

图4.10 4气门内燃机摇臂驱动的双上置凸轮轴配气机构的立体图

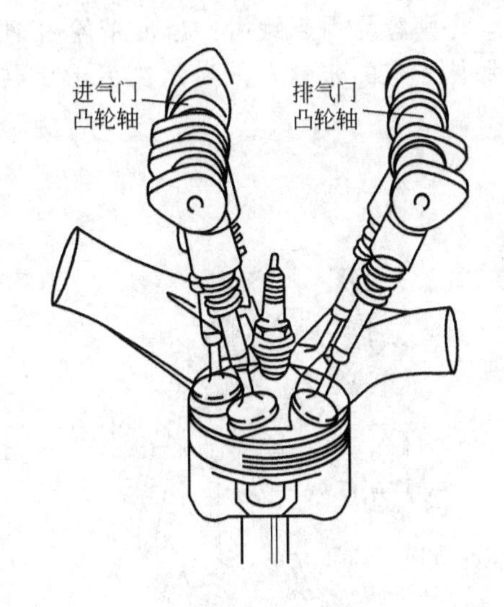

图4.11 5气门内燃机凸轮轴直接驱动的双上置凸轮轴配气机构的立体图

4.1.4 凸轮轴传动机构

凸轮轴由曲轴驱动，最常用的传动机构有齿轮式、链条式及齿形带式等几种形式。

齿轮和凸轮轴正时齿轮。柴油机需要同时驱动喷油泵，所以增加一个中间齿轮，如

图4.12所示。为保证齿轮啮合平顺、噪声低、磨损小，正时齿轮都是圆柱螺旋齿轮并用不同的材料制造。曲轴正时齿轮用中碳钢制造，凸轮轴正时齿轮则采用铸铁或夹布胶木。为保证正确的配气正时和喷油正时，在传动齿轮上刻有正时记号，在装配时必须对正记号。

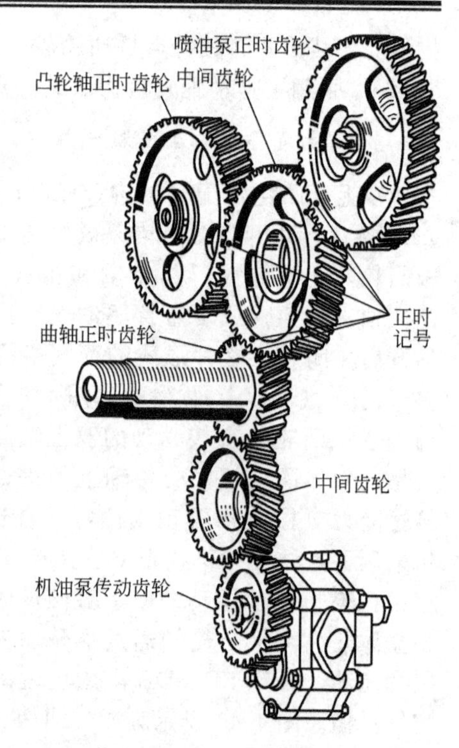

图4.12　齿轮传动机构

齿轮传动机构用于下置式和中置式凸轮轴的传动。汽油机一般只用一对正时齿轮，即曲轴正时。链传动机构用于中置式和上置式凸轮轴的传动，如图4.13示，尤其是上置式凸轮轴的高速汽油机采用链传动机构的很多。链条一般为滚子链，在工作时应保持一定的张紧度，不使其产生振动和噪声。为此在链传动机构中装有导链板并在链条的松边装置张紧器。

齿形带传动机构用于上置式凸轮轴的传动，结构示意图如图4.14所示。与齿轮和链传动机构相比它具有噪声小、质量轻、成本低、工作可靠和不需要润滑等优点。另外，齿形带伸长量小，适合于有精确定时要求的传动。因此，被越来越多的汽车(特别是轿车)内燃机所采用。齿形带由氯丁橡胶制成，中间夹有玻璃纤维，齿面粘覆尼龙编织物。在使用中不能使齿形带与水或机油接触，否则容易引起跳齿。齿形带轮由钢或铁基粉末冶金制造。为确保传动可靠，齿形带需保持一定的张紧力，为此在齿形带传动机构中也设置由张紧轮与张紧弹簧组成的张紧器。

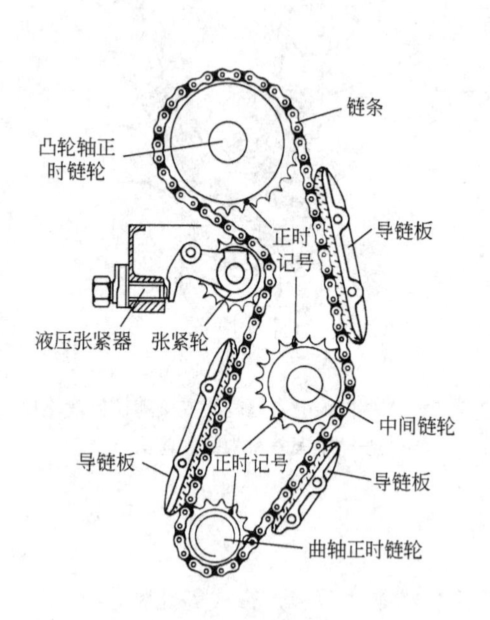

图4.13　链传动机构

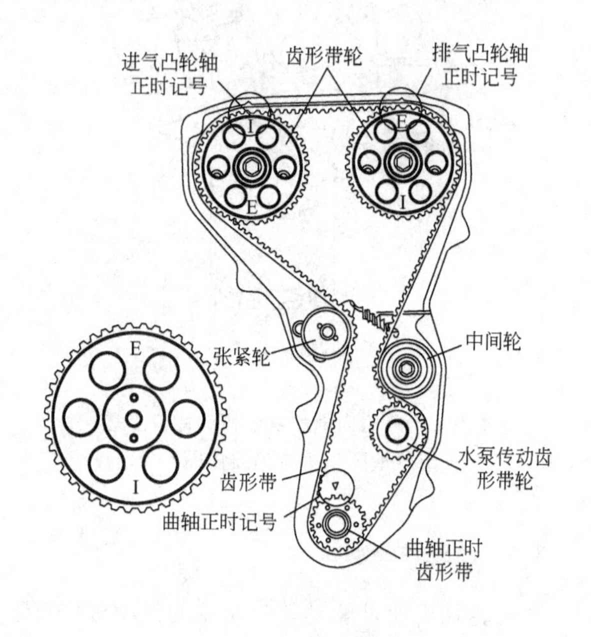

图4.14　齿形带传动机构

4.2　配气正时和气门间隙

4.2.1　配气正时

前面已经叙述，进入气缸内的新鲜充量越多，在进气过程结束时，气缸内残余的废气量就越少，内燃机的性能也就越好。进、排气门开启和关闭的时刻是影响气缸内新鲜充量和残余废气量的重要因素。

配气正时(或称配气相位)是指内燃机每个气缸的进、排气门从开始开启到完全关闭所经历的曲轴转角。配气正时用环形图来表示，此图称为配气正时图，如图4.15所示。从理论上来讲，四冲程内燃机的进气门应是在活塞位于上止点时开启，到下止点时关闭，排气门应在活塞位于下止点时开启，到上止点时关闭，进、排气时间各占180°CA(CA，Crank Angle，曲轴转角)。但是为使气缸进气充足，排气干净，就要使气门适当早开和晚关。

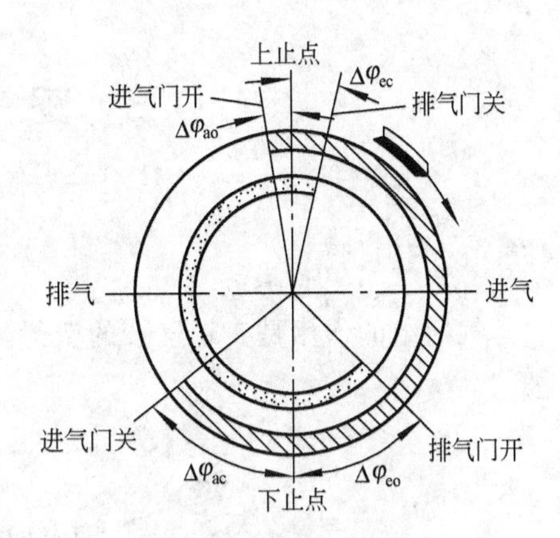

图4.15　配气正时图

进气门早开角$\Delta\varphi_{ao}$是指从进气门开启时到上止点经历的曲轴转角，目的是使进气行程开始时，进气门已有一定的开启通路面积，以利于新鲜气体充入气缸。进气门晚关角$\Delta\varphi_{ac}$是指进气门完全关闭时到下止点经历的曲轴转角，目的在于充分利用进气气流惯性，增大气缸内的新鲜充量。排气门早开角$\Delta\varphi_{eo}$是指排气门开启时相对于下止点经历的曲轴转角，主要目的是利用气缸内高压，实现超临界和亚临界的自由排气，以减小压缩功损失。排气门晚关角$\Delta\varphi_{ec}$是指排气门关闭时刻相对于上止点经历的曲轴转角，其目的在于充分利用排气气流惯性来排出更多的废气。由于进气门早开和排气门晚关，进气门和排气门存在同时开启的现象，称为气门叠开。内燃机的配气正时角度见表4-1。从理论上来讲，内燃机每个运行工况应对应着各自不同的配气正时角，方能使之发挥良好的性能，但一般内燃机的配气正时是固定不变的，因此，不变配气正时的内燃机只有在个别工况下配气正时才具有较佳值。为了使所有工况下都能获得最佳的配气正时，许多轿车内燃机采用了可变配气正时机构，拓宽了最佳配气正时的工况范围。

表4-1　内燃机的配气正时角

	$\Delta\varphi_{ao}$/℃A	$\Delta\varphi_{ac}$/℃A	$\Delta\varphi_{eo}$/℃A	$\Delta\varphi_{ec}$/℃A
自然吸气内燃机	0～40	20～60	30～80	10～35
增压内燃机	70～80	30～45	45～55	55～65

4.2.2　气门间隙

为保证气门关闭严密，内燃机在冷态装配时，通常在气门杆尾端与气门驱动零件(摇臂、挺柱和凸轮)之间留有适当的间隙，这一间隙称为气门间隙。内燃机在工作时，配气机构各零件(如气门、挺柱和推杆等)因温度升高而膨胀。如果在气门及其传动件之间冷态时无间隙或间隙过小，则在热态下气门及其传动件的受热膨胀势必会引起气门关闭不严，造成内燃机在压缩和做功行程中漏气，从而使内燃机功率下降，严重时甚至不易起动。为消除这种现象，通常留有适当的气门间隙，以补偿气门受热后的膨胀量。气门间隙的大小由内燃机制造厂根据试验确定，一般在冷态时进气门的间隙为 0.20～0.30mm，排气门的间隙为 0.30～0.40mm。气门间隙过大，将影响气门的开启量，同时在气门开启时产生较大的冲击响声。为了能对气门间隙进行调整，在摇臂(或挺柱)上装有调整螺钉及其锁紧螺母。一些中、高级轿车由于采用液力挺柱，故不预留气门间隙。

4.3　配气机构的主要零部件

4.3.1　气门组

气门组的作用是实现气缸的密封。气门组的组成如图 4.16 所示。

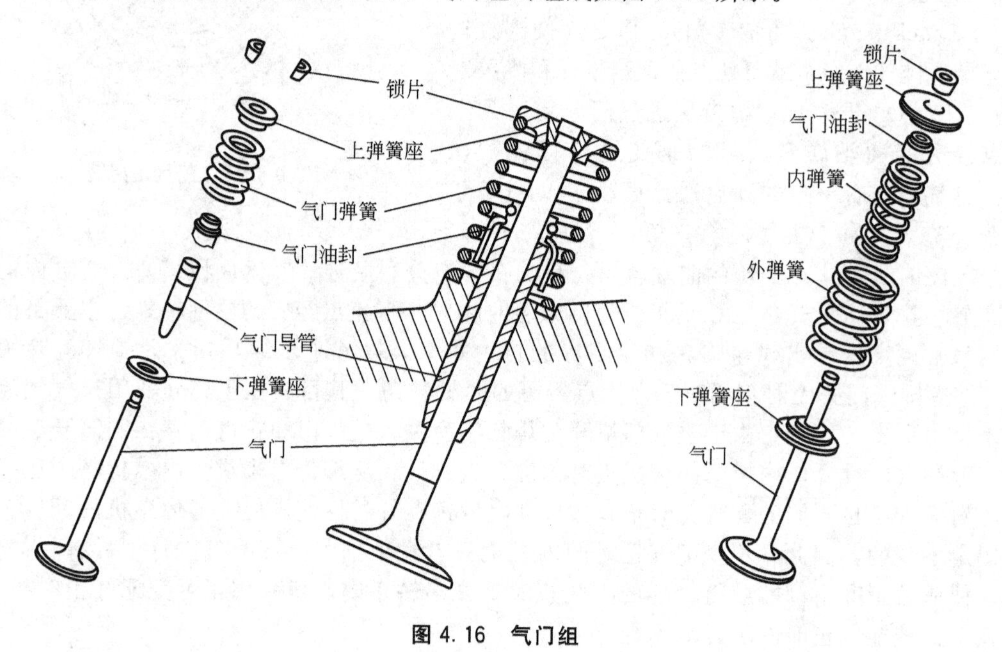

图 4.16　气门组

1. 气门

内燃机气门均为菌形，其结构如图 4.17 所示。它由气门头和气门杆两部分组成。

气门的作用是与气门座相配合，对气缸进行密封，并按工作循环的需要定时开启和关闭，使新鲜气体进入气缸，并排出废气。气门由头部和杆部两部分组成。头部用来封闭气缸的进、排气通道，杆部则主要为气门的运动导向。气门的工作条件非常恶劣，首先，气门头部直接与气缸内的高温燃气接触，受热严重，而气门与冷却液距离较远，冷却条件不理想，因此，气门温度很高。排气门的最高温度可达 700～900℃，由于有低温新鲜充量的冷却，进气门最高温度略低一些，为300～400℃。其次，气门还要承受气缸内燃气高压和气门弹簧力的作用，且在气门传动组零件惯性力的作用下，气门对气门座会产生冲击。第三，气门杆在气门导管中作高速直线往复运动，其冷却和润滑条件较差。此外，气门头部直接与高温燃气中的腐蚀性气体接触，易受腐蚀。针对如此恶劣的工作条件，要求气门必须具有足够的强度、刚度、耐热、耐磨和抗腐蚀能力。因此，进气门材料常采用中碳合金钢制造，如铬钢(40Cr)、铬钼钢(35CrMo)等。排气门则采用高铬耐热合金钢，如硅铬钼钢(4Cr10Si2Mo)、硅铬钢(4Cr9Si2)等。另外，为降低排气门的温度，可以在排气门内部充注金属钠，钠在温度为97℃时呈液态，液态钠在气门内的运动，可加速气门头部热量向气门杆部的传递，达到气门冷却的目的。充钠排气门的结构如图 4.18 所示。

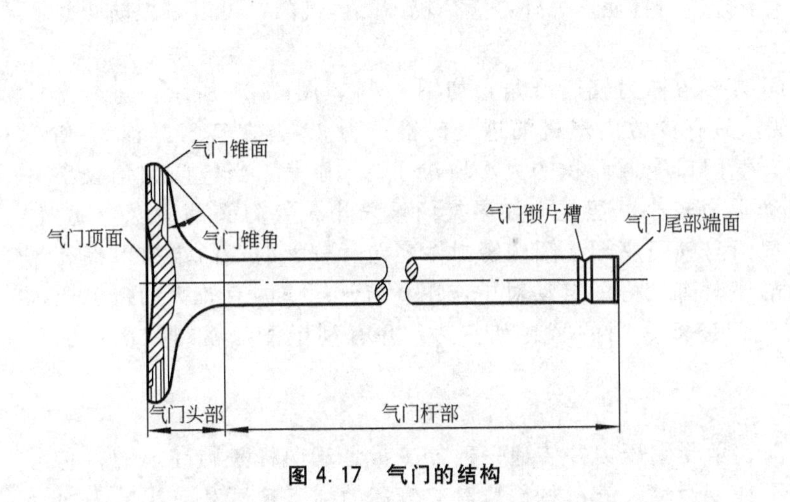

图 4.17　气门的结构

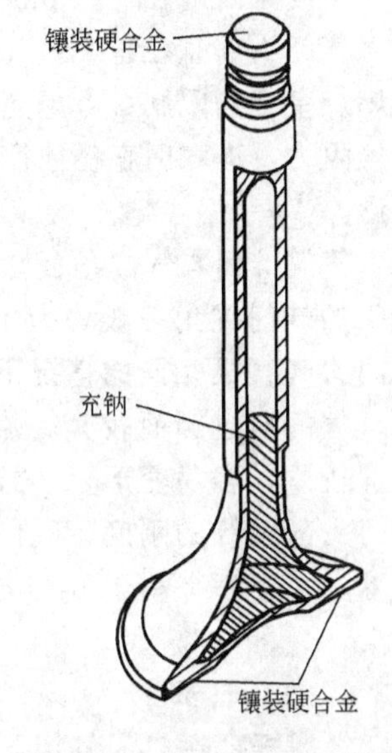

图 4.18　充钠排气门的结构

1) 气门头部

气门头部顶面有平顶、凹顶和凸顶等形状，如图 4.19 所示。目前使用最多的是平顶气门。平顶气门结构简单，制造容易，吸热面积较小，进、排气门均可采用，只是平顶气门头部和杆部的过渡圆弧较小，当用于进气门时，进气阻力相对偏大。凹顶气门头部与杆部的过渡圆弧较大，进气流动阻力较小，且具有较大的弹性变形，可以较好地适应气门座的形变，因此，该形状的气门用作为进气门，该形状气门头部的受热面积较大，不宜用作排气门。凹顶气门最大的问题在于机械加工工艺性不良。凸顶气门具有头部强度、气体流动阻力小的特点，常用作排气门，有利于气缸内燃烧废气的排除，但该形状的气门，质量大，受热面积大，加工也比较复杂。

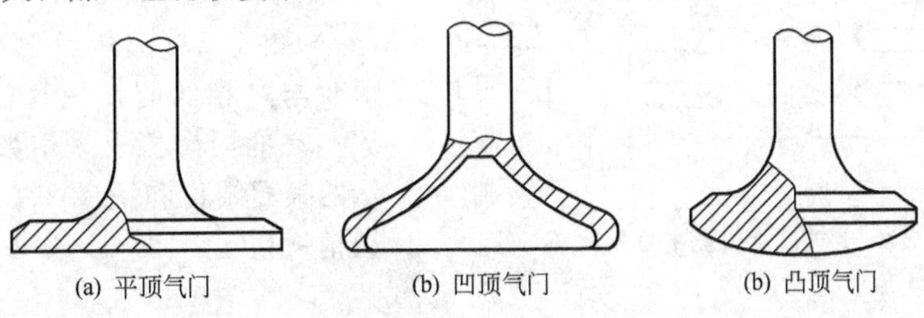

图 4.19　气门头部形状

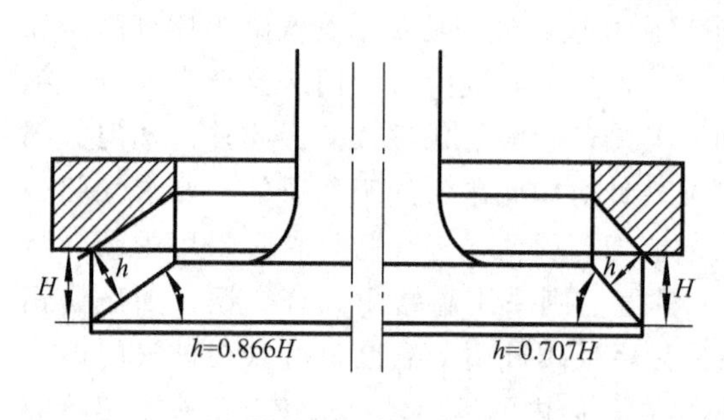

图 4.20　气门锥角

选择什么形状的气门，应视内燃机的具体结构和热负荷而定。

气门与气门座之间采用锥面配合，如图 4.20 所示。为保证良好密封，装配前应将气门头与气门座间的密封锥面互相研磨。气门密封锥面并非全宽接触，从降低热负荷角度，希望接触带宽些，但接触带过大，工作面比压就会下降，不能有效清除工作面之间的积炭等杂物，影响密封，因此，密封带的宽度应在 1～2mm 之间。气门与气门座属于研磨偶件，气门不能互换。

气门头部直径越大，气门口通道截面积就越大，进、排气阻力就越小。由于最大尺寸受燃烧室结构限制，考虑到进气阻力比排气阻力对内燃机性能的影响大得多，为尽量减小进气阻力，进气门直径往往大于排气门直径。另外，直径较小的排气门，可以有效防止热变形。

气门锥面与气门顶面之间的夹角称为气门锥角，如图 4.17、图 4.20 所示。进、排气门的气门锥角一般均为 45°，只有少数内燃机的进气门锥角为 30°。在气门升程 H 和气门头部直径相同的情况下，气门口流通面积的大小取决于 h。显然，当气门锥角较小时，气门通过断面较大，流动阻力较小。但是，如果气门锥角小，气门头部边缘较薄，刚度较差，容易变形，导致气门与气门座圈之间的密封性变差。较大的气门锥角可提高气门头部边缘的刚度，气门落座时有较好的自动对中作用，与气门座圈有较大的接触压力等。这些都有利于气门与气门座圈之间的密封和传热，并有利于清除密封锥面上的积炭。

2）气门杆部

气门杆部用来为气门导向、承受侧压力并传递一部分热量。气门杆是圆柱形的，它在气门导管中不断进行上、下往复运动。气门杆部应具有较高的加工精度和较小的表面粗糙度，并与气门导管保持正确的配合间隙。有的内燃机会使用加粗的排气门杆，用以加大传热，降低排气门温度。出于工艺性考虑，大多数内燃机进、排气门杆的直径相同。

上气门弹簧座的固定形式如图 4.21 所示。气门杆尾部结构取决于气门弹簧座的固定方式，图 4.22 所示为几种气门杆尾部结构。最常用的是用剖分成两半的锥形锁片固定气门弹簧座，如图 4.22(a)所示，该形式结构简单、工作可靠、便于拆装。为提高气门锁止的可靠性，气门尾部制作成不同的形状，如图 4.22(a)～图 4.22(d)所示，锁片的内表面形状与之相匹配，使气门锁止更加牢固。有的内燃机也采用如图 4.22(e)所示的锁圈结构和图 4.22(f)所示的圆柱锁销锁止气门。

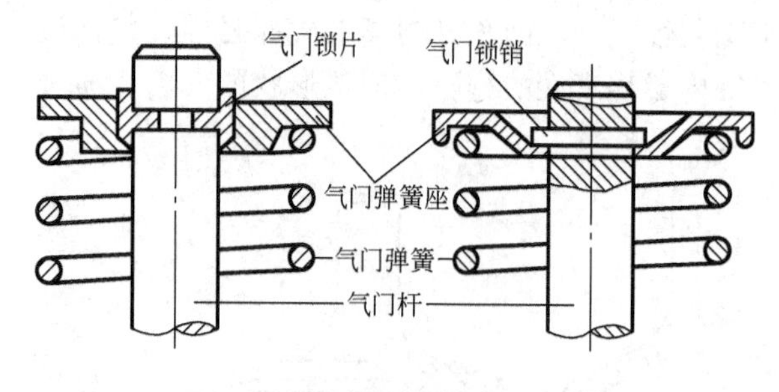

图 4.21　上气门弹簧座的固定形式

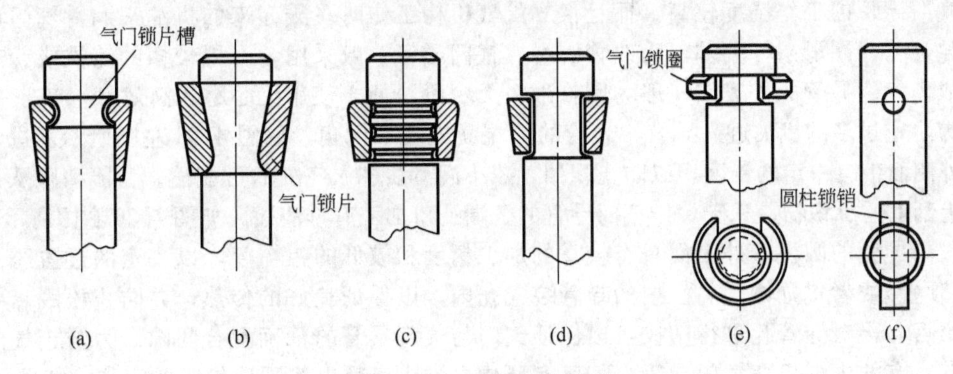

图 4.22　气门杆尾部结构

为防止气门弹簧折断气门落入气缸造成严重事故，可在气门杆部加工一放置卡环的环形槽，如图 4.23 所示。一般环形槽的位置在气门最大升程时相距气门导管 1～2mm。

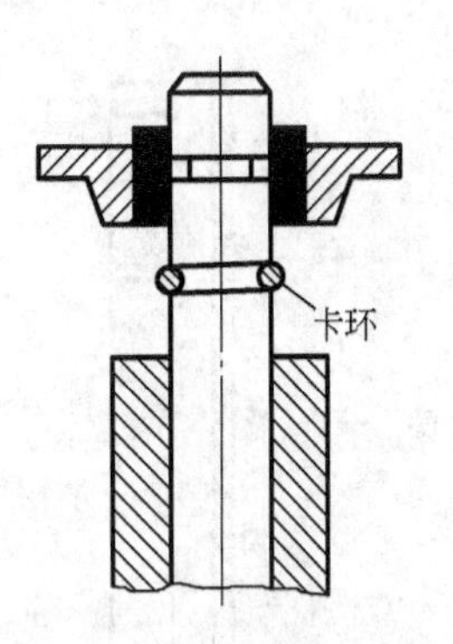

图 4.23　气门防脱结构

2. 气门座

气缸盖或气缸体的进、排气道与气门锥面相结合的部位称为气门座。与气门头部外表面相对应，气门座也有相应的锥面。气门座的作用是靠其内锥面与气门锥面的紧密贴合来密封气缸，并接受气门传来的热量。

气门座可装配在气缸盖上(气门顶置时)或气缸体上(气门侧置时)。因为气门座在高温下工作，且磨损严重，因此，对于铝缸盖和多数铸铁缸盖的内燃机，在机体的气门座圈孔中一般镶嵌合金铸铁或粉末冶金或奥氏体制成的气门座圈。镶嵌气门座圈的目的在于座圈磨损后方便更换，提高机体使用寿命。也有的铸铁机体内燃机不镶气门座圈，而直接在机体上加工气门座，这种内燃机的机体寿命相对较低。

气门座圈是一个圆环，它以较大的过盈量压入到座孔中，其结构如图 4.24 中的左图所示。为防止气门座圈松脱，有的气门座圈在外圆上车有环槽，座圈镶入时缸盖材料塑性变形被挤入环槽中，起到固定作用，如图 4.24 图中的右图所示。为控制气门与气门座的接触面宽度，一般气门锥角比座圈锥角小 0.5°～1°，如图 4.25 所示。

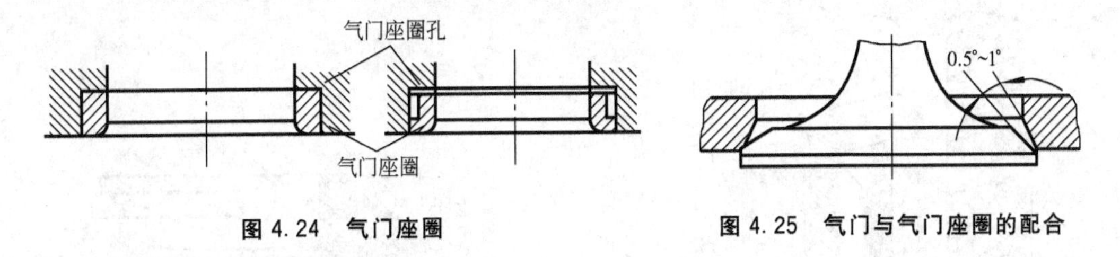

图 4.24　气门座圈　　图 4.25　气门与气门座圈的配合

3. 气门导管

气门导管的作用是给气门运动导向，使气门作直线往复运动，以确保气门与气门座圈的良好贴合，同时，还要将气门杆接受的热量部分传递给气缸盖，实现气门的散热。气门杆与气门导管之间的间隙一般为 0.05～0.12mm。

气门导管的工作温度较高，而且仅靠配气机构工作时飞溅起来的机油来润滑气门杆和气门导管孔，润滑条件较差，为改善润滑，气门导管一般采用含石墨较多的铸铁或粉末冶金制成。气门导管的外表面一般为圆柱形，无台阶，便于使用无心磨床高效率生产。

为防止过多的机油进入导管，导管的上端面内孔不倒角，如图 4.26 左图所示。进气门导管外侧面带有一定的锥度，以防止积油，减小润滑油进入气缸的可能性。为能清除从排气门杆上刮下的沉积物、积碳，排气门导管的下端孔口加工有排渣槽，如图 4.26 右图所示。

气门导管的圆柱形外表面具有较高的加工精度和较低的粗糙度，以一定的过盈压入气缸盖(顶置)或者气缸体(侧置)内的导管装配孔内，以保证良好的传热，并防止松脱。导管压入之后，再对导管孔进行精铰，以保证气门与气门导管的精确配合间隙。为防止气门导管脱落，有的内燃机在气门导管上加工有环槽，嵌入卡环，实现对导管的定位，如图 4.27 所示。此外，该结构还可减小导管配合的过盈量。

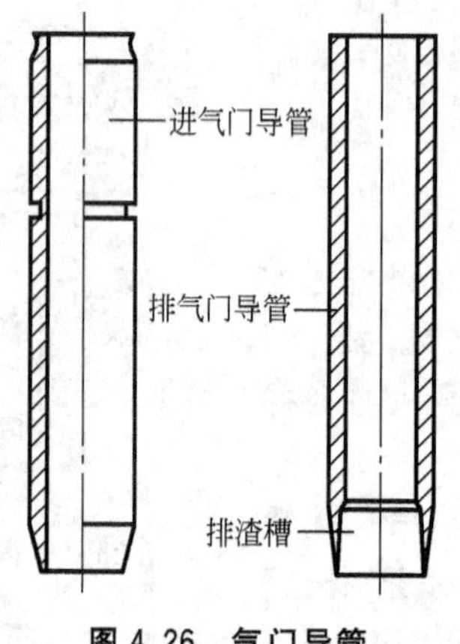

图 4.26　气门导管

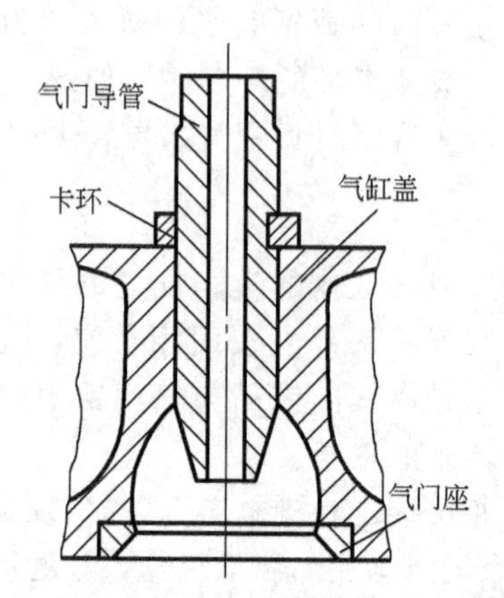

图 4.27　气门导管的固定

气门杆在气门导管内运动，需要润滑，但进入其中的润滑油不能过多，否则内燃机会出现烧机油现象。尤其是进气门，由于进气管内的真空作用，缸盖内的润滑油会通过气门与气门导管的缝隙大量进入气缸。为减少润滑油的消耗，防止气门杆上的沉积物过多，现代汽车内燃机装有气门挡油罩。挡油罩安装在气门导管上端，如图 4.28 所示，采用耐油橡胶制造。气门挡油罩的组件结构如图 4.29 所示，卡环和卡箍把密封耐油橡胶罩固定在下弹簧座上。

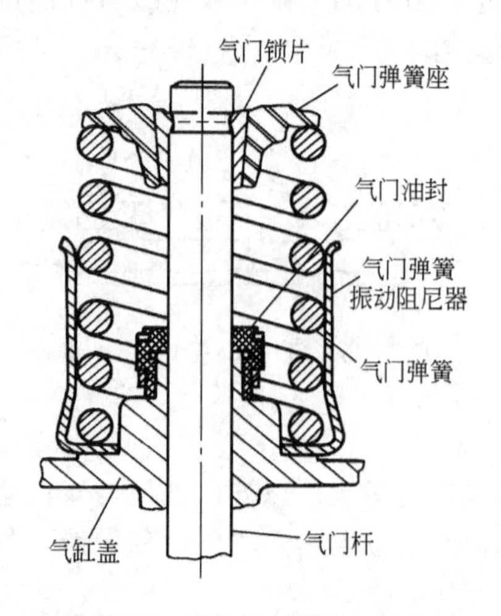

图 4.28　安装挡油罩的气门组

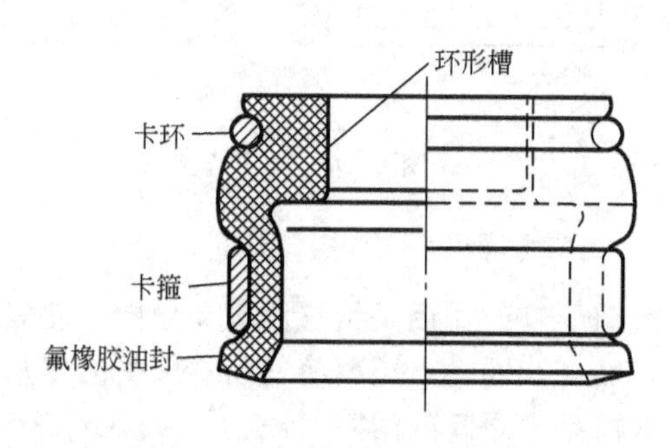

图 4.29　气门挡油罩的组件结构

4. 气门旋转机构

许多内燃机的配气机构中设置有能使气门相对于气门座旋转的装置，称为气门旋转机构，如图4.30所示。其作用是使气门在工作时能产生缓慢的旋转运动，气门的旋转可以使气门头部的周向温度分布更加均匀，减小因温度不均造成的气门热变形，同时，气门的旋转，可以在密封锥面上产生轻微摩擦，清除锥面上的积炭等沉积物。另外，对于气门导管，气门的旋转不仅可以改善气门杆的润滑条件，还可以清除气门杆上形成的沉积物。

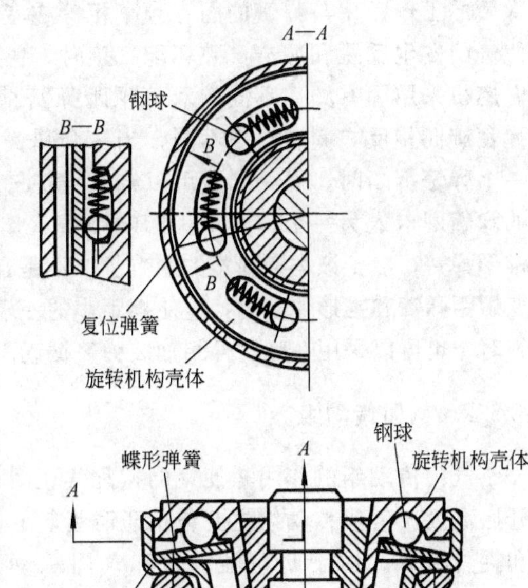

图4.30　气门旋转机构

在气门旋转机构中，壳体上有6个变深度的凹槽，凹槽中装有钢球和复位弹簧，在壳体和气门弹簧座之间安装有碟形弹簧。当气门关闭时，气门弹簧的弹力通过弹簧座作用于碟形弹簧的外缘上，此时的气门弹簧力不足以克服碟形弹簧的张力，碟形弹簧保持碟形原状，弹簧座槽中的钢球在复位弹簧的作用下处于凹槽的最浅处。在气门开启的过程中，由于弹簧被逐渐压缩，弹力逐渐增大，碟形弹簧被逐渐压平，迫使钢球克服复位弹簧的弹力沿凹槽的斜面向凹槽的深处滑动，钢球的运动带动弹簧座、气门锁片连同气门一起转过一定角度。当气门关闭时，碟形弹簧上的压力减小，自身弹力使之恢复碟形原状，钢珠在复位弹簧的作用下重归原位。气门旋转机构也可以安置在气门弹簧的另一端。

5. 气门弹簧

气门弹簧的作用是在气门关闭时保证气门与气门座的紧密贴合，并克服在气门关闭时由配气机构惯性力造成的气门关闭不严，以及在气门开启时由惯性力造成的传动件与凸轮的脱离，同时，防止由于内燃机振动造成的气门跳动。

气门弹簧承受的是变载荷，这就要求气门弹簧应具有足够的刚度和抗疲劳强度。一般气门弹簧多采用中碳铬钒钢或硅铬钢等优质冷拔弹簧钢丝制成螺旋弹簧，并进行热处理、表面抛光或喷丸处理，使弹簧具有良好的疲劳强度，得到良好的工作可靠性。另外，为使弹簧能在弹簧座内稳定直立，要对弹簧的两个端面进行磨光加工，使端面与弹簧轴线垂直。图4.31所示为内燃机最常用的气门弹簧。

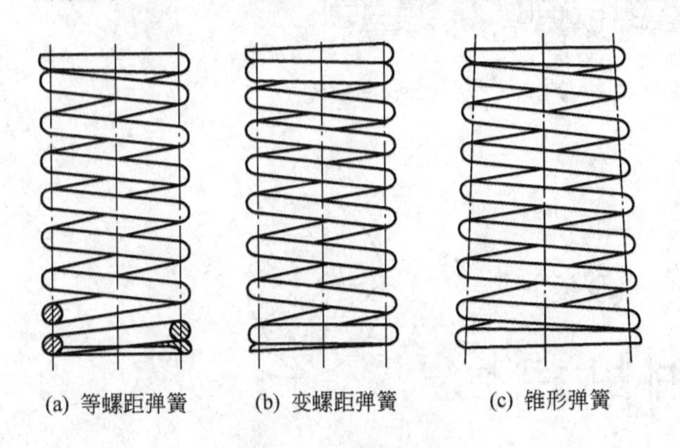

(a) 等螺距弹簧　(b) 变螺距弹簧　(c) 锥形弹簧

图4.31　气门弹簧

气门弹簧一般采用固有频率为定值的等螺距圆柱形螺旋弹簧。内燃机运行中，当气门弹簧的工作频率与弹簧的固有频率相等或者为整数倍时，气门弹簧就会发生共振。共振会使气门发生反跳和冲击，破坏配气正时，甚至导致弹簧折断。为解决弹簧共振问题，有的内燃机采用固有频率不同的双等螺距弹簧结构，如图 4.16 所示，该类型气门弹簧的内外弹簧旋向相反，固有频率不同，当一个弹簧发生共振时，另一个弹簧可起到阻尼作用，当一个弹簧折断时，另一弹簧可以继续维持气门工作，另外，弹簧旋向相反，可以防止折断的弹簧圈卡入另一个弹簧中，影响弹簧工作。有些内燃机的气门弹簧采用变螺距弹簧或者锥形弹簧，由于该类型弹簧的固有频率不是定值，可以较好地避免共振现象的发生。在安装变螺距弹簧和锥形弹簧时，应使螺距小的一端和弹簧大端朝向气缸盖顶面。在使用等螺距弹簧时，也可以采用在弹簧外圈加装弹簧振动阻尼器的方法，防止弹簧共振，如图 4.28 所示。

4.3.2　气门传动组

气门传动组的作用是使气门按配气正时规定的时刻开、闭，并保证规定的开启时间和开启高度。气门传动组主要包括正时齿轮、凸轮轴、挺柱及其导管，有的还有推杆、摇臂和摇臂轴等。由于凸轮轴位置和气门驱动方式不同，气门传动组的零件组成存在较大差别。

1. 凸轮轴

凸轮轴的作用是按照内燃机的工作顺序、配气正时和升程规律驱动气门及时开启和关闭。凸轮轴承受周期性的冲击载荷，且凸轮与挺柱之间的接触面积小、应力大、相对滑动速度很高，因此，凸轮工作表面的磨损比较严重。为此，凸轮轴轴颈和凸轮工作表面必须有足够高的精度、较小的表面粗糙度、足够的刚度和良好的耐磨性，另外，必须为凸轮轴提供良好的润滑。为适应恶劣的工作条件，凸轮轴通常由优质碳钢或合金钢锻造，也可用合金铸铁或球墨铸铁铸造，且轴颈和凸轮的工作表面经热处理后磨光。凸轮轴主要由凸轮和支承轴径等组成。根据内燃机的总体布置，在一根凸轮轴上，可以单独配置进气凸轮或单独配置排气凸轮，也可以同时配置进、排气凸轮，如图 4.32 所示。

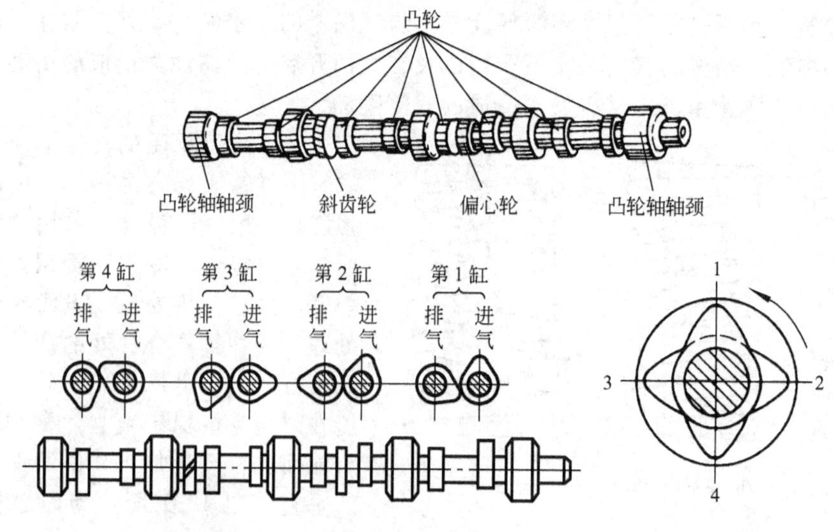

图 4.32　凸轮轴

凸轮轴的轴颈数取决于凸轮轴承受的载荷和轴本身的刚度。一般内燃机每隔两个气缸设置一个轴颈，对于缸径较大、气门数多、转速高及凸轮轴负荷较大的内燃机，每隔一个气缸设置一个轴颈，以增加支承刚度。凸轮轴的轴承形式有两种：一种是整体式轴承，用于置于气缸体内的下置凸轮轴，其轴颈的半径大于凸轮尺寸，以便把凸轮轴由一端装入，有时为便于安装，常把支承轴颈制成前大后小的结构；另一种凸轮轴轴承形式是剖分式轴承，如图 4.33 所示，一般用于顶置凸轮轴。

对于四冲程内燃机，曲轴每转两转，凸轮轴转一转，而每转为 360°CA(Crank Angle，曲轴转角)，各缸完成一个工作循环，即各缸进、排气门都要开启关闭一次。对于均匀发火的内燃机，各缸同名气门的间隔相等，即各缸同名凸轮之间的夹角均为 360°/气缸数。对于 4 缸机，同名凸轮之间的夹角为 90°，6 缸机则为 60°。根据凸轮轴的转动方向以及各同名凸轮的工作顺序，可以判断点火顺序，例如，如图 4.32 所示中的 4 缸内燃机凸轮轴，点火顺序为 1—3—4—2。

凸轮轮廓的形状如图 4.34 所示。O 点为凸轮轴的轴心，EA 为凸轮的基圆。当凸轮按图示方向转过 EA 段时，挺柱处于最低位置不动，气门处于关闭状态。当凸轮转过 A 点后挺柱开始上移，至 B 点气门间隙消除，气门开始开启，凸轮转到 C 点气门开度达到最大，之后逐渐关小，至 D 点气门关闭。此后，挺柱继续下落，出现气门间隙，至 E 点挺柱又处于最低位置。凸轮轮廓段 BCD 为凸轮的工作段，其形状决定了气门的升程及气门的运动规律。由于气门开始开启和关闭落座时均在凸轮升程变化缓慢的缓冲阶段内，所以运动速度较低，可以防止气门和挺柱的强烈冲击。

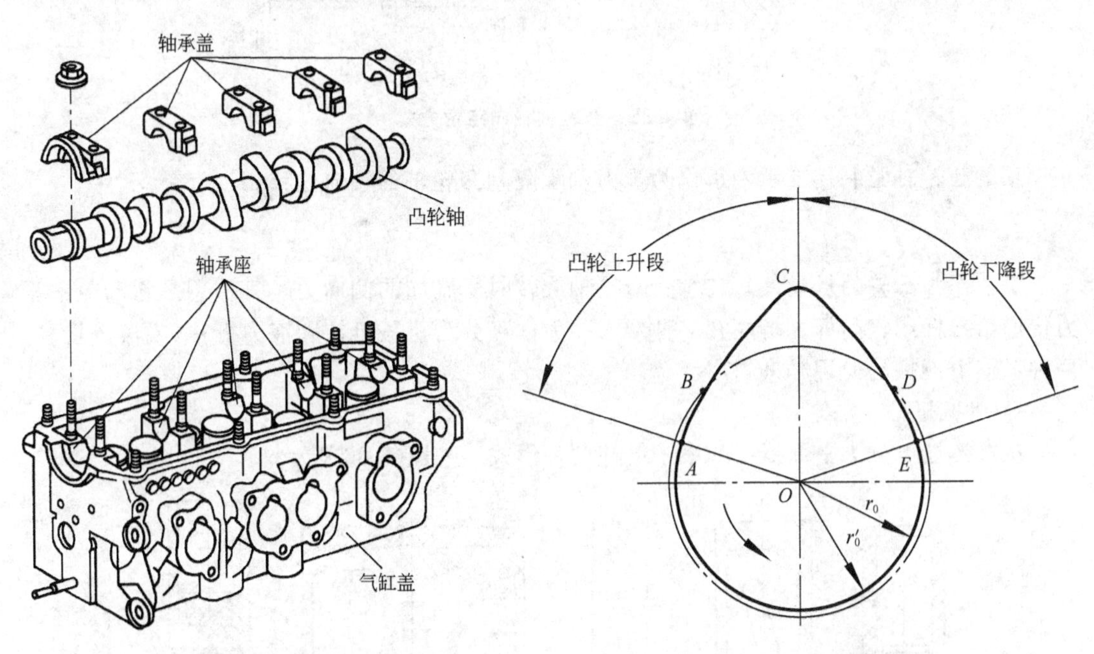

图 4.33 上置式凸轮轴的剖分式轴承

图 4.34 凸轮轮廓的形状

由于凸轮轴的驱动齿轮通常为斜齿轮，有的大型内燃机还采用锥齿轮驱动，因此，凸轮轴存在轴向力。为防止凸轮轴轴向窜动，凸轮轴必须设有轴向定位装置。常用的凸轮轴轴向定位形式有止推板式，如图 4.35(a)所示；推力轴承式，如图 4.35(b)所示。止推板用钢制成，套在正时齿轮轮毂与凸轮轴第一轴颈的端面之间，止推板两端用螺钉固定在缸体上。正时齿轮与凸轮轴之间，装有调节环，因调节环比止推板厚，所以留有 0.1～0.2mm 的轴向间隙，从而限制了凸轮轴的轴向移动量。图 4.35(c)所示为止推板的另一种形式，止推板安装在凸轮轴的一端，通过缸盖上的凸肩限制凸轮轴的轴向移动量。止推板式的定位装置既能限制凸轮轴的轴向窜动，又能使凸轮轴自由转动。止推板磨损后，可以更换。

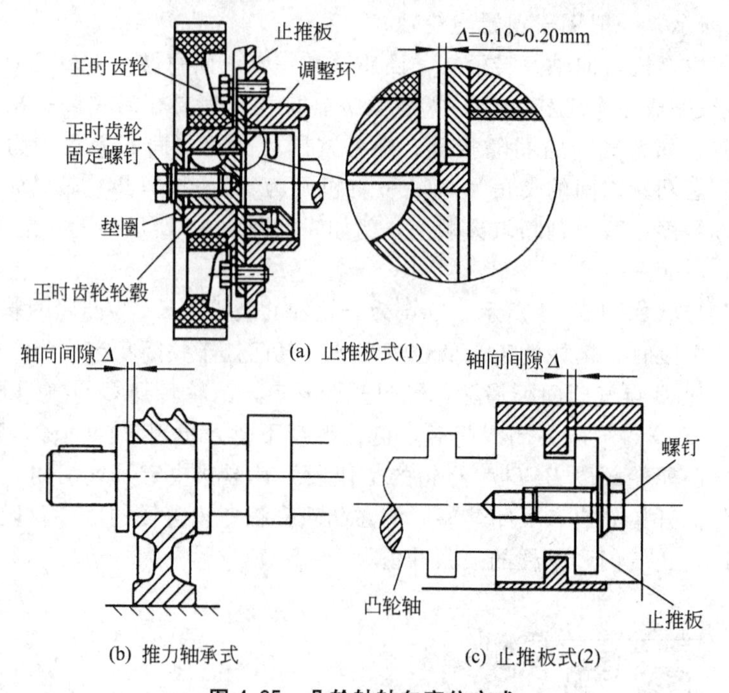

图 4.35　凸轮轴轴向定位方式

顶置凸轮轴常利用支承轴承作为推力轴承限制凸轮轴的轴向位移。

2. 挺柱

挺柱作为凸轮的从动件，它承受凸轮轴旋转时所施加的侧向力，其作用是将凸轮的推力传递给推杆或气门杆。挺柱有多种形式，大体可分为机械挺柱和液力挺柱(或液压挺柱)两种，液力挺柱的使用越来越广泛。

1) 机械挺柱

机械挺柱可分为平面挺柱和滚子挺柱两种形式，如图 4.36 所示。

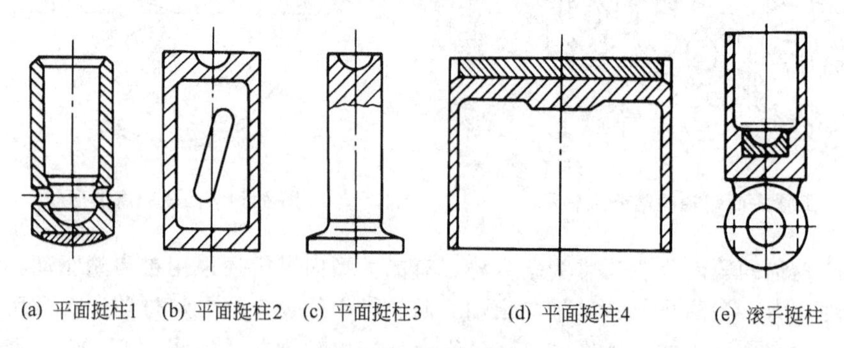

图 4.36　机械挺柱

(1) 平面挺柱。平面挺柱由作为工作面的圆盘和起导向作用的圆柱体组成，平面挺柱结构简单、质量轻，在中、小型内燃机中应用比较广泛。在挺柱的内部或顶部加工有球窝，与推杆上的球头相配合。为降低挺柱与推杆的磨损，推杆球头的半径略大于挺柱上的球窝半径，以便存储润滑油，实现良好润滑。一般采取以下措施降低挺柱工作面的磨损。

① 挺柱轴线偏离凸轮的对称轴线，偏心距 $e=1\sim3$mm，如图 4.37(a)所示。内燃机在工作时，在凸轮与挺柱底面间的摩擦力作用下，挺柱会围绕自身轴线旋转，使挺柱底面均匀磨损。

② 挺柱底面做成半径为 $R=500\sim1000$mm 的球面，凸轮工作面制成锥角很小的锥面，如图 4.37(b)所示，这样的结构即使在挺柱轴线与凸轮对称轴线发生重合时，由于凸轮与挺柱的接触点偏离挺柱轴线，所以配气机构工作时凸轮与挺柱接触点处的摩擦力也可使挺柱绕其自身轴线转动，以达到减小摩擦的目的。

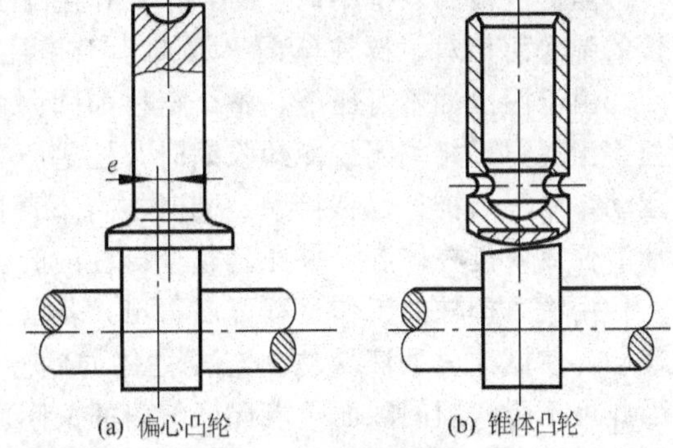

图 4.37　挺柱与凸轮的接触

③ 在挺柱底面镶嵌耐磨金属块，如图 4.36(d)所示。

(2) 滚子挺柱。滚子挺柱的突出优点是摩擦和磨损小，但其结构比平面挺柱复杂，如图 4.36(e)所示，质量也比较大，因此，滚子挺柱多用于气缸直径较大的内燃机。

2) 液力挺柱

为适应配气机构温度升高造成的机件膨胀，配气机构设置有气门间隙。气门间隙的存在，使内燃机在工作时，尤其在高速运行时，配气机构中的机件将发生撞击而产生噪声，对于要求行驶平稳和低噪声的内燃机来讲，这是不允许的。为解决这一问题，出现了液力挺柱，液力挺柱直接安装在凸轮和气门之间。目前绝大部分轿车均采用了液力挺柱。

图 4.38 所示为液力挺柱结构图，液力挺柱可分为平面液力挺柱和滚子液力挺柱，这

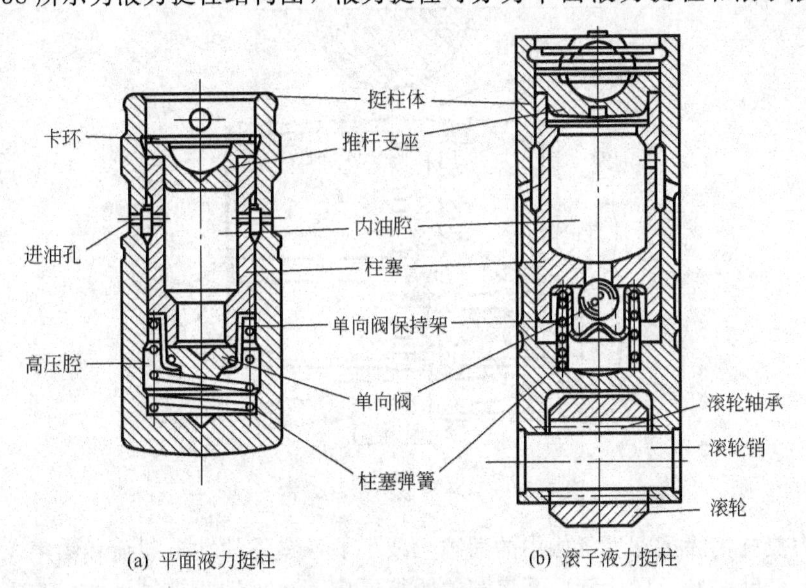

图 4.38　液力挺柱结构图

两种挺柱形式均具有球窝半径，以便有相同的液力工作原理。在挺柱体中装有柱塞，在柱塞上端压入推杆支座。柱塞被柱塞弹簧压向上方，其最上位置由卡环限制。柱塞下端的单向阀用以保持架内装有单向阀弹簧和单向阀。内燃机润滑油经进油孔进入内油腔，润滑油的压力使单向阀打开，润滑油进入高压油腔。这样液力挺柱内就充满润滑油。当气门关闭时，柱塞弹簧使柱塞连同压合在柱塞中的支承座紧靠着推杆，整个配气机构不存在间隙。

当挺柱被凸轮推举向上时，推杆作用于支承座和柱塞上的反力力图使柱塞克服柱塞弹簧的弹力而相对于挺柱体向下移动，于是柱塞下部空腔内的油压迅速升高，使单向阀关闭。由于润滑油不可压缩，整个挺柱如同一个刚体一样上升，这样便保证了必要的气门升程。当气门开始关闭或冷却收缩时，柱塞所受压力减小，由于柱塞弹簧的作用，柱塞向上运动，始终与推杆保持接触，同时柱塞下部的空腔产生真空度，于是单向阀再次被吸开，油液便流入挺柱体腔，并充满整个挺柱内腔。

由液力挺柱的工作过程可以看出，若气门受热膨胀，柱塞因受压而与挺柱作轴向相对移动，使挺柱内油液从柱塞与挺柱体的间隙中泄漏出一部分，从而使挺柱自动“缩短”，因此可不留气门间隙而仍能保证气门的关闭。相反，若气门冷却收缩，柱塞受力减小，在柱塞弹簧的作用下柱塞向上运动吸开单向阀，油液流入柱塞下部的空腔，从而使挺柱自动“伸长”，因此仍能保持配气机构无间隙。

液力挺柱在工作中会有少量润滑油从高压油腔经挺柱体与柱塞之间的间隙泄漏出去，在气门关闭时润滑油会从内油腔经单向阀进入高压腔，对损失的润滑油进行补充。

还有一种形式的液力挺柱称为吊环形液力挺柱，结构如图 4.39 所示。它主要由挺柱体、柱塞、柱塞套、柱塞弹簧、单向阀保持架、单向阀等部件组成。柱塞在柱塞套内滑动，柱塞和柱塞套构成高压油腔，并由单向阀封闭。外油腔和内油腔通过连通槽相接，其工作原理与平面液力挺柱相似。

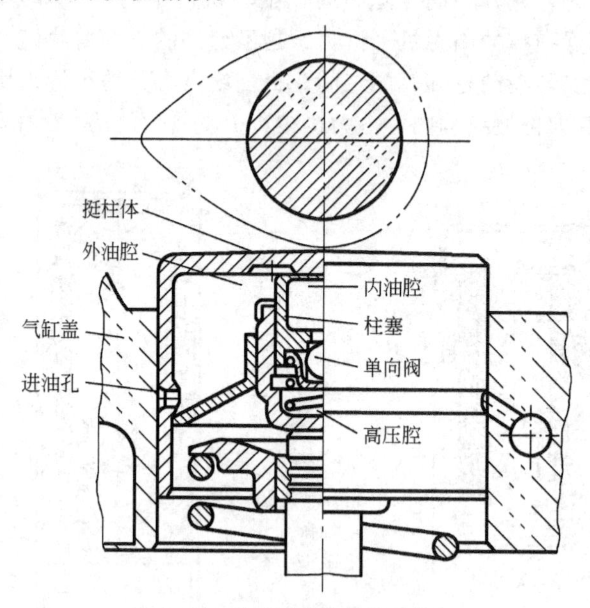

图 4.39　吊环形液力挺柱结构

采用液力挺柱消除了配气机构中的间隙，减小了各零件的冲击载荷和噪声，同时凸轮轮廓可设计得较陡一些，以使气门开启和关闭得更快，减小进、排气阻力，改善内燃机的性能，特别是高速性能。但液力挺柱结构复杂，加工精度要求较高，而且磨损后无法调整，只能更换。

3. 挺柱导管

挺柱导管的作用是为挺柱运动进行导向，它可分为可拆卸式和不可拆卸式。图4.40所示为CA6102内燃机使用的可拆卸式挺柱导管架，导管架用螺钉固定在气缸体上。在装配可拆卸式挺柱导管架时，应特别注意，前后导管架不可互换使用，以保证挺柱与气门的正确配合。不可拆卸式挺柱导管架直接加工在气缸体上。

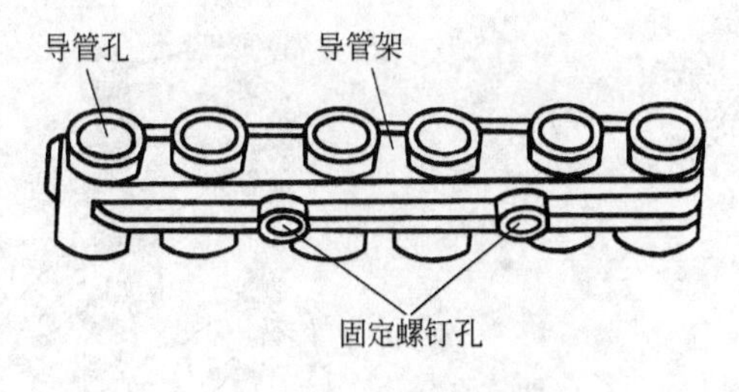

图4.40 可拆卸式挺柱导管架

4. 推杆

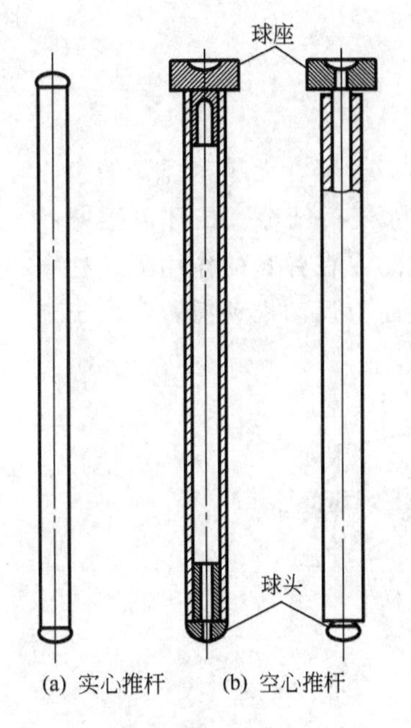

图4.41 推杆

推杆位于挺柱和摇臂之间，其作用是将凸轮轴经过挺柱传来的推力传递给摇臂，它是配气机构中最易弯曲的细长零件。推杆可以是实心的，也可以是空心的，如图4.41所示，实心推杆一般用中碳钢制成，如图4.41(a)所示，两端的球头或球形支座与推杆锻造成一体，然后进行热处理。为减轻质量并保证有足够的刚度，推杆也可采用冷拔无缝钢管制成空心结构，如图4.41(b)所示。空心推杆的端部与杆身用焊接或压配的方法连成一体，且具有不同的形状，以便与摇臂上气门间隙调整螺钉的球形头部相适应。对于机体和缸盖均为铝合金制造的内燃机，一般采用锻铝或硬铝制造推杆，并在推杆两端压入钢制球头或球形支座，如图4.41(b)所示，制成这种结构的原因是当内燃机温度变化时，防治材料由于热膨胀而引起气门间隙的改变。

5. 摇臂

摇臂是一个中间带有圆孔的不等长双臂杠杆，其作用是将推杆传来的力改变方向，作用到气门杆尾部使其推开气门。摇臂可分为普通摇臂和无噪声摇臂两种。

1）普通摇臂

普通摇臂的典型结构如图4.42所示。普通摇臂的长臂端部以圆弧形的工作面与气门尾端接触以推动气门。为提高耐磨性，长臂端与气门尾部接触处经淬火后磨光。短臂的端部有螺孔，用来安装调整螺钉和锁紧螺母，以调整气门间隙。螺钉的球头与推杆顶端的凹球座相连接，短臂端还钻有油道，润滑油从主油道经摇臂轴的中空部分流入。在摇臂的工作过程中，润滑油交替润滑两端的运动接触面，再由调整螺钉的中心孔流回油底壳。由于摇臂靠近气门一端的臂较长，在一定的气门升程下，可减小推杆、挺柱等运动件的运动距离和加速度，从而减小了工作中的惯性力。

在摇臂孔内镶有青铜衬套，并与摇臂轴匹配。摇臂轴为钢制的空心管轴，用以套装摇臂。摇臂轴通过摇臂支撑座用螺钉固定在气缸盖上。各摇臂之间装有弹簧，弹簧力将摇臂紧压在支撑两侧的磨光面上，以防止摇臂沿轴向移动。摇臂轴与衬套、摇臂轴与支撑座座

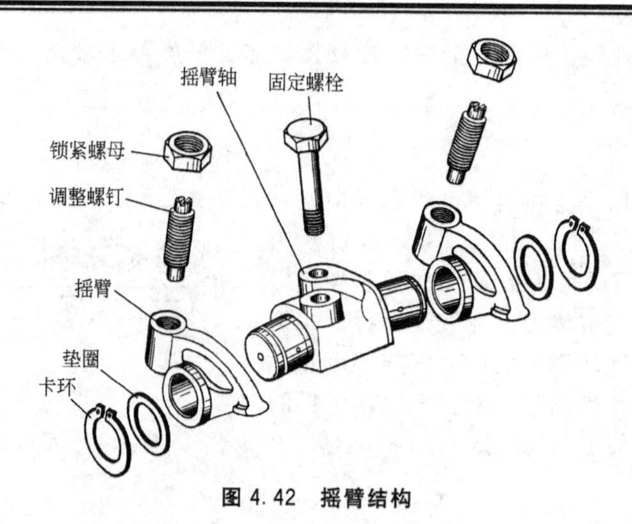

图 4.42 摇臂结构

孔之间的配合间隙为 0.02～0.05mm。

2）无噪声摇臂

为消除气门间隙，减小由此产生的冲击噪声，可采用无噪声摇臂。无噪声摇臂的工作原理如图 4.43 所示，该结构的主要部件是凸环，依靠凸环消除气门间隙。凸环以摇臂的一端为支点，并靠在气门杆部的端面上，当气门处在关闭位置时，在弹簧的作用下，柱塞推动凸环向外摆动，消除了气门间隙。当气门开启时，推杆便向上运动推动摇臂，由于摇臂已经通过凸环和气门杆处在接触状态，从而消除了气门间隙。

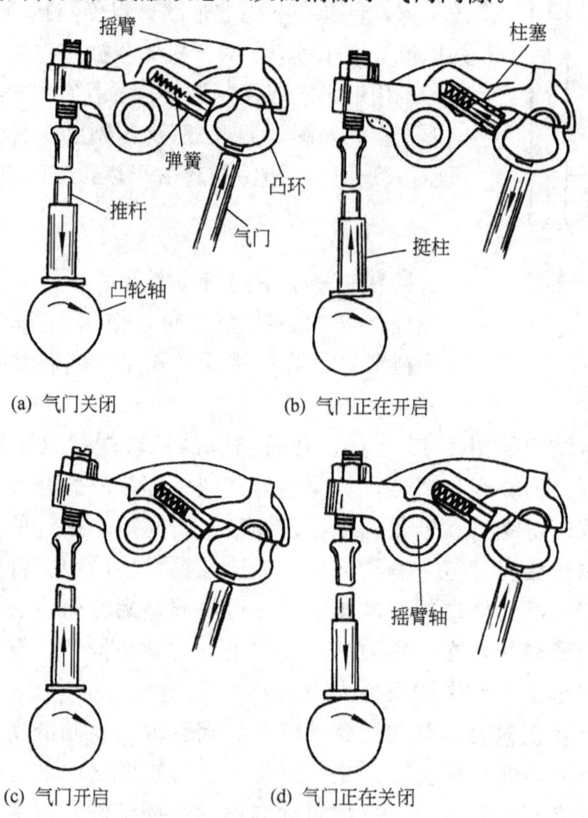

图 4.43 无噪声摇臂的工作原理

4.4 可变配气机构

可变配气机构的种类较多，但控制目的均是控制气门配气正时 VVT(Variable Valve-timing)和气门升程 VVL(Variable Valve-lifting)。

4.4.1 可变凸轮轴的相位机构

这种机构是将气门的开启持续角保持不变，仅利用整个凸轮轴相对于正时齿轮旋转一个角度来改变配气正时。其结构简单、便于制造、工作可靠，但由于它不能改变气门重叠角，效果受到限制。其结构形式可分为机械式、电磁式、液压式。

1. 机械式谐波传动可变配气正时机构

机械式谐波传动可变配气正时机构由相位调节装置和电控系统组成。用传动比为 100∶1 的谐波齿轮传动机构实现配气正时的调节，如图 4.44 所示。谐波齿轮传动机构由内齿刚轮、外齿柔轮及波发生器组成。波发生器位于柔轮之内，沿椭圆的主轴方向使柔轮变形，该变形使柔轮与刚轮仅在两处啮合。当波发生器不转动时，机构不工作。由于柔轮比刚轮少两个齿，所以当波发生器在柔轮内转动，相对于刚轮转动一周时，柔轮则沿相反方向相对于刚轮转过两个齿。

图 4.45 所示为配气正时调节装置的结构示意图。谐波齿轮传动机构的壳体、刚轮、正时带轮与步进电动机的定子通过螺栓固定；柔轮通过输出刚轮用半圆键与凸轮轴固定；步进电动机的转子通过圆柱销同波发生器固定。这样，步进电动机通过波发生器驱动凸轮轴。当电控系统无信号输出时，步进电动机不输出动力，其转子相对于定子不转动，机构不工作，此时步进电动机处于制动状态，并与谐波齿轮传动机构、正时带轮及凸轮轴组成一体一起随凸轮轴转动。当电控系统发出控制信号时，步进电动机则带动谐波齿轮传动机构工作，使凸轮轴相对于正时带轮转动，产生角位移，从而实现内燃机配气正时的变化。

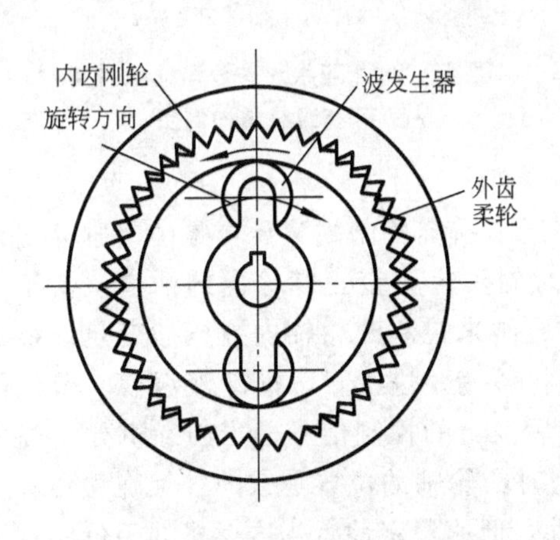

图 4.44 谐波传动机构的工作原理

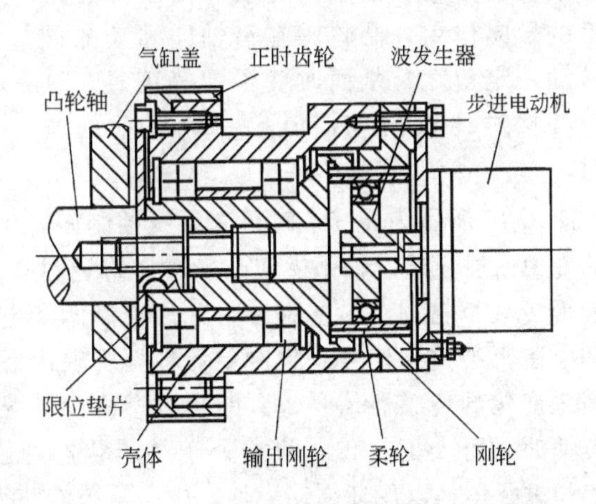

图 4.45 配气正时调节装置的结构示意图

图 4.46 所示为可变配气正时结构电控系统工作原理图。电控系统主要包括控制单元、信号采集系统、步进电动机驱动电路、故障显示和数字显示电路。电控系统接通电源后立即开始工作，控制单元接收到由信号采集系统监测到的工作参数(如内燃机转速、负荷等)后，对工作参数信号进行运算处理，判断内燃机的工作状态，再从预先由大量台架试验测出的、不同转速、不同负荷下的最佳配气正时数据表、脉谱中读出该工况下的最佳配气正时值，并根据该值做出控制决策，发出相应的控制信号，驱动步进电动机做出响应。

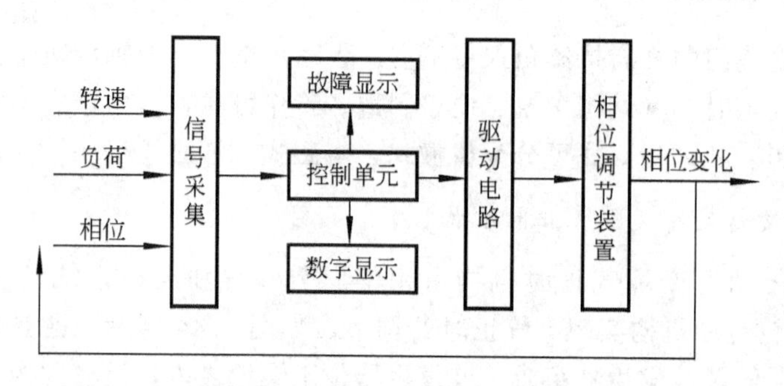

图 4.46　可变配气正时机构电控系统工作原理图

CA488 内燃机采用了这种可变配气正时机构，其低速转矩明显提高，并有效地降低了燃油消耗率和排放。

2. 电磁、液压控制可变配气正时机构

图 4.47 所示为菲亚特汽车公司的配气正时可变系统结构简图，该机构也是利用凸轮轴相对于正时齿轮旋转一个角度来改变配气正时。机构中在凸轮轴正时同步齿形带轮(或链轮)与凸轮轴之间利用螺旋形花键的导向作用，随着内燃机的转速、负荷的变化，利用液压使凸轮轴沿轴向移动。由于螺旋形花键的导向作用，凸轮轴在沿轴向移动的同时转动一定角度，从而改变了配气正时。这种机构相对比较简单，但也只能移动配气正时。

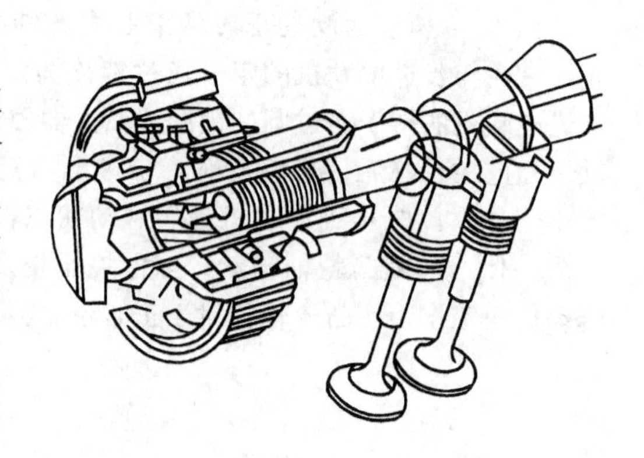

图 4.47　菲亚特汽车公司的配气正时可变系统结构简图

图 4.48 所示为配气正时可变系统控制图。用于本系统控制的液压，是由气缸体主油道的专用油道，通过轴颈供向凸轮轴，再通过正时同步齿形带轮螺栓内的油道，供给正时齿形传动带轮的内活塞部分，并用控制阀和电磁阀来控制凸轮轴内液压的变化。控制阀和电磁阀的控制信号是控制单元根据反映内燃机转速、进气量、冷却液温度、节气门开度等变化的传感器信号，判断出内燃机的工况后发出的控制信号。当内燃机处于高速大负荷时，可变配气正时机构处于关闭状态，这时凸轮轴的位置是大的进气晚关角和小的气门重叠角，以保证高动力性、中小负荷经济性及低速稳定性。当内燃机处于低中速大负荷时，可变配气正时机构处于开启状态，气门晚关角减小，气门重叠角增大，保证低中

速获得最大转矩。日产公司的 V6 双上置凸轮轴的 VG30DE 内燃机采用了这种可变配气正时机构形式。

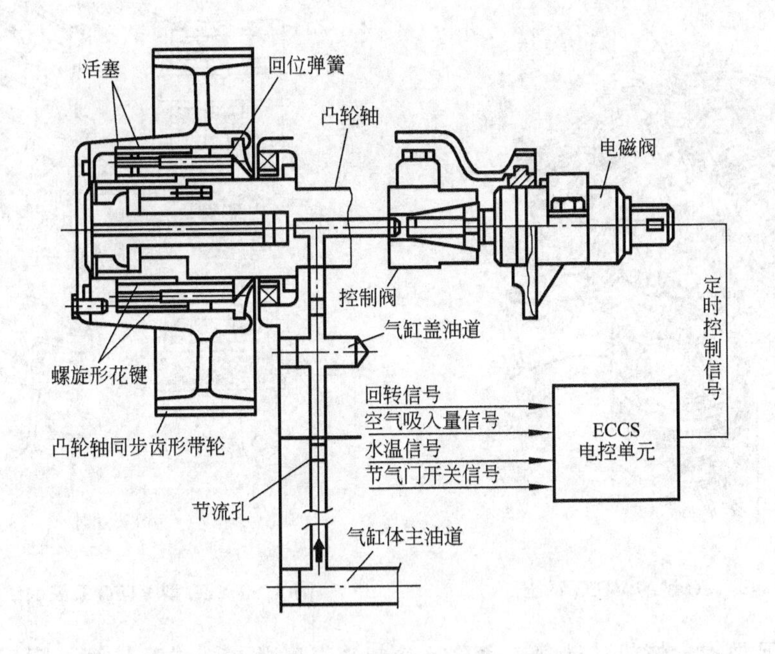

图 4.48　配气正时可变系统控制图

4.4.2　可变配气正时和气门升程机构

为解决内燃机高速动力性和低速经济性的矛盾，全面提高内燃机性能，国外有些公司开发了可变配气正时和气门升程机构 VTEC(Variable Valve Timing and Valve Life Electronic Control System)。这类机构在一根凸轮轴上设计有高速和低速两种不同正时和升程的凸轮，当内燃机工作在低速工况区域时，由低速凸轮控制进气门工作，实现对应于低速的配气相位及较小的气门升程。在高转速区时，则由高速凸轮控制进气门，实现对应于高速的气门配气相位及较大的气门升程，从而得到优良的转矩特性。

改变气门工作状态的机构是由具有 3 个不同凸轮的凸轮轴、主摇臂、中间摇臂、副摇臂及同步活塞 A、B 等构成，如图 4.49 所示。中间为高速用凸轮、摇臂，而两侧为低速用凸轮、摇臂。该机构上设有气动弹簧组件，用于低速时消除间隙；高速时使气门工作圆滑。

VIEC 的工作原理如图 4.50 所示。当内燃机低速运行时，同步活塞 A、B 上没有液压作用，活塞处于左侧位置，3 个摇臂处于各自独立状态。中间摇臂利用气动弹簧与中间凸轮一起作用，并不能控制进气门，而只由左、右两侧的低速凸轮通过主、副摇臂控制两个气门，实现低速对配气相位及气门升程的要求。当内燃机进入高速区域运行时，电控单元发出控制指令，液压将摇臂中的同步活塞 A、B 推向右边，使 3 个摇臂连成一体，于是中间的高速凸轮 C 通过中间摇臂带动左右两侧的主、副摇臂，从而使两个进气门获得大功率的配气相位及升程。

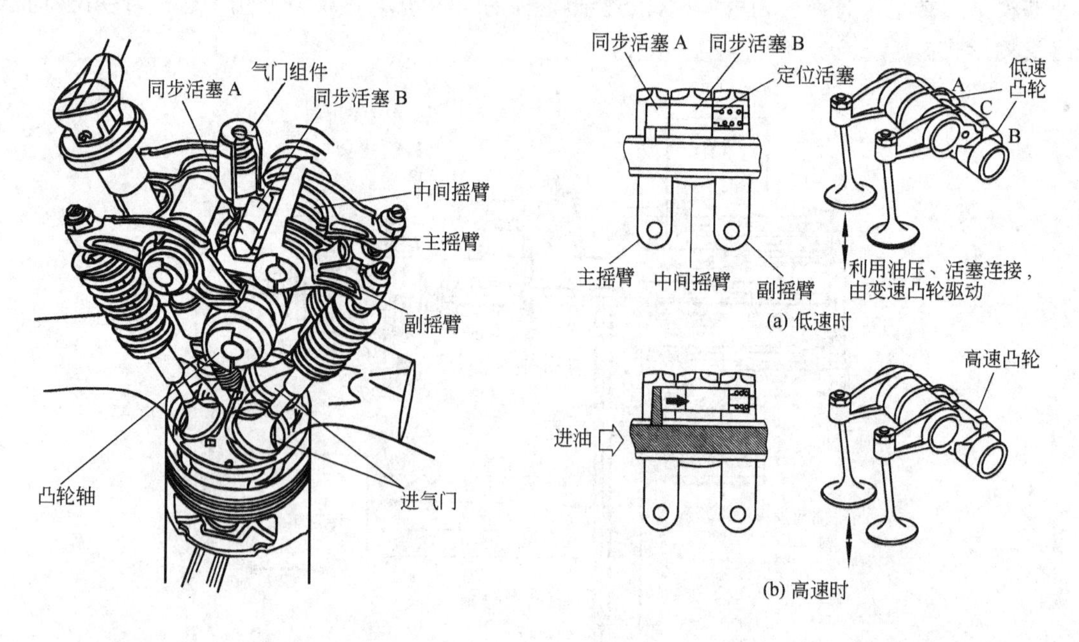

图 4.49　ZC 型的 VTEC 系统

图 4.50　ZC 型 VTEC 系统的工作原理

电控单元根据内燃机的转速、负荷、冷却液温度及车速进行计算处理后，将信号输出给电磁阀来控制液压进行高、低速的切换。ZC 型 VTEC 配气机构的转速切换点在 4800r/min 以上，冷却液温度在 60℃以上。对于自动变速器汽车，车速在 10km/h 以上，而对于手动变速器汽车，车速在 25km/h 以上。负荷用进气管真空度来判断。其高、低速配气相位如图 4.51 所示。

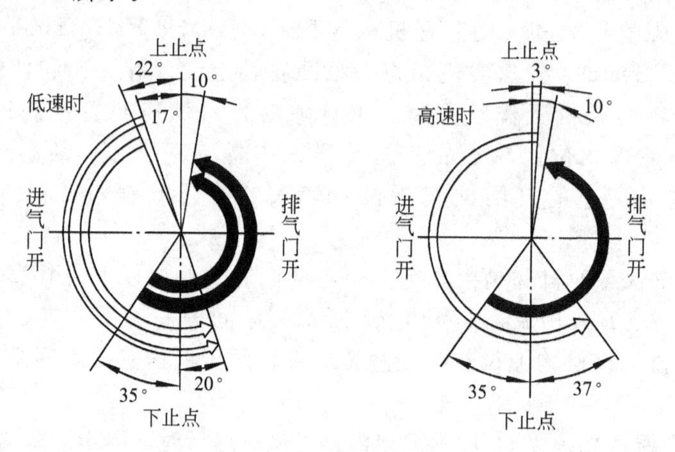

图 4.51　ZC 型 VTEC 的配气正时图

4.4.3　电磁控制全可变配气机构

电磁控制全可变配气机构的特点是没有凸轮轴和节气门，而是用电磁机构直接控制气门，以实现对配气正时、气门升程和负荷的调节控制。

图 4.52 所示为德国 FEV 公司的无凸轮电磁控制的配气机构。其中有上下两个磁极，

一个衔铁固定在气门上，磁极和衔铁之间的距离是气门最大升程的1/2。当电磁线圈不通电时，气门处于静止状态而位于最大气门升程的一半。当下面的磁极通电时，气门开到最大升程；当上面的磁极通电时，气门被关闭。下面磁极的位置可以移动，以此来改变气门的升程。这种机构简单、耗能低，除了可以改变进气正时以外，还可以改变进气门的最大升程和升程规律。另外，该电磁机构通过控制进气门的开启时间来控制内燃机的进气量，而不需要节气门，大大降低了换气损失。

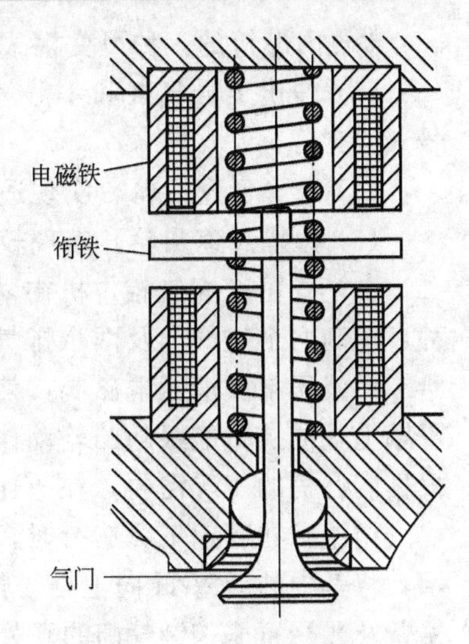

图4.52 FEV电磁控制配气机构

电磁控制全可变配气机构可以使内燃机达到良好的性能和较低的污染物排放，但该类控制机构在操纵时需要消耗较高的能量。如何降低能量消耗是这类机构必须解决的问题。

4.4.4 多模式可变配气正时机构

为减少换气损失，更多地提高汽车的动力性能及降低燃油消耗率，日本三菱公司研制开发了多模式可变配气相位机构MIVEC(Mitsubishi Innovative Valve Timing and Lift Electronic Control System)，如图4.53所示。

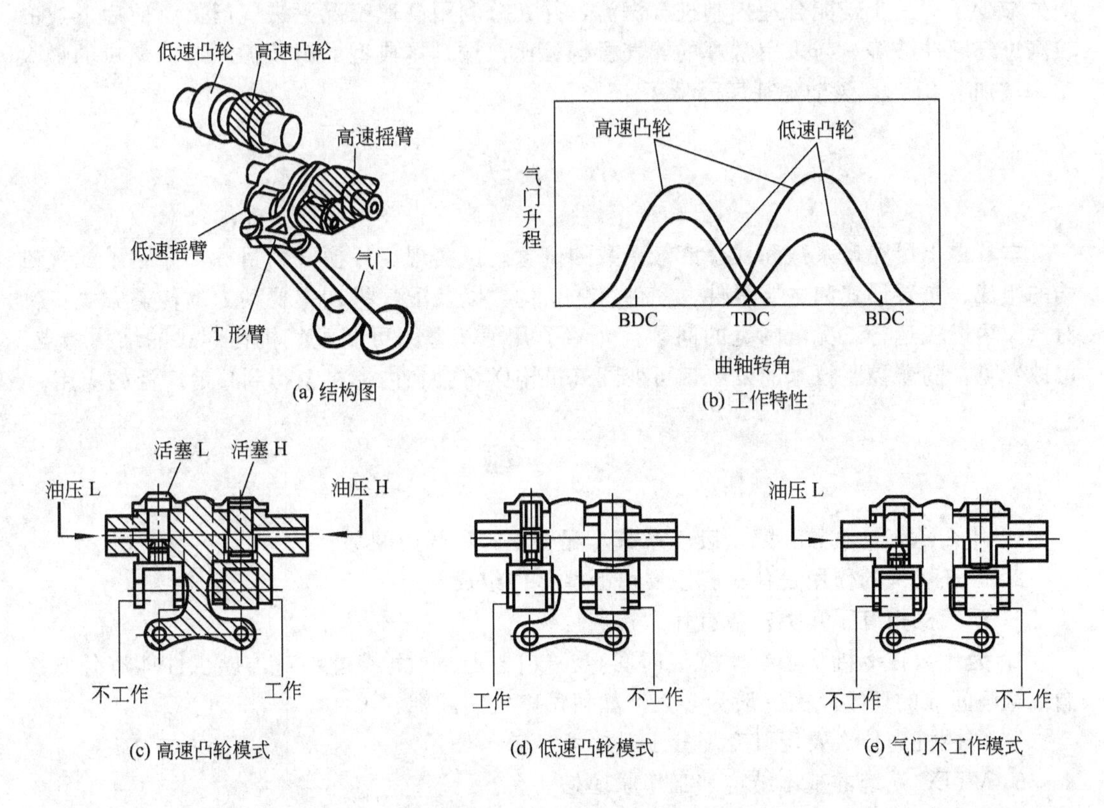

图4.53 MIVEC的凸轮和摇臂机构

4缸内燃机的3种可变模式如下。

(1) 停止1号气缸和4号气缸的进、排气门工作，选用低速凸轮，只让2号气缸和3号气缸工作。

(2) 选择低速凸轮，实现适度的升程及短的换气周期，各气缸都工作。

(3) 选择高速凸轮，实现较大的升程及长的换气周期，各气缸都工作。

多模式可变配气相位机构采用两根顶置凸轮轴，凸轮的外形轮廓设计分高速及低速两种，控制两个进气门及两个排气门的开关。由电控单元根据内燃机工况的需要，发出指令给专用液压泵及液压电磁阀，使液压油进入对应凸轮的摇臂液压活塞上，将摇臂卡紧在摇臂轴上，使摇臂能跟随凸轮动作，分别实现上述3种工作模式。设置专用液压油泵是为了根据内燃机的工况需要，在上述3种模式中进行迅速而稳定的切换。

内燃机在高速工况运行时，压力高的液压油进入摇臂轴的右端油道，如图4.53(c)所示，将其中的活塞H向上推，使高速摇臂与摇臂轴卡紧在一起，于是高速凸轮通过高速摇臂及T形臂来控制气门的开关。此时摇臂轴的左端并无压力高的液压油进入，其中液压小活塞L并未被压上去，于是左端的低速摇臂并未起作用。内燃机在低速工况时，压力高的液压油则进入摇臂轴的左端油孔，将其中的小活塞L向上压，使低速凸轮能带动左端的低速摇臂工作。此时右端高速摇臂中的小活塞并无液压油将其压上去，因此不工作，如图4.53(d)所示。当摇臂轴的两端都无高压液压油输入时，于是两个气门都不工作，如图4.53(e)所示。

该内燃机采用多模式可变配气相位机构后，当两个气缸都停止工作时，内燃机的换气损失减少了约一半，能合理控制进气涡流，并充分利用高速工况下进气门关闭前后形成的较高进气脉冲波等。与采用常规的配气机构相比，按日本典型的试验循环，内燃机的最大功率增加了21%，燃油消耗率降低了16%。

小　结

本章提出了充量系数和残余废气系数的概念。以实现良好换气为目标，介绍了配气机构的组成、布置形式和主要零件、零件组的结构，以及配气机构主要动力的传递方式。针对汽车内燃机运行工况范围宽的问题，介绍了几种新型的可变配气机构形式的结构特点。可以预见，随着控制技术的发展，可变配气机构必将会在内燃机上得到日趋广泛的应用。

习　题

1. 什么是充量系数、残余废气系数、配气正时和气门间隙？
2. 配气机构的作用是什么？主要由哪些部件组成？
3. 配气机构有哪几类？各有什么特点？
4. 为什么在冷机状态要留有气门间隙？气门间隙过大或过小对内燃机性能有什么影响？气门间隙的调整范围一般为多大？如何调整气门间隙？
5. 内燃机为什么要用可变配气正时技术？
6. VTEC系统的基本结构和工作原理是什么？
7. 液力挺柱的工作原理是什么？
8. 内燃机为什么采用多气门技术？

第5章 进排气系统

教学提示：进排气系统提供了气体进出内燃机的通道。采用谐振、可变长度歧管和增压措施是为了提高进气量；为降低环境污染，采用了消声器、催化转换器、微粒捕集器、EGR、强制曲轴箱通风装置。

教学要求：掌握进排气系统的组成和空气滤清器、进排气歧管、消声器的结构；掌握增压原理，了解废气涡轮增压系统及增压器结构；掌握排气净化装置原理和结构；了解曲轴箱强制通风装置原理和结构。

进排气系统的作用是在内燃机工作时，不断地将洁净的新鲜空气或可燃混合气输送进气缸，又将燃烧后的废气送到大气中，保证内燃机连续运转。

进排气系统由空气滤清器、进气歧管、排气歧管、排气消声器等组成，与缸盖的进排气道相连。由于排放与噪声法规的要求，现代内燃机在进排气系统中增加了增压系统和一些机外净化附件与装置。

5.1 进气系统

内燃机的进气系统由空气滤清器、进气歧管及进气导流管组成，如图5.1所示。为了加强进气效果、降低进气噪声，有的进气系统中还装有谐振进气歧管和可变进气歧管。对于汽油机，进气系统还包括燃料供给系统的一些装置，如空气流量计、节气门体、喷油器等。

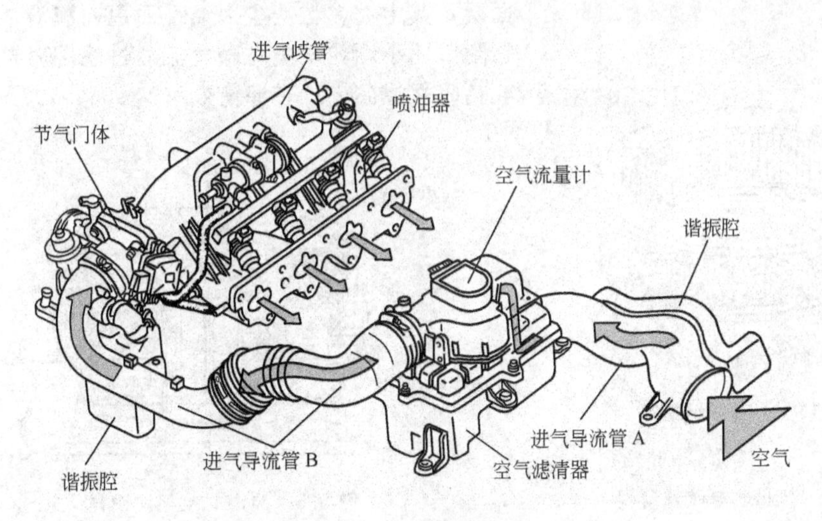

图5.1 进气系统组成图

5.1.1 空气滤清器

内燃机吸入的空气含有各种粒状异物，如果进入气缸，会加速活塞环、气缸壁、气门和气门座的早期磨损；若进入发动机的润滑系中，则会造成各轴承摩擦部位的磨损，影响发动机的使用寿命，所以需要用空气滤清器滤除空气中的杂质。另外，空气滤清器还有消减进气噪声的作用。

空气滤清器一般由进气导流管、空气滤清器外壳和滤芯等组成。现在广泛用于内燃机上的空气滤清器有以下几种结构形式。

1）纸滤芯空气滤清器

纸滤芯空气滤清器应用广泛，如图 5.2 所示，其滤芯是由经树脂处理过的微孔滤纸做成，为取得较大的过滤面积，滤纸折叠成波纹型。滤芯安装在滤清器外壳中，滤芯的上、下表面是密封面。滤芯外面是多孔金属网，用来保护滤芯，防止在运输和保管过程中滤纸破损。在滤芯的上、下端浇上耐热塑料溶胶，以固定滤纸、金属网和密封面间的相对位置，并保持其间的密封。在内燃机工作时，空气穿过滤纸，随后流入进气管，而杂质被滤芯阻留在滤芯外面。

纸滤芯空气滤清器有质量轻、成本低和滤清效果好等优点。纸滤芯空气滤清器有干式和湿式两种。干式纸滤芯可以反复使用；纸滤芯经过浸油处理后即成为是湿式纸滤芯，其主要优点是使用寿命长、吸附杂质的能力强和滤清效果好，但不能反复使用，需定期更换。

2）油浴式空气滤清器

图 5.3 所示为油浴式空气滤清器。它由外壳、滤芯、油盘、滤清器盖等组成。滤芯由金属丝或毛毡等纤维材料制成。在油盘内装入适量的润滑油。空气由滤芯与外壳间的环形通道流到滤芯下部，再折向上通过滤芯后进入进气管，在转向处，空气流过润滑油表面层，其中大颗粒灰尘因惯性而甩向润滑油液面并被粘附，而小颗粒灰尘在随气流通过滤芯时被滤芯阻挡或粘附在滤芯上，其滤清效率达 95%～97%。

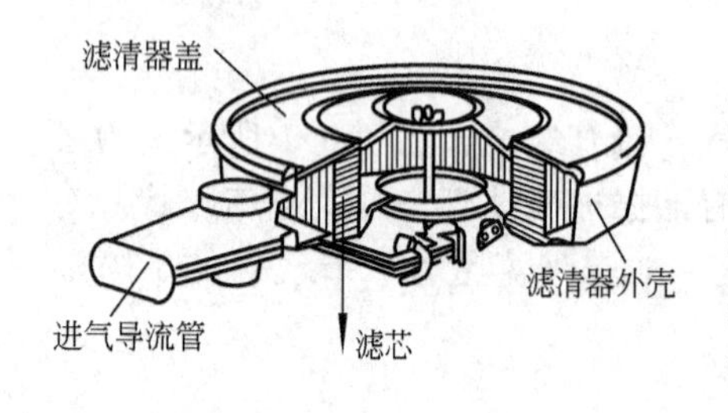

图 5.2　纸滤芯空气滤清器

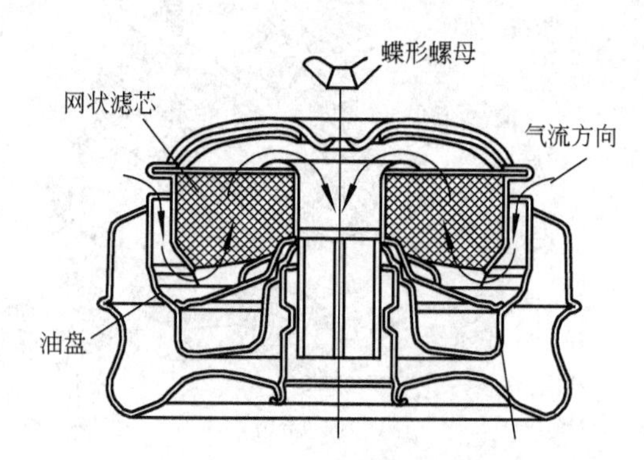

图 5.3　油浴式空气滤清器

3）离心式及复合式空气滤清器

离心式空气滤清器多用于大功率内燃机上。在许多自卸车或矿山用汽车上，还使用离心式与纸滤芯式相结合的双级复合式空气滤清器，如图 5.4 所示。双级复合式空气滤清器的上体是纸滤芯空气滤清器，下体是离心式空气滤清器。空气先从滤清器下体的进气口进入旋流管，并在旋流管内螺旋导向下产生高速旋转运动，在离心力的作用下空气中的大部分灰尘被甩向旋管并落入集灰盘中，空气再从旋流管顶部进入纸滤芯空气滤清器，空气中残存的细微杂质被纸滤芯滤除。

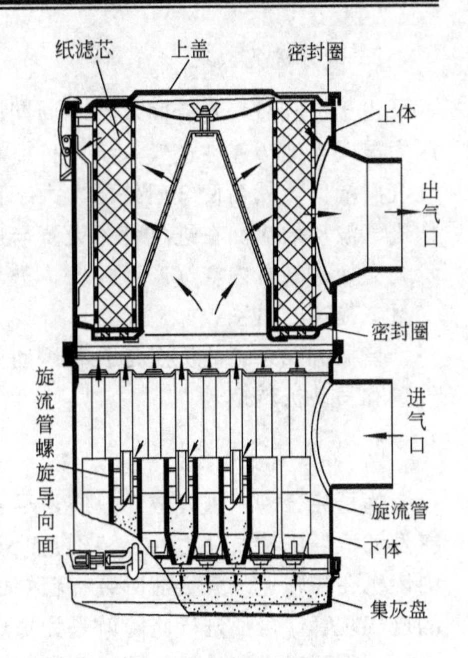

图 5.4　双级复合式空气滤清器

5.1.2　进气导流管

在现代轿车上，为了增强内燃机的谐振进气效果，进气导流管需要有较大的容积，但是导流管不能太粗，以保证空气在导流管内有一定的流速，因此，进气导流管只能做得很长。较长的进气导流管有利于实现从车外吸气。因为车外空气温度一般比发动机舱内的温度约低 30℃，所以从车外吸入的空气密度可增加 10%左右，燃油消耗率可降低 3%。为了降低进气噪声，有的汽车在进气导流管上还布置了谐振腔，如图 5.1 所示。

5.1.3　进气歧管

1. 进气歧管结构

进气歧管指的是节气门体之后到气缸盖进气道之前的进气管路，它的作用是将空气由进气管分配到各缸进气道，如图 5.5、图 5.6 所示。进气歧管必须将洁净空气尽可能均匀地分配到各个气缸，为此进气歧管内气体流道的长度应尽可能相等。为了减小气体流动阻力，提高进气能力，进气歧管的内壁应该光滑。一般进气歧管由合金铸铁制造，轿车内燃机多用铝合金制造，铝合金进气歧管质量轻、导热性好。近来，汽油机采用复合塑料进气歧管的发动机日渐增多，这种进气歧管质量极轻，内壁光滑，无须加工。

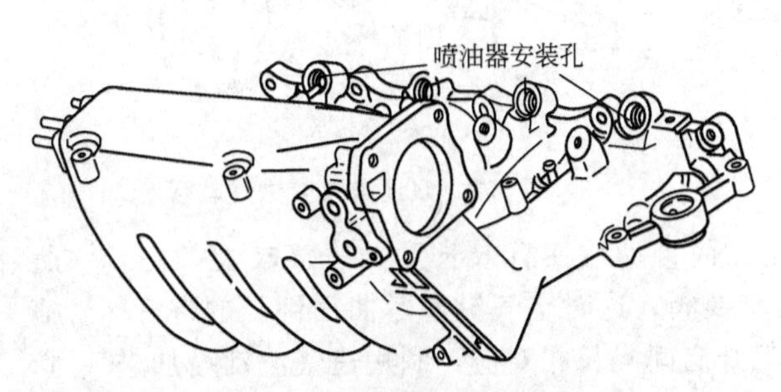

图 5.5　汽油机进气道燃油喷射式进气歧管

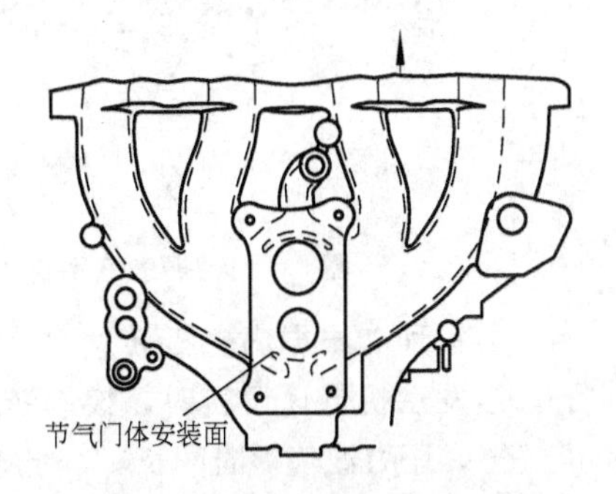

图 5.6　汽油机节气门体燃油喷射式进气歧管

2. 谐振进气系统

由于进气过程具有间歇性和周期性，致使进气歧管内空气产生一定幅度的压力波，此压力波以当地声速在进气系统内传播和来回反射。如果进气门关闭时，压力波正好到达进气气门端口，就会使气门处压力大于正常的进气压力，从而增加气缸进气量，这种效应称作进气波动效应。在进气管旁设置与进气管相通的谐振腔构成谐振进气系统，如图 5.7 所示，会使进气管内空气产生共振，进气压力波增强，更好的利用波动效应，更多地增加进气量，提高充量系数。

谐振进气系统的优点是没有运动件，工作可靠，成本低；但只能增加特定转速下的进气量和发动机转矩。

3. 可变进气系统

为了充分利用进气波动效应，尽量缩小发动机在高、低速运转时进气充量的差别，改善发动机经济性及动力性，特别是改善中、低速和中、小负荷时的经济性和动力性，要求内燃机在高转速、大负荷时装备粗短的进气歧管，而在中、低转速和中、小负荷时用细长的进气歧管，可变进气歧管就是为适应这种要求而设计的。

一种可变进气歧管如图 5.8 所示。其每个歧管都有两个进气通道，一长一短。根据发动机转速的高低，由旋转阀控制空气经哪一个通道流进气缸。当内燃机在中、低速运转时，旋转阀将短进气通道关闭，空气沿长进气通道经进气道、进气门进入气缸。当内燃机高速工作时，旋转阀使长进气通道短路，将长进气通道也变为短进气通道。这时空气经两个短进气通道进入气缸。可变进气装置可使内燃机平均扭矩提高 8%。

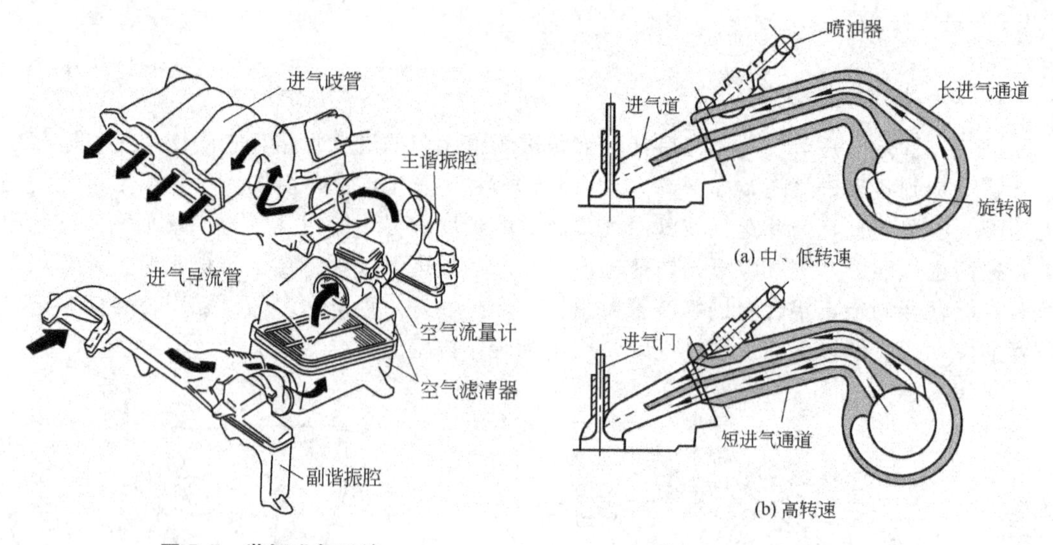

图 5.7　谐振进气系统

图 5.8　双通道可变进气歧管

另一种能根据内燃机转速和负荷的变化而自动改变有效长度的进气歧管如图 5.9 所示。当发动机低速运转时，控制装置关闭转换阀，这时空气沿着弯曲而细长的进气歧管流进气缸，压力波传播时间长，与低速时气门开启间隔长相对应，利用进气波动增加进气量；细长的进气歧管提高了进气速度，增强了气流的惯性，也使进气量增多。当内燃机高速运转时，转换阀开启，空气直接进入粗短的进气歧管，压力波传播与高速气门开启间隔短相对应；粗短的进气歧管进气阻力小，都使进气量增多。可变长度进气歧管不仅可以提高发动机的动力性，如图 5.9(c)所示，还由于它提高了发动机在中、低速运转时的进气速度而增强了气缸内的气流强度，从而改善了燃烧过程，使内燃机中低速的燃油经济性有所改善。

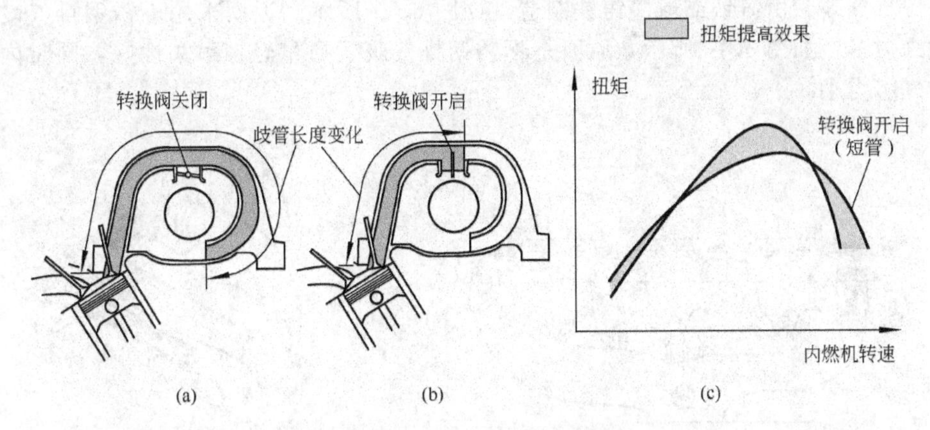

图 5.9　可变长度进气歧管

5.2　排 气 系 统

现代汽车内燃机排气系统由排气歧管、排气总管和排气消声器组成。在采用三元催化器降低有害排放的车用发动机上，排气系统还包括三元催化器等装置，如图 5.10 所示。排气系统的作用是以尽可能低的流动阻力顺利排出废气，并使有害物质尽量少，排气噪声尽可能低。

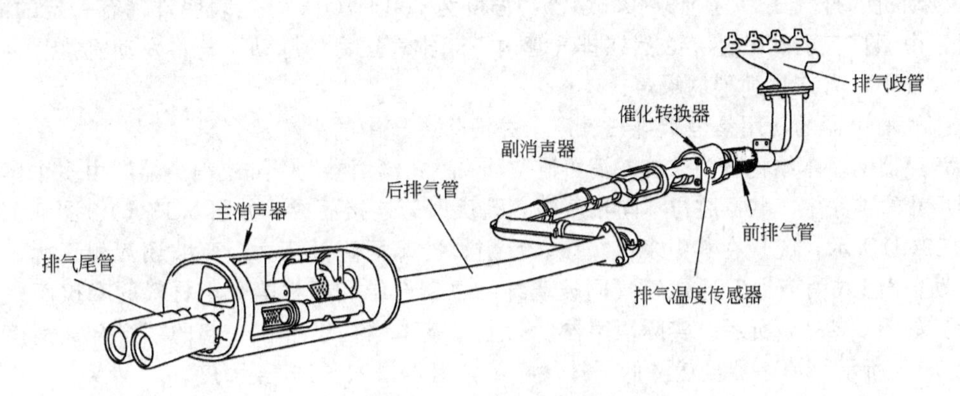

图 5.10　排气系统组成

V 型内燃机有两个排气歧管，在大多数装配 V 型发动机的汽车上，通过一个叉形管将两个排气歧管连接到一个排气管上，来自两个排气歧管的废气经同一个排气管、同一个消声器和同一个排气尾管排出，这种布置形式称作单排气系统。

但有些 V 型内燃机采用两个排气系统，即每个排气歧管各自都连接一个排气管、催化转换器、消声器和排气尾管，这种布置形式称作双排气系统。双排气系统降低了排气系统内的阻力，使发动机排气更为顺畅，气缸中残余的废气较少，因而可以充入更多的空气-

燃油混合气或洁净的空气，发动机的功率和转矩都相应的有所提高。

5.2.1　排气歧管

一般排气歧管由铸铁或球墨铸铁制造，如图 5.11 所示，近期采用不锈钢排气歧管的汽车愈来愈多，如图 5.12 所示，原因是不锈钢排气歧管质量轻，耐久性好，同时内壁光滑，排气阻力小。

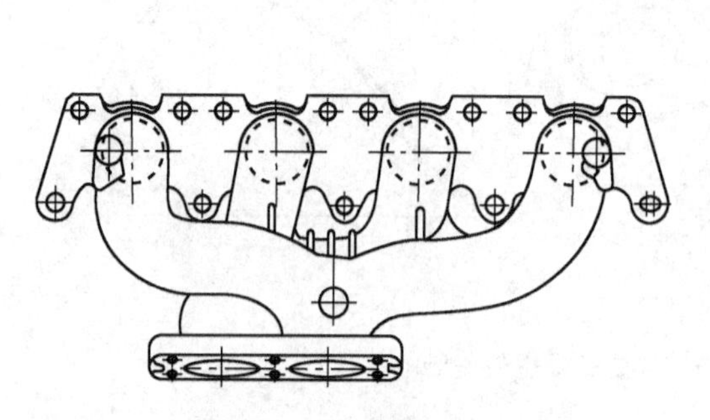

图 5.11　铸铁排气歧管

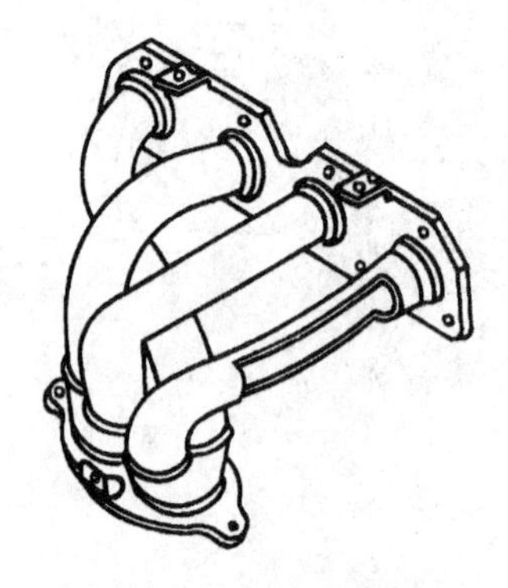

图 5.12　不锈钢排气歧管

排气歧管的形状十分重要。为了不使各缸排气相互干扰和避免排气倒流现象，并尽可能地利用惯性排气，应该将排气歧管做得尽可能长，而且各缸支管应该相互独立、长度相等。图 5.12 所示的不锈钢排气歧管的结构较好地满足了上述要求，相互独立的各个支管都很长，而且 1、4 缸排气歧管汇合在一起，2、3 缸歧管汇合在一起，可以完全消除排气干扰。

5.2.2　消声器

发动机的排气压力为 0.3～0.5MPa，温度为 500～700℃，这表明排气有一定的能量。同时，由于排气的间歇性，必然在排气管内引起排气压力的脉动。若将发动机排气直接排放到大气中，将产生强烈的噪声。

排气消声器的功用是消减排气噪声，并消除废气中的火星及火焰。

消声器的基本结构分为“抗式消声器”和“阻式消声器”。“抗式消声器”由多个串联的不同尺寸的扩张室、共振腔与不同长度的多孔反射管连接而成，如图 5.13(b)、图 5.13(c)、图 5.13(d)所示，废气在其中多次扩张、反射、冷却而降低压力，声波还互相干扰，减轻了振动；“阻式消声器”通过废气同玻璃纤维、钢纤维和石棉等吸声材料的摩擦而减少其能量，如图 5.13(a)所示。实际消声器多为上述基本结构组合在一起的“组合式消声器”，如图 5.14 所示。消声器虽然降低了排气噪声，但也增加了排气阻力。

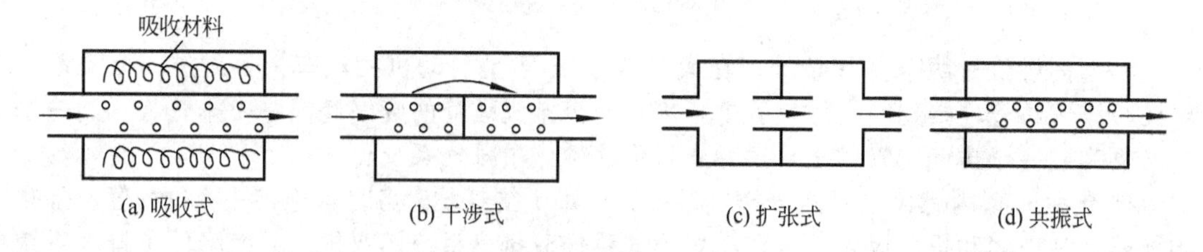

图 5.13　消声器基本结构形式

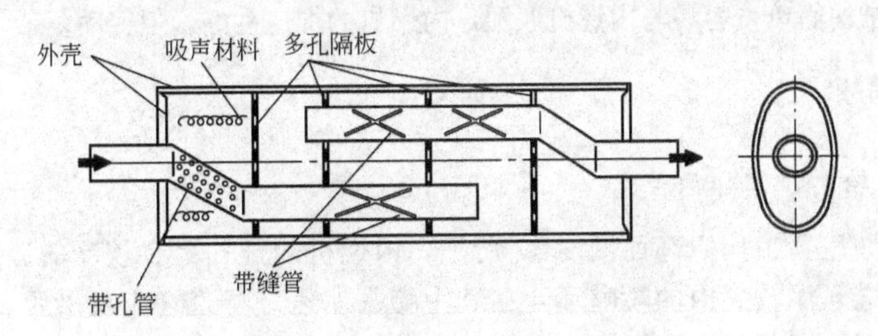

图 5.14 组合式消声器结构示意图

5.3 内燃机增压

内燃机增压就是用增压器将空气压缩后供入气缸，使进气充量密度提高，增加了进入气缸内的空气量，这样就可以增加循环供油量，从而提高内燃机功率；同时，还可以改善热效率，提高经济性，改善内燃机排放，降低噪声。

增压方式有机械增压、涡轮增压和气波增压3种。早期，柴油机多采用机械增压，由于机械增压消耗内燃机输出功率，逐渐被淘汰；现在，废气涡轮增压广泛应用。随着汽油喷射和电控技术的发展，以及增压技术的日益成熟，使增压在汽油机上的应用也迅速增多。

5.3.1 机械增压

机械增压器由曲轴通过齿轮、皮带、链条等传动装置驱动，将空气压缩后送入气缸，如图 5.15 所示。增压压力越高，压气机消耗功率越大。

机械增压器采用离心式或罗茨式压气机。罗茨式压气机是应用最为广泛的压气机，它有两个装在两根平行轴上的转子，如图 5.16 所示。相互啮合的转子之间以及转子与壳体之间都有很小的间隙，两个转子有一对齿轮驱动同步旋转。当转子旋转时，空气从压气机入口进入，在转子叶片的推动下加速，然后从压气机出口压出。转子有两叶的，也有三叶的，通常两叶转子为直线形，三叶转子为螺旋形。罗茨式压气机结构简单、工作可靠、寿命长、供气量与转速成正比，出口与进口压力比值可达 1.8。

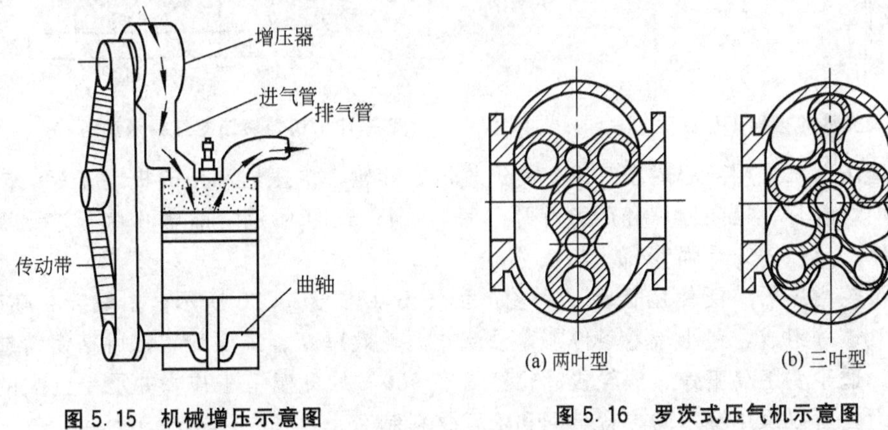

图 5.15 机械增压示意图

图 5.16 罗茨式压气机示意图

机械增压结构简单，容易与内燃机匹配，内燃机的加速性好，但传动复杂，油耗增加。

5.3.2 废气涡轮增压

1. 废气涡轮增压工作原理

废气涡轮增压器工作原理如图 5.17 所示，内燃机的排气具有较高的温度和一定压力，废气经排气管进入涡轮壳内的喷嘴环，在其中膨胀加速，高速气流喷出后以一定的角度冲向涡轮，推动涡轮高速旋转；涡轮带动与其同轴的压气机叶轮同步旋转，高速旋转的叶轮把空气甩向叶轮外缘，使其速度和压力增加，接着进入扩压器。扩压器的进口小出口大，空气经过后，流速下降、压力升高，最后压缩后的空气经进气管进入气缸。

涡轮增压器与内燃机没有机械联系，结构简单，工作可靠。内燃机采用废气涡轮增压后，由于其热效率和机械效率的提高，燃油消耗率下降，内燃机的经济性得到改善；同时由于其重量增加比其功率增加小得多，内燃机比质量减轻，升功率增加；其次，内燃机工作在较大的过量空气系数情况下，燃烧较完全，排气污染得到改善。故废气涡轮增压系统得到了广泛的应用。

2. 涡轮增压器

废气涡轮增压器由涡轮机、压气机和中间体三部分组成，如图 5.18 所示。中间体内有轴承，以支撑转子总成(压气机叶轮、涡轮叶轮、轴等)，还有密封、润滑油路、冷却腔等。

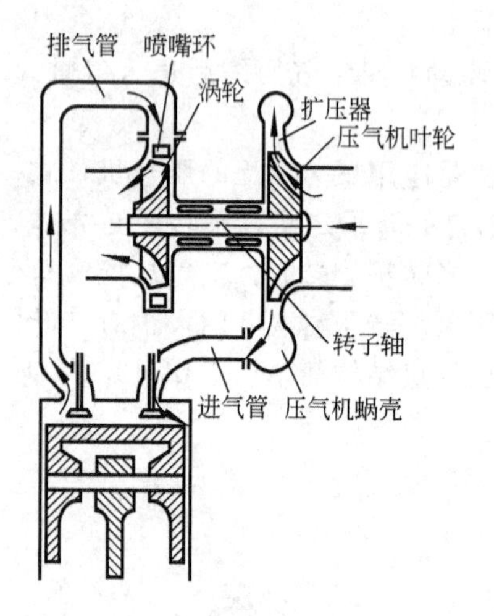

图 5.17 废气涡轮增压工作原理

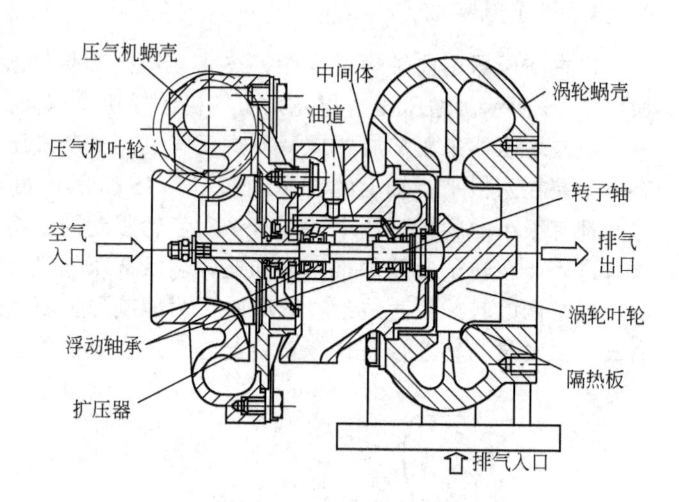

图 5.18 涡轮增压器结构示意图

涡轮增压器都采用离心式压气机，由进气道、叶轮、扩压器和压气机蜗壳等组成。叶片形状有前弯叶片、径向叶片和后弯叶片 3 种，如图 5.19 所示。前弯叶片压缩比高，后弯叶片效率高，径向叶片强度高。

车用涡轮增压器广泛使用径流式涡轮，如图 5.18、图 5.20 所示，由蜗壳、喷嘴环、叶轮、出气道等组成，在小流量条件下，径流式涡轮效率高、结构简单、可精密铸造、转动惯量小、适于变工况工作。涡轮机叶轮经常在 900℃ 的高温下工作，并承受巨大的离心力和冲击力，所以采用镍基耐热合金钢和陶瓷材料制造。

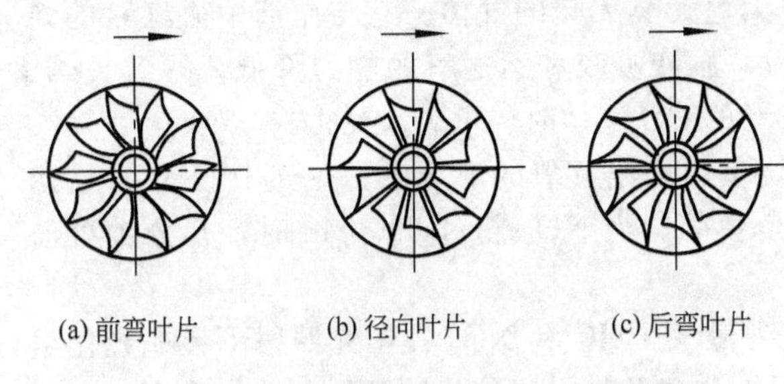

图 5.19　离心式压气机叶片形状示意图

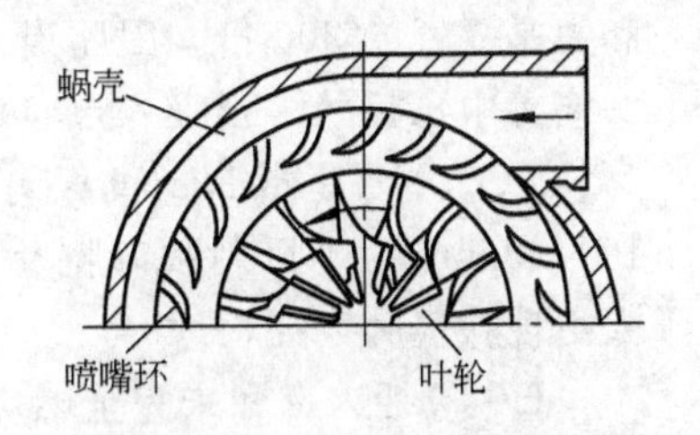

图 5.20　径流式涡轮结构示意图

涡轮机叶轮、压气机叶轮、锁紧螺母及密封套等零件装在一根轴上，构成涡轮增压器转子。两个叶轮采用背对背、轴承内置结构，如图 5.18 所示，压气机进口和涡轮机出口流道畅通，涡轮高温对压气机影响小，转子平衡性好。

小型涡轮增压器转子转速高达 20000r/min，现代车用涡轮增压器都采用浮动轴承，轴承润滑采用内燃机润滑系统内的机油，不单独设置润滑系。

5.3.3　气波增压

气波增压利用气体的压力波以及压力波的反射特性，使排气和进气之间直接交换能量，以增加进气量。气波增压器由转子、壳体和前后端盖组成，如图 5.21 所示，转子上装有纵向叶片，叶片之间是气体通道，一个端盖接高压空气室和低压空气室，另一端盖接高压排气室和低压排气室。

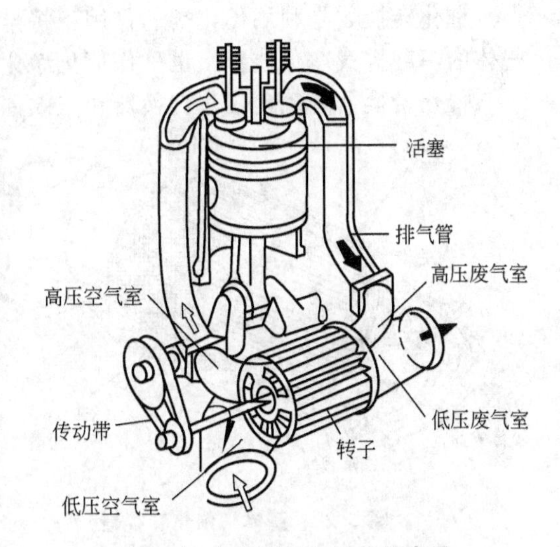

图 5.21　气波增压器结构示意图

转子由内燃机曲轴经传动带驱动。排气经高压排气室进入转子，排气压力波将转子气体通道内的空气压缩，增压空气经高压空气室进入气缸，提高了进气压力；当该转子通道转过高压空气室时，空气不能流出，压力波继续以音速传播，到左端盖后反射回压力波，向右传播；到达右端时，该流道与低压排气室相通，压力波反射回膨胀波，向左传入流道，使流道内气体向右流动，从低压空气室吸进空气，经低压排气室排出废气。气波增压器结构简单，加工方便，工作温度不高，不需要耐热材料，也无须冷却；与涡轮增压相比，其低速转矩特性好。但体积大，噪声水平高，安装位置受到一定的限制。这种增压系统还需进一步开发、研究，才能得到实际的应用。

5.4　排气净化装置

内燃机工作时，排出的废气中有一氧化碳(CO)、碳氢化合物(HC)、氮氧化合物(NO_x)和微粒等有害物质。

CO是燃油的不完全燃烧产物，是一种无色无臭无味的气体。它与血液中血红素的亲和力是氧气的300倍，因此当人吸入CO后，血液吸收和运送氧的能力降低，导致头晕、头痛等中毒症状。当吸入含容积浓度为0.3%的CO气体时，可致人死亡。

NO_x主要是指NO和NO_2，产生于燃烧室内高温富氧的环境中。空气中NO_x含量达10～20ppm时，可刺激口腔及鼻粘膜、眼角膜等。当NO_x超过500ppm时，几分钟可使人出现肺气肿而死亡。

HC包括未燃和未完全燃烧的燃油和机油蒸气。HC和NO_x在阳光照射下形成光化学烟雾，其中主要的生成物是臭氧(O_3)，它具有强氧化性，可使橡胶开裂，植物受害，大气能见度降低，并刺激人眼和咽喉。

微粒主要是指柴油机排气中的碳烟，而汽油机的排气微粒微不足道。微粒表面吸附的可溶性有机物对人的呼吸道有害。

这些物质污染环境，危害人体健康，所以必须对内燃机排放物进行净化处理。现代内燃机广泛采用催化转换器、微粒捕集器和废气再循环装置来降低有害排放物。

5.4.1 催化转换器

催化转换器是利用催化剂的作用，将排气中的CO、HC和NO_x转换为对人体无害的气体的一种排气净化装置，也称作催化净化转换器。

催化转换器有氧化催化转换器和三效催化转换器，用贵金属铂、钯或铑作催化剂。氧化催化转换器只将排气中的CO和HC氧化为CO_2和H_2O，因此这种催化转换器也称作二效催化转换器，反应需要富氧环境。三效催化转换器可同时减少CO、HC和NO_x的排放。

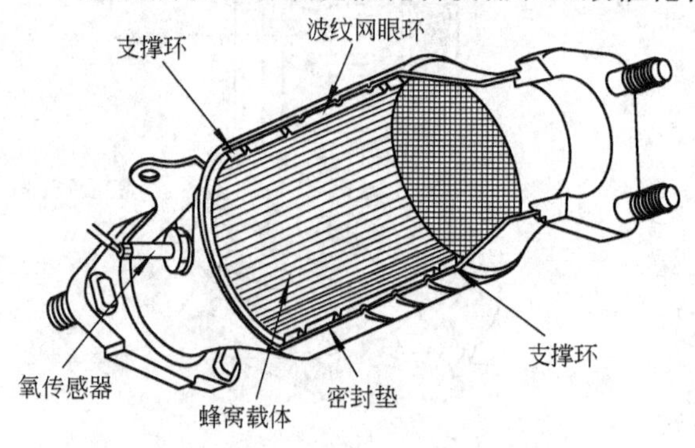

图5.22 整体式催化转换器

催化转化器由壳体、减振密封衬垫、载体与催化剂构成，如图5.22所示。催化器壳体通常做成双层结构，并用奥氏体或铁素体镍铬耐热不锈钢板制造，以防止氧化皮脱落造成催化剂的堵塞。

催化器载体有很多小孔，孔壁非常薄，壁面涂覆催化剂，反应面积非常大，气体流动阻力小。三效催化转换器以排气中的CO和HC作为还原剂，把NO还原为N_2和O_2，而CO和HC在还原反应中被氧化为CO_2和H_2O。

催化转换器的使用条件相当严格。只有温度超过350℃时，催化转换器才起催化反应。温度较低时，转换器的转换效率急剧下降。因此，催化转换器都安装在温度较高的排气管处；其次，必须向装有三效催化转换器的内燃机供给理论混合比的混合气，才能保证三效催化转换器有较好的转换效果。如果混合气成分不是理论混合比，那么，CO和CH的氧化反应或NO_x的还原反应不可能进行得很完全。另外，发动机调节不当，如混合气过浓或气缸缺火，都将引起转换器严重过热。

5.4.2 柴油机微粒捕集与再生装置

微粒是柴油机排放的突出问题。对车用柴油机排气微粒的处理，主要采用多孔介质过滤的方法，即采用微粒捕集器(Diesel Particulate Filter，DPF)。

目前，微粒捕集器滤芯多为蜂窝陶瓷，如图5.23所示，其单位体积的表面积很大，材料壁薄，过滤效率高，阻力较小。蜂窝滤芯每相邻的两个通道，一个在进口处被堵住，另一个在出口处被堵住，这样，柴油机排气从一个孔道流入后，必须穿过陶瓷壁面从相邻孔道流出，结果排气中的微粒就沉积在各流入孔道的壁面上，完成了表面过滤目的。

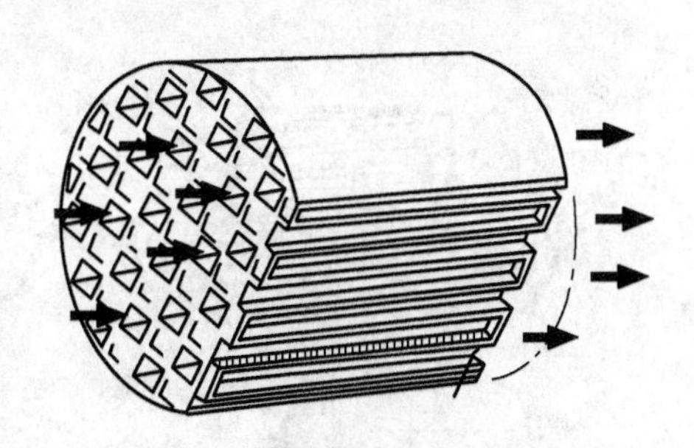

图5.23 蜂窝状陶瓷微粒捕集器

在微粒过滤器中积聚的微粒会逐渐增加排气的流动阻力，增大柴油机排气背压，影响柴油机的换气和燃烧，降低功率输出，增加燃油消耗率，因此必须及时清除微粒过滤器中积聚的微粒，一般是将沉积微粒烧掉，以恢复其过滤能力和减小排气阻力，这个过程称为微粒过滤器的再生。目前努力开发的强制再生技术可分为热再生和催化再生两大类。

5.4.3 排气再循环系统

排气再循环是指把内燃机的部分废气回送到进气系统，并与新鲜混合气一起再次进入气缸。由于废气中含有大量的CO_2，而CO_2不能燃烧却吸收大量的热，使气缸内混合气的燃烧温度降低，从而减少了NO_x的生成量。排气再循环是降低NO_x排放的主要方法。

在新鲜的混合气中掺入废气之后，混合气的热值降低，致使发动机有效功率下降。为做到既减少NO_x的排放，又保持发动机的动力性，必须根据发动机运转的工况控制再循环的废气量。NO_x的生成量随发动机负荷的增大而增多，因此，再循环的废气量也应随负荷而增加。在暖机期间或怠速时，NO_x生成量不多，为了保持发动机运转的稳定性，不进行排气再循环。在全负荷或高速下工作时，为了使发动机有足够的动力性，也不进行排气再循环。

再循环的废气量由排气再循环(EGR)阀控制，EGR阀一般由真空或电磁驱动。图5.24所示的是带排气背压控制的真空EGR阀。当发动机在怠速状态或小负荷运转时，排气背压很低，背压控制阀在通气阀弹簧作用下保持开启，如图5.24(a)所示，于是大气从通气孔经开启的通气阀进入膜片室，使其真空度降低或消除，与膜片刚性相连的EGR阀保持关闭。当发动机在中等转速、中等负荷运转时，排气背压升高，背压控制阀克服弹簧的推力而关闭，进气管真空度进入膜片室，于是驱动膜片克服回位弹簧的推力而升起，EGR阀开启，再循环的排气进入进气系统。当发动机大负荷运转时，虽然背压阀关闭，但进气管真空度很小，EGR阀关闭。

EGR阀还可以用电控真空驱动，由电控器控制真空调节器，控制驱动EGR阀的真空度，通过预先标定的EGR脉谱可针对不同工况实现EGR的优化控制。

在现代电控内燃机中，应用闭环电控EGR系统实现更精确的控制。这种系统一般应用带EGR阀位置传感器的线性位移电磁式EGR阀，由电控器发出的PWM信号驱动。传感器发出的EGR阀位置信号反馈给电控器，保证精确实现预定的控制脉谱。图5.25所示为带阀位置传感器的线性位移电磁式EGR阀的一个结构实例。

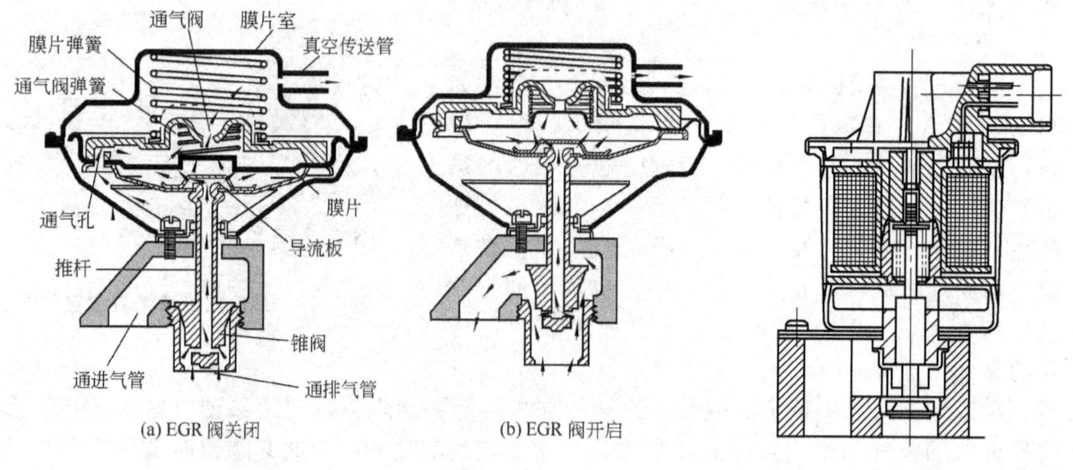

(a) EGR 阀关闭　　(b) EGR 阀开启

图 5.24　正背压 EGR 阀

图 5.25　电磁式 EGR 阀

5.5　强制曲轴箱通风系统

发动机工作时，部分可燃混合气和废气经活塞环会漏到曲轴箱内。漏到曲轴箱内的汽油蒸汽凝结后将使机油变稀，性能变坏；废气内含有水蒸气和二氧化硫，氧化和凝结后，会加速机油变质并使机件被腐蚀或锈蚀。现代汽车发动机一般采用强制曲轴箱通风系统回收窜入曲轴箱内的混合气，既避免了有害物质排到大气中，又有利于提高发动机的经济性。

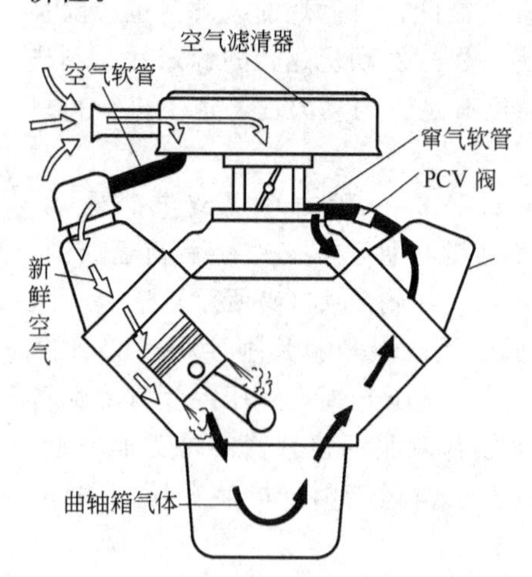

图 5.26　强制曲轴箱通风系统示意图

强制曲轴箱通风系统又称 PCV 系统，其组成如图 5.26 所示。当内燃机工作时，进气管真空作用到 PCV 阀，此真空吸引新鲜空气经过滤清器、空气软管进入气缸盖罩内，再由气缸盖和机体上的孔道进入曲轴箱，在曲轴箱内，新鲜空气与曲轴箱气体混合后经气缸盖罩、PCV 阀和曲轴箱窜气软管进入进气管，最后进入燃烧室烧掉。

图 5.26 所示的 PCV 阀在强制通风系统中具有重要作用，它根据发动机工况的变化自动调节进入气缸的曲轴箱气体的数量。

(1) 当发动机不工作时，PCV 阀中的弹簧将锥形阀压在阀座上，关闭了曲轴箱与进气支管的通路，如图 5.27(a)所示。

(2) 在怠速或减速时，进气管真空度很大，真空克服弹力把锥形阀吸向右端，使锥形阀与阀体之间只有很小的缝隙，如图 5.27(b)所示。因为发动机在怠速或减速工作时，窜入曲轴箱的气体很少，所以 PCV 阀开度虽小但足以使曲轴箱气体全进入进气管。

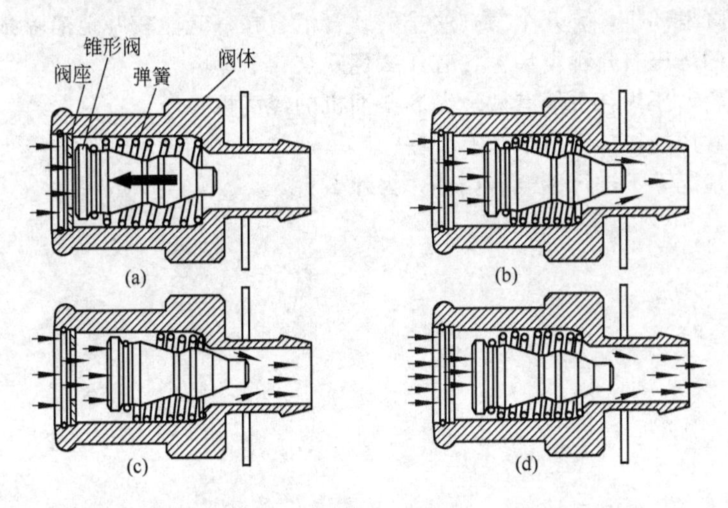

图 5.27　内燃机各工况下的 PCV 阀开度

(3) 节气门部分打开时，进气管真空度比怠速时小，在弹簧的作用下锥形阀与阀体间的缝隙增大，如图 5.27(c)所示。因为此时发动机的负荷增大，窜入曲轴箱的气体较多，所以较大的 PCV 阀开度可以使曲轴箱气体全被吸入进气管。

(4) 发动机在大负荷工作时，节气门大开，进气管真空度较小，弹簧将锥形阀进一步向左推移，使 PCV 阀的开度更大，如图 5.27(d)所示，以通过大负荷时产生的大量曲轴箱窜气。

(5) 若进气管发生回火，进气管压力增高，锥形阀落在阀座上，如同发动机不工作时一样，以防止回火进入曲轴箱而引起发动机爆炸。

当活塞或气缸严重磨损时，将有过多的气体窜入曲轴箱，这时，即使 PCV 阀开度最大也不足以使这些气体都流入进气管。在这种情况下，部分曲轴箱气体会经空气软管进入空气滤清器，再随同新鲜空气一起流入气缸。

小　　结

进气系统由空气滤清器、进气歧管及进气导流管组成，排气系统由排气歧管、排气总管和排气消声器组成。利用好气体动力特性可使进气充量提高，排气顺畅，残余废气少。

现代内燃机常利用废气能量增加进气量，废气涡轮增压器主要由径流涡轮机和离心压气机组成。

现代内燃机广泛采用催化转换器、微粒捕集器、废气再循环装置、强制曲轴箱通风系统等装置来降低 HC、CO、NO_x 和微粒等有害排放物。

习　　题

1. 为什么发动机在大负荷、高转速时应装备粗短的进气歧管，而在低转速和中、小负荷时应装备细长的进气歧管？

2. 一台 6 缸发动机，哪几个气缸的排气歧管汇合在一起能较好地消除排气干扰现象？
3. 内燃机的增压有几种类型？各有什么优缺点？
4. 废气涡轮增压为什么能有效地提高柴油机的经济性？
5. 内燃机常用的排放净化措施有哪些？
6. 在什么情况下不进行废气再循环，为什么？

第6章　汽油机燃油供给系统

教学提示：汽油机燃料供给系统是决定汽油机动力、经济和排放性能的关键系统之一。本章主要讲述汽油机燃料供给系统的功用、组成及主要部件的结构与原理，简要介绍汽油的主要使用性能和规格、可燃混合气的形成方式、现代汽油喷射系统的组成及原理、过量空气系数的概念及其对汽油机性能的影响等基本内容。

教学要求：了解燃料供给系统的种类、汽油的使用性能指标、现代电控汽油喷射发动机可燃混合气的形成原理和汽油蒸发控制系统的组成与原理。熟练掌握汽油机燃料供给系统的功用、组成及主要部件的结构与原理。能够运用所学知识在实际汽油机上找到汽油机燃料供给系统的全部组成部件，并能简要说明其结构特点。

6.1　汽油及可燃汽油混合气

要掌握汽油机燃料供给系统的组成、功用及工作原理，就必须对汽油的性能、汽油机对可燃混合气的要求、可燃混合气的形成、混合气浓度的表示方法等基本知识有所了解。

6.1.1　汽油

汽油机使用的燃料是汽油，汽油是从石油中提炼出来的碳氢化合物，其成分比较复杂，主要是C4～C12的烷烃，其中以C5～C9为主。汽油是一种无色或淡黄色、易挥发和易燃的液体，具有特殊臭味。汽油不溶于水，易溶于苯、二硫化碳和醇，极易溶于脂肪。

汽油按照不同提炼工艺可分为直馏汽油、催化裂化汽油、热裂化汽油、重整汽油、焦化汽油、烷基化汽油、异构化汽油、芳构化汽油、醚化汽油和叠合汽油等。

表征汽油性能的主要参数有汽油的抗爆性(研究法辛烷值、马达法辛烷值、抗爆指数)、蒸汽压、气液比、馏程、热值、烯烃含量、芳烃含量、苯含量、腐蚀、硫含量等。

1. 汽油的抗爆性

汽油的抗爆性是汽油抵抗自燃的能力，抗爆性的优劣可用其辛烷值大小评价，汽油的标号用辛烷值表示。汽油的标号越高表示汽油抵抗自燃的能力越强，汽油的抗爆性越好。压缩比大的汽油机应选用较高标号的汽油，压缩比小的汽油机应选用较低标号的汽油。

汽油的辛烷值通常有两种测定方法，即研究法辛烷值RON (Research Octane Number)和马达法辛烷值MON(Motor Octane Number)，RON和MON之间的换算关系为RON＝MON＋10，通常把RON和MON的平均值，即(RON＋MON)/2，称为抗爆指数。市售的汽油标号一般以其RON命名，如90号汽油的RON为90。目前市售的汽油标号有90号、93号和97号等，在部分沿海地区还有98号和100号(中国港澳地区市面上供应的汽油均为100号)，在中西部地区的某些地方也有70号汽油的供应。我国车用汽油曾经使用过的标号还有65号、85号和95号等。

2. 汽油的蒸发性

汽油的蒸发性表示汽油蒸发的难易程度，它对内燃机混合气的形成有重要影响。汽油的蒸发性的评定指标有馏程、饱和蒸气压和气液比。馏程指汽油馏分从初馏点到终馏点的温度范围；饱和蒸气压指在标准仪器中测定的38℃时的蒸气压，是反映汽油在燃料系统中产生气阻的倾向和发动机起动难易程度的指标；气液比指在标准仪器中，液体燃料在规定温度和大气压下，蒸气体积与液体体积之比，气液比是温度的函数，用它评定、预测汽油气阻倾向，比用馏程、蒸气压更为可靠。

3. 热值

汽油的热值指单位质量或体积的汽油燃烧时所放出的热量，一般汽油的低热值为43000～46000kJ/kg。汽油的热值越高，发动机发出的有效功越大，汽油机性能越好。

4. 成分影响

汽油中烯烃、芳烃、苯、硫等含量对汽油机的有害排放物有重要影响，因此，汽油的汽油技术要求中通常对这些物质的含量都有明确的规定。

采用的测量方法不同，得到的性能指标值会有所差异，因此，汽油车用燃料的技术要求中对各个指标的测试规范都有明确规定。

6.1.2　汽油机可燃混合气的形成

汽油机的燃烧是预混合燃烧，也就是说，在点火之前，混合气就已经形成，这一过程一般在缸外进行。汽油机混合气的形成要经过雾化、蒸发、与空气扩散混合的过程。

1. 可燃混合气形成方式

汽油机混合气主要有两种形成方式：化油器式和汽油喷射式。

化油器式汽油机混合气形成如图6.1所示，空气流经化油器的喉管时，由于流通截面的变小而流速增加，使该处的真空度增大，汽油在真空吸力的作用下由浮子室经喷管喷出，并被高速气流击碎成为直径很小的油粒(平均直径约为0.1mm)，这些油粒在随空气流动的过程中很快蒸发并与空气混合，形成混合气。

汽油喷射式汽油机混合气形成如图6.2所示，汽油机的电控单元控制喷油器按时将适量汽油喷入进气道，在进气道内汽油雾化并蒸发，与空气混合形成混合气，进入气缸。

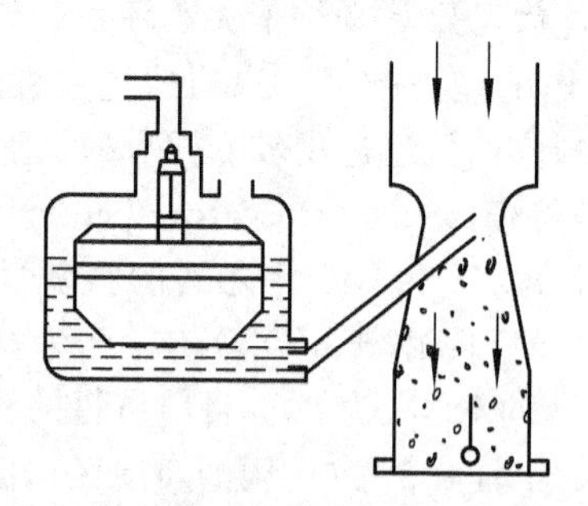

图6.1　化油器式汽油机混合气形成示意图

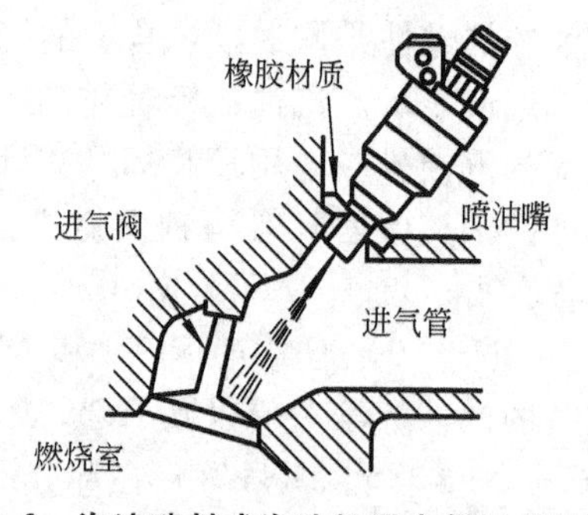

图6.2　汽油喷射式汽油机混合气形成示意图

虽然两种方式在结构与供油方法上有所不同，但它们都属于在气缸外部形成混合气方式，都是依靠控制节流阀开闭来调节混合气数量的，其特点是燃料与空气的混合时间较长，进入气缸的混合气比较均匀。

化油器方式是一种被动共有方式，因不能满足日益严格的排放法规要求而被淘汰，现在出厂的汽油机都是电控汽油喷射式汽油机，并向缸内喷射方向发展。

2. 可燃混合气浓度的表示方法

可燃混合气的制备质量可用汽油与空气的混合比例、汽油在空气中分布的均匀性以及汽油的雾化、蒸发情况等指标衡量。其中最常用并且最重要的参数是汽油与空气的混合比。表征汽油与空气混合比的常见指标有空燃比、过量空气系数和当量比等，其定义如下。

① 空燃比α=进入气缸内的空气质量(kg)/进入气缸内的燃料质量(kg)。

② 过量空气系数ϕ_a=实际空燃比/理论空燃比。

③ 当量比ϕ= 理论空燃比/实际空燃比。

其中理论空燃比也称化学计量空燃比，其定义为当汽油在理论上完全燃烧时，所需的空气质量与燃料质量之比。该值随燃料的组成略有变化，汽油的理论空燃比约等于14.7。

通常把$\alpha=14.7(\phi_a=\phi=1)$的混合气称为理论混合气；通常把$\alpha>14.7(\phi_a>1，\phi<1)$的混合气称为稀混合气、贫燃混合气等；通常把$\alpha<14.7(\phi_a<1，\phi>1)$的混合气称为浓混合气、富燃混合气等。

随着混合气变浓，燃烧不完全，并产生大量的CO，造成气缸盖、活塞顶和火花塞产生积炭，排气管冒黑烟。当混合气严重过浓时，排气中的一氧化碳可能在排气管中被高温废气引燃，发生排气管“放炮”现象。当混合气浓到$\phi_a=0.4(\alpha=5.88，\phi=2.5)$以下，可燃混合气虽然能着火，但火焰无法传播，将导致发动机熄火，此时的混合比称为火焰传播上限。

当ϕ_a为0.8～0.9时火焰传播速度最大，此时汽油机的功率也最大，称功率混合气，但燃烧是不完全的，经济性较差。

随着混合气变稀，其燃烧速度降低，混合气的燃烧时间增长，通过燃烧室壁面的热损失增大，发动机温度升高。当混合气严重过稀时，燃烧可延续到进气过程的开始，在进气门开启时燃烧还在进行。对于气缸外部形成混合气方式的汽油机而言，火焰将传到进气管混合气的形成部位，如化油器喉管内或燃油喷射器附近等，引起进气管“回火”并产生拍击声。当混合气稀到ϕ_a为1.4 ($\alpha=20.58，\phi=0.71$)以上时，混合气虽然能着火，但火焰无法传播，将导致发动机熄火，此时的混合比称为火焰传播下限。

在ϕ_a为1.05～1.15时，火焰传播速度下降的不多，散热损失增加的也不太多，燃烧完全，因而汽油的经济性最好，称经济混合气，但此时缸内温度高且空气富裕，NO_2排放量大。

在正常工况下，电控汽油喷射式汽油机通常采用化学计量空燃比工作，电控系统根据空气流量计得到的进气量和氧传感器反馈信号大小等对喷油量进行不断的修正，使发动机的混合气接近化学计量空燃比。在怠速、全负荷等工况下则增加喷油量，供给较浓混合气，冷起动时供给更浓混合气。

6.2　电子控制燃油喷射汽油机的燃料供给系统

6.2.1　汽油喷射系统的优势

汽油喷射系统采用大量的传感器检测汽油机运转工况，控制单元对传感器检测的进气量和运转工况等信号进行分析和处理，计算出燃烧时所需的汽油量，然后向喷油器发出指令，喷油器将一定压力的汽油喷入进气系统或气缸。

汽油喷射技术最初应用于航空发动机。早在1906年，就开始试验将汽油喷射用于二冲程和四冲程航空发动机。这一时期汽油喷射以航空为主，采用机械控制。美国采用进气管(道)喷射，德国则采用缸内直接喷射。后来，活塞式航空发动机迅速被喷气式航空发动机取代，汽油喷射由航空转入车用。到20世纪70年代，车用汽油机汽油喷射系统得到了较快发展，并逐渐发展成为电控汽油机的基本配置。20世纪90年代后，汽油喷射系统在汽油机燃油供给系统已占统治地位。

装备化油器式燃油供给系统的汽油机具备工作可靠、结构简单、使用方便和成本低廉等优点，因而在摩托车、农用机械等上仍被广泛采用。但由于这类汽油机存在排气污染多、动力性和经济性的难以提高等不足，因而现在已基本退出车用汽油机市场。

汽油喷射式汽油机能够较为准确地供给汽油机工作所需的燃油量，燃油供给系统能根据发动机工况的变化供给最佳空燃比；供入各气缸的混合气空燃比和数量均匀；进气阻力小(由于没有进气管道中狭窄的喉管)，充气性能好。这三方面的优势，使汽油喷射式汽油机具有较高的动力性、经济性、较小的振动、良好的排放性和加速性等。

6.2.2　汽油喷射系统的种类

常见的汽油喷射系统的分类方法如下。

1. 按汽油喷射系统的控制方法

(1) 机械控制式汽油喷射系统的特点是用机械式混合气调节器控制汽油机的空燃比，燃油被连续喷入进气管。进入发动机的空气量用感知板空气流量计计量，喷油量用与感知板相连的燃油控制柱塞控制，使进入空气量和喷油量成确定的比例。一汽奥迪100 2.2E型轿车，德国大众奥迪100、奥迪200以及德国奔驰230、奔驰280型等车辆的汽油机采用的就是机械控制式汽油喷射系统。

(2) 机电混合控制式汽油喷射系统的特点是在机械控制式汽油喷射系统的基础上增加了电子控制单元ECU和一些传感器。具备在暖机、加减速、全负荷等工况下对基本喷油量进行修正的功能。

(3) 电子控制式汽油喷射系统的特点是采用大量的传感器对进气歧管绝对压力、空气流量、冷却水温度、进气温度、节气门开度、发动机转速等信号进行检测。电子控制单元ECU根据进气量和发动机转速获得基本喷油脉宽和基本点火提前角，再依据各种工作参数修正基本喷油脉宽和基本点火提前角，确定最佳喷油脉宽或最佳点火提前角。另外也对怠速、废气再循环和其他系统进行控制。控制系统主要由传感器、电控单元和执行器等组成。电子控制式汽油喷射系统是现在使用最为广泛的系统。

2. 按喷射部位

1）缸外喷射

喷油器安装在进气总管或进气支管上，以0.20～0.35MPa的喷射压力将汽油喷入进气管或进气道内，成本低，工作效果好。四冲程汽油机多用此喷射系统。按喷油器安装位置可分为如下两种。

(1) 单点喷射系统SPI。如图6.3(a)所示，喷油器安装在进气总管的节气门段，通常用一个喷油器将燃油喷入进气流，形成混合气进入进气歧管，并分配到各缸。因此，单点喷射也称为节流阀体喷射装置TBI(Throttle Body Fuel Injection)、中央燃油喷射CFI(Centrol Fuel Injection)等。

(2) 多点喷射MPI或进气道喷射PFI(Port Fuel Injection)。如图6.3(b)所示，喷油器安装在进气歧管或进气道。

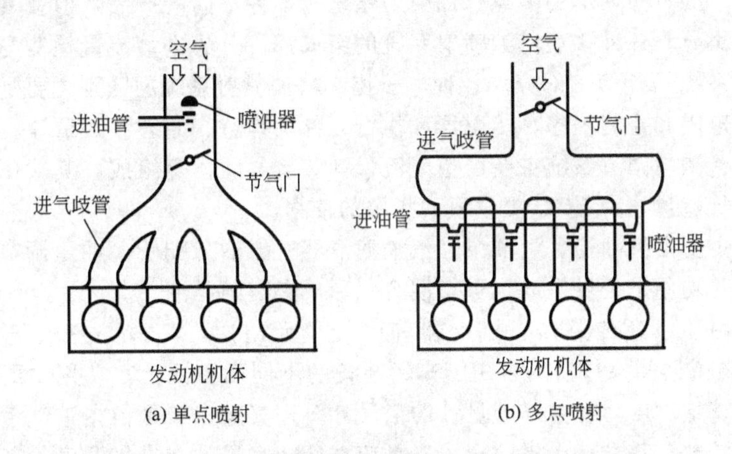

图6.3　SPI和MPI汽油机可燃混合气的形成示意图

2）缸内喷射

喷油器安装在气缸盖上，燃油被直接喷入燃烧室内，因而可实现均质燃烧、分层燃烧、弱分层等不同的燃烧方式，如图6.4所示。为了保证喷入气缸的汽油能够可靠着火和燃油的完全燃烧，GDI汽油机对燃烧室空间各点空燃比的分布必须进行精确控制，通常在火花点火时，在火花塞附近的形成易于点燃的混合气，以保证可靠点火。这种喷射系统需要较高的喷射压力，为3～5MPa，因而喷油器的结构和布置都比较复杂，目前应用较少。

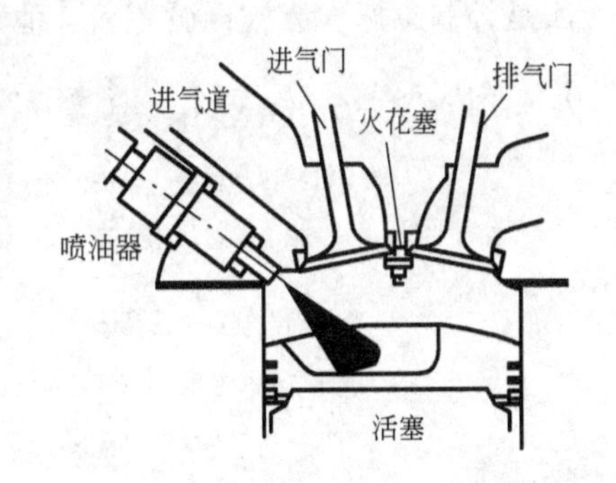

图6.4　GDI汽油机的喷油示意图

3. 按喷射连续性

1）连续喷射

在发动机工作期间，喷油器连续不断地向进气系统内喷油，这种喷射方式大多用于机械控制式、机电混合控制式和单点喷射式等汽油喷射系统。

2）间歇式喷射

在发动机工作期间，汽油被间歇地喷入进气道或缸内。电子控制的多点喷射 MPI 都采用间歇喷射方式。按各缸喷射时间间歇喷射分为如下 3 种形式。

(1) 同时喷射。电控单元发出同一个指令使各缸喷油器同时喷油的方式称为同时喷射。

(2) 分组喷射。各缸喷油器分成两组，每一组喷油器共用一根导线与电控单元连接，电控单元在不同时刻先后发出两个喷油指令，分别控制两组的喷油器交替喷射的方式称为分组喷射。

(3) 顺序喷射。电控单元根据曲轴位置传感器信号，辨别各缸的进气行程，适时发出各缸喷油指令，使喷油器按发动机各缸的工作顺序进行喷射的方式称为顺序喷射。

6.2.3　电子控制式多点汽油喷射系统

随着制造厂的不同，车用多点汽油喷射系统有多种不同的产品，但就其组成和工作原理而言却大同小异。各种多点汽油喷射系统的组成都可分为进气流量检测与调节系统、喷油系统和控制系统(ECU)三部分。各种电子控制汽油喷射系统的区别主要是电控单元的控制方式、控制范围和控制程序、传感器和执行元件的构造、原理和数量等。

进气流量检测与调节系统主要由空气流量计和节气门体等组成，其功用是计量和调节进入气缸的空气流量，为 ECU 提供喷油指令的依据。

喷油系统主要由汽油箱、汽油泵、汽油滤清器、燃油分配管、油压调节器、喷油器及油管等组成，其功用是提供发动机可燃混合气形成必需的燃油。

控制系统由一系列传感器、执行器和电控单元组成，其核心是电子控制单元，如图 6.5所示，传感器和执行器的多少随车辆装备的不同而不同。其功用主要有四方面：一是根据进气歧管绝对压力或空气流量计的信号计算进气量；二是根据进气量和发动机转速获得基本喷油脉宽和基本点火提前角；三是依据冷却水温度、进气温度、节气门开度等各种工作参数修正基本喷油脉宽和基本点火提前角，确定最佳喷油脉宽或最佳点火提前角；四是控制怠速、废气再循环和其他系统工作。

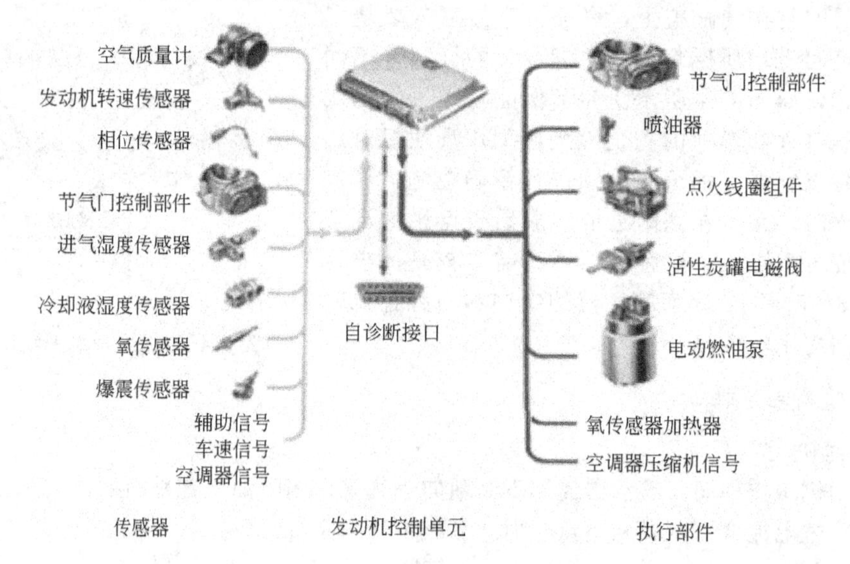

图 6.5　汽油机控制系统示例

电子控制式多点汽油喷射系统中波许(Bosch)公司的产品比较典型，波许公司设计生产的多种电子控制汽油喷射系统已被广泛地用于各国生产的汽车上。已开发的电子控制式多点汽油喷射系统有D-Jetronic系统、L型(L-Jetronic)汽油喷射系统、LH型(Motronic)汽油喷射系统和M型(Motronic)汽油喷射系统等多种。此处仅以M型(Motronic)汽油喷射系统为例，如图6.6所示，说明电子控制式多点汽油喷射系统的主要组成与工作原理。

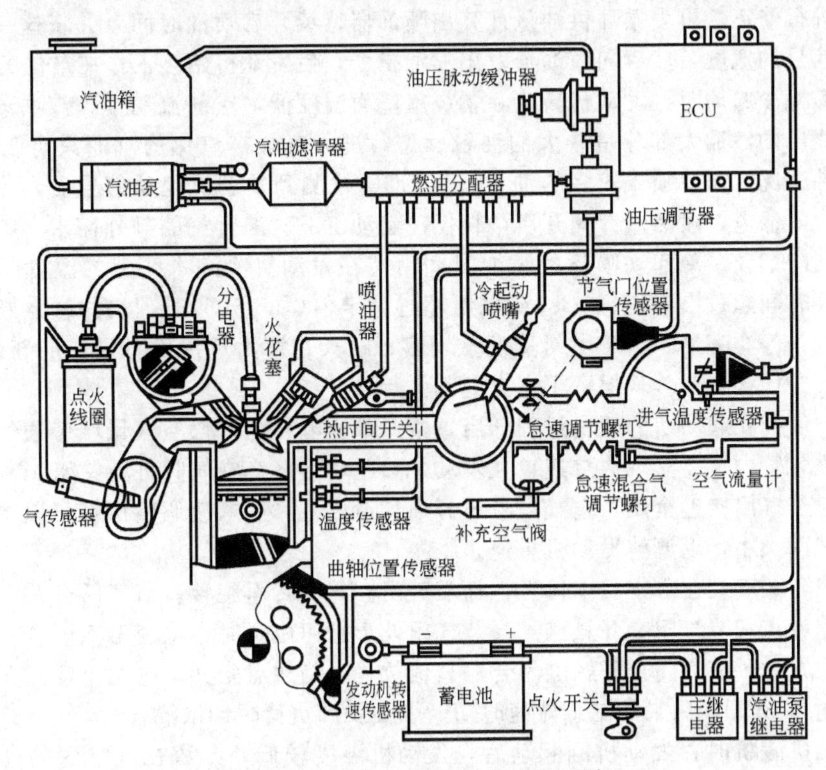

图6.6　M型(Motronic)汽油喷射系统

波许M型(Motronic)汽油喷射系统的喷油系统由汽油箱、电动汽油泵、汽油滤清器、燃油分配管、油压调节器、油压脉动缓冲器、喷油器、冷起动喷嘴和输油管等组成。进气流量检测与调节系统由翼板(阻流板)式空气流量传感器等组成。控制系统(ECU)由氧传感器、进气温度传感器、冷却液温度传感器、节气门位置传感器、负荷传感器、转速传感器、曲轴位置传感器、凸轮轴位置传感器等组成。

为了便于了解电子控制式多点汽油喷射系统的主要组成在整个发动机上的安装位置和与其他零、部件的连接关系，图中同时给出了发动机的其他部分。其特点是采用一个由大规模集成电路组成的数字式微型计算机同时对汽油喷射系统与电子点火系统进行控制，从而实现了汽油喷射与点火的最佳配合，改善了发动机的起动性、怠速稳定性、加速性、经济性和排放性。空气流量由翼板(阻流板)式传感器检测，利用温度开关实现冷起动喷油器在冷起动时加浓，利用节气门位置传感器提供负荷、加速和减速等信息，采用氧传感器检测空燃比，并反馈到ECU闭环控制，采用辅助空气阀以旁通方式提供怠速空气，怠速调节采用怠速调节螺钉调节。

工作时，油箱中的燃油被汽油泵以约0.25MPa的压力泵出，经滤清器后送至燃油分配管路，燃油分油管末端的调压器调整燃油压力，使之和进气歧管真空度保持一定的压力差，以保证电控喷油器喷油的精确度，多余的燃油经调压器从回油管返回油箱。

在常用工况下，根据空气流量计检测的发动机进气量、发动机转速及曲轴位置传感器提供的发动机转速信号和曲轴转角信号，电子控制单元ECU由从存储单元的数据中查出相对应工况下的最佳空燃比，依据进气量、转速及曲轴转角信号计算出每循环的供油量，再通过检测到的节气门位置、冷却水温、空气温度和排气中的氧含量等信号，对喷油量、喷油时间进行修正，再由循环供油量计算出喷油器持续开启喷油时间，并将这一时间值转换成脉冲信号的宽度，然后向喷油器发出喷油指令，使发动机始终工作在最佳的空燃比。

在内燃机冷起动时，发动机转速和燃烧室壁面温度低，空气流速慢，汽油蒸发和汽化条件差，喷出的汽油大部分呈较大的油粒状态，进入气缸被汽化的汽油只有1/10～1/5，因而在这种工况时需要喷入较多的油量。当ECU检测到发动机起动信号后，冷起动喷嘴内的电磁线圈通电，喷油器针阀开启，补偿冷起动工况对混合气的额外需求，喷出散状雾化燃油以利冷起动。冷起动喷嘴的喷油时间由装在发动机冷却水路上的温度时间开关控制。在喷油时间超过设定值(如8s)或水温超过设定值(如35°C)时，它的触点断开，冷起动喷嘴断电，停止喷油。由于燃料蒸发量增多，在火花塞附近提供了足够的新鲜混合气，使得实际混合比接近最佳，保证了点火起动。

补充空气阀在起动后的暖机过程开启，使一部分额外的补偿空气量经旁通气道进入节气门后的进气管内，以实现快怠速，在发动机热起动后补充空气阀自动关闭。

怠速时节气门接近全闭，空气由怠速旁通气道进入，用怠速调整螺钉可以调整怠速旁通气道的截面大小，以调整发动机怠速。

节气门开关安装在节气门本体上，随节气门轴的旋转而旋转。节气门开关一般有两个触点。怠速触点和节气门全开触点。当节气门处于怠速位置时，怠速触点闭合；当节气门处于全开位置时，节气门全开触点闭合；其他位置时刻触点张开。这两个触点开启和闭合的信号被送入ECU，用来控制急减速时切断燃油及满负荷时加浓混合气。

在发动机暖机时，发动机刚起动后，发动机温度较低，殆留在气缸内的废气相对在增多，混合气受到较大稀释，不利于缸内混合气的燃烧。为保持发动机稳定运行，ECU根据发动机冷却水温度信号、转速和节气门开度信号的变化，可增减喷油量。冷却水温度未达到预定值时，进行暖机加浓，增大喷油脉宽，当冷却水温达到规定值时，加浓停止。

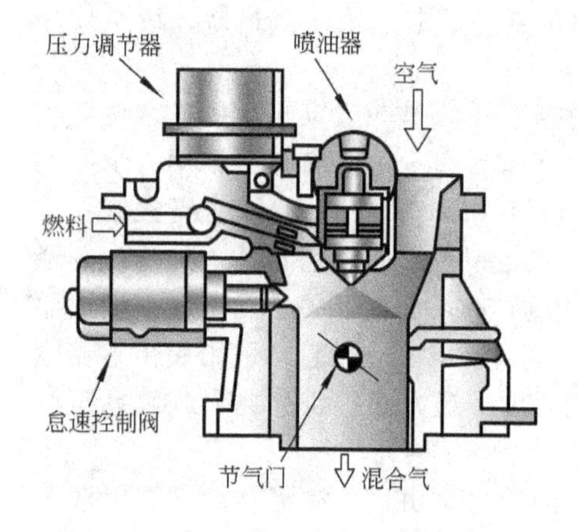

图6.7 I.A.W.6F型单点电喷系统的组成

6.2.4 电子控制式单点汽油喷射系统

电子控制式单点汽油喷射系统的最大特点是用如图6.7所示的汽油喷射装置替代了化油器。为了较为准确的控制喷油量和实现稳定的怠速，汽油喷射装置通常带有压力调节器和怠速控制阀等。下面以奇瑞轿车的CAC480M发动机采用的意大利玛瑞利(MARELI)公司生产的I.A.W.6F型单点电喷系统为例给予说明。I.A.W.6F型单点电喷系统的组成如图6.7所示，零部件的位置如图6.8所示。该系统能够实现怠速、燃油喷射和无分电器点火3种控制。

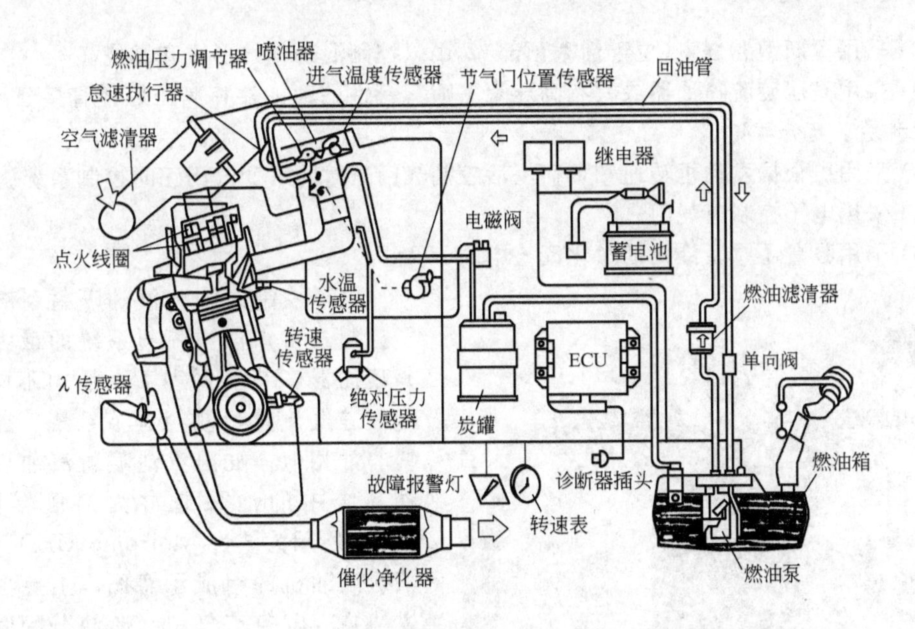

图 6.8　I. A. W. 6F 型单点电喷系统零部件的位置

燃油系统主要由燃油箱、燃油泵、燃油滤清器、燃油压力调节器、喷油器、供油管、回油管及单向阀等组成，喷油器、燃油压力调节器及供油管等均装在节气门体的上部。电动燃油泵将燃油箱泵入供油管，经燃油滤清器滤清后进入喷油器，进入喷油器的汽油压力大约为 100kPa。ECU 根据接收氧传感器、转速/上止点传感器、进气温度传感器、绝对压力传感器等输入信号和内部预设程序，来控制执行器，从而实现对怠速、喷油以及点火的控制。喷油器根据 ECU 提供的控制信号，向进气管喷射定量的汽油。点火系统属于无分电器(静电)的形式，利用两个高压点火线圈感应放电进行点火。怠速稳定是通过怠速执行器调整空气旁路系统来实现的。

6.2.5　电子控制式缸内汽油喷射系统

缸内汽油喷射系统也称缸内直喷系统。缸内直喷系统的优势主要有三方面：一是缸内汽油喷射系统发动机可以采用分层燃烧，使用更稀的混合气，具有明显的低油耗优势；二是直接喷入缸内燃料的蒸发使缸内空气温度下降，有利于抗爆性的提高及充气效率的改善；三是没有多点喷射所造成的进气道燃料粘附，工况过渡反应性能良好，即使冷机时 HC 排放性能也良好。

缸内直接喷射需要克服的主要技术障碍有如下 5 点。第一在所有工况下分层燃烧的混合气控制困难；第二是在大负荷时，容易产生碳烟；第三是在分层燃烧区域 NO_x 排放高；第四是喷油器上易有沉积物，气缸壁面的润滑油会被稀释；第五是发动机结构复杂化，成本增大。

此处以丰田公司 1996 年推出的 D－4 四缸缸内直喷式发动机为例说明缸内直喷系统采取的主要技术措施，常见的主要措施可归纳为 6 个方面。

(1) 用具有空气涡流控制阀的单边螺旋进气道控制气缸内的涡流强度，气道有涡流控制阀、直进气道和用于产生涡流的弯曲进气道组成，以配合改善燃烧所需的气流要求。

(2) 采用了新型燃烧室(位于活塞顶部)，用以控制混合气的形成和燃烧。

(3) 采用高压旋流喷油器或具有高压扁平喷雾特性的喷油器将高压燃料直接喷入燃烧室使燃料易于充分雾化。

(4) 采用可根据发动机转速和负荷灵活控制气门正时的可变气门正时控制系统。

(5) 采用电子控制节气门。

(6) 采用吸藏还原型催化剂净化废气中的NO。

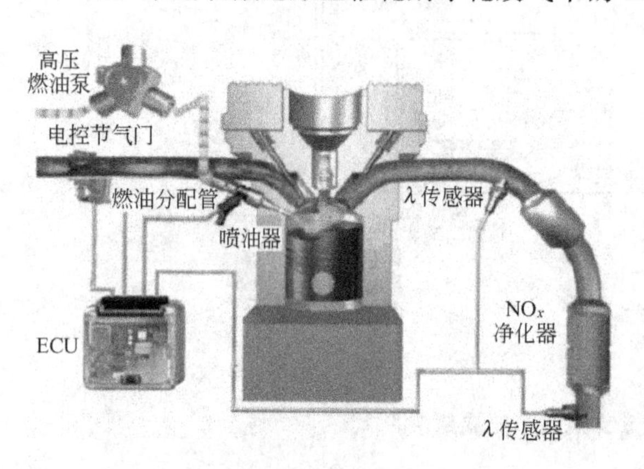

图 6.9 波许 Motronic MED 7 缸内喷射汽油机的组成示意图

电子控制式缸内汽油喷射系统与电子控制式多点汽油喷射系统的最大区别是喷油器安装位置和喷油压力不同。两者的进气流量检测与调节系统、控制系统非常相似；缸内汽油喷射汽油机的喷油系统中的油泵通常为高压燃油泵。图 6.9所示为波许 Motronic MED 7 缸内喷射汽油机的组成示意图，主要由高压燃油泵、电控节气门、燃油分配管、喷油器等组成。该系统的有两个显著特点。一是在全负荷时均匀燃烧模式。此时，燃油喷射与进气同步，燃油在进气和压缩过程得到完全雾化，混合气均匀地充满燃烧室，点火后混合气可以得到充分燃烧。在均匀燃烧模式工作时，混合气的空燃比为理论空燃比。由于燃油在缸内蒸发使混合汽降温，产生爆震的倾向大为减少，故可采用高压缩比，同时获得高的动力输出和低的燃油消耗率。二是在部分负荷时采用分层燃烧模式，此时，可燃混合物分布在火花塞周围，即空燃比是 14.7∶1 的混合气集中在火花塞周围，在燃烧室的其他部分则是纯空气。混合气层的大小范围精确地反映了瞬时发动机动力的需求。在分层燃烧时，直到压缩行程时才喷射燃油，油雾直接进入燃烧室中的空气，而喷油就发生在点火前瞬间。分层燃烧时 lambda 值达到 4。由于在燃烧时空气层隔绝了热传递，减少了热量向气缸壁的传递，发动机热量损失减少，发动机热效率提高。

6.3 汽油机燃料供给系统的主要部件

6.3.1 进气流量检测与控制装置

1. 进气流量检测装置

进气流量检测装置的功用是测量进入发动机的空气流量，并将测量的结果转换为电信号传输给电控单元。空气流量计是电控燃油喷射汽油机的必备装置之一，其测量精度直接影响混合气空燃比的控制精度。常见的空气流量计有翼片式、热线式、热膜式和卡门涡旋式等，为了提高进气流量的检测精度，还需要对进气温度、压力和湿度等进行检测，以修正空气流量计的测量结果。

1）翼片式空气流量计

翼片式空气流量计的构造如图 6.10 所示，主要由空气流量计壳体、翼片、缓冲片、销轴、空气主流道和旁通空气道、缓冲室、卷簧和电位计等组成。销轴与翼片和缓冲片一起转动，在销轴的一端装有电位计，其作用是将翼片转动的角度转换为电信号。缓冲片随翼片一起转动，缓冲室内的空气对缓冲片的阻尼作用可避免在进气量急剧变化时，翼片发生振摆和保证翼片偏转时动作平稳。

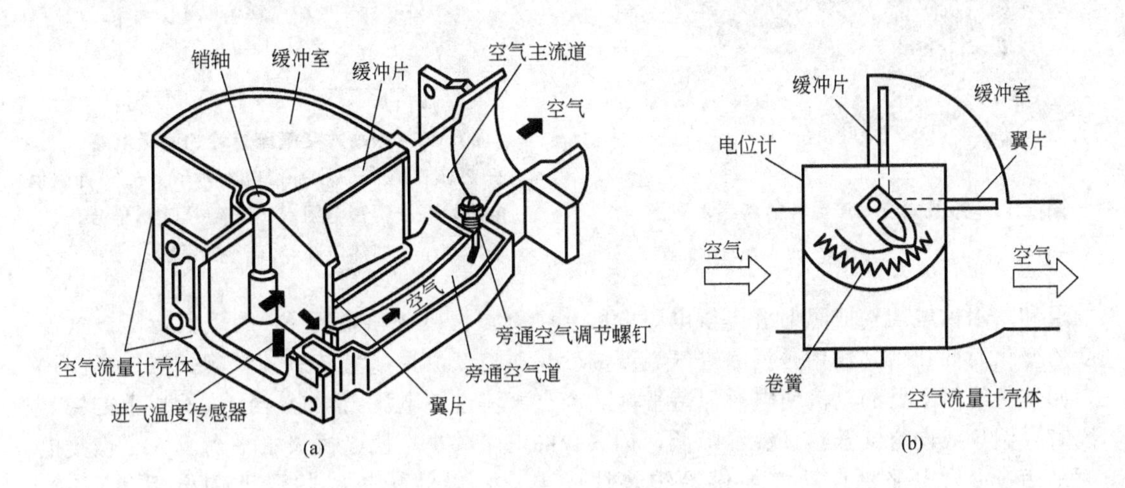

图 6.10　翼片式空气流量计的构造

旁通空气道用于满足怠速时混合气的需求，怠速时旁通空气量的大小，可通过空气调节螺钉调节，旋出调节螺钉，旁通空气量增加，流经主流道的空气量减少，喷油量相应减少，使怠速混合气变稀；反之也是。发动机怠速工作时，节气门接近关闭，只有少量空气进入发动机。

当发动机工作时，流过主流道的空气克服卷簧的弹力使翼片打开，翼片带动缓冲片和电位计一起旋转，电位计便产生一个与翼片偏转角度大小相对应的电压信号并发送给电控单元。吸入的空气量越多，空气推动翼片偏转的角度也就越大，电位计则输出电压信号越强；反之也是。电控单元根据电位计输出电压信号的大小向喷油器输出相应脉冲宽度的电脉冲。

翼片式空气流量计的优点是工作可靠，但增加了的进气阻力，使换气损失增大。另外，翼片、缓冲片和销轴等运动件容易磨损。

2）热线式空气流量计

热线式空气流量计的构造示意图如图 6.11 所示，主要由金属防护网、测试管、铂热线、温度补偿电阻、控制电路板、电源插座和壳体等组成。金属防护网用卡环固定在壳体上，测试管被置于空气流道的中央。70μm 的铂金属丝固定在测试管内的支承环上。在支承环前端装有铂薄膜温度补偿电阻，支承环后端粘结有精密电阻，而在控制电路板上则装有高阻值电阻。

热线式空气流量计的测量电路如图 6.12 所示，由铂热线电阻、温度补偿电阻、精密

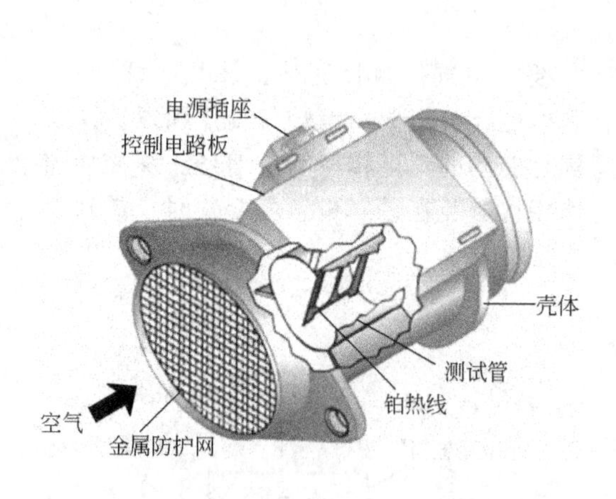

图 6.11　热线式空气流量计的构造示意图

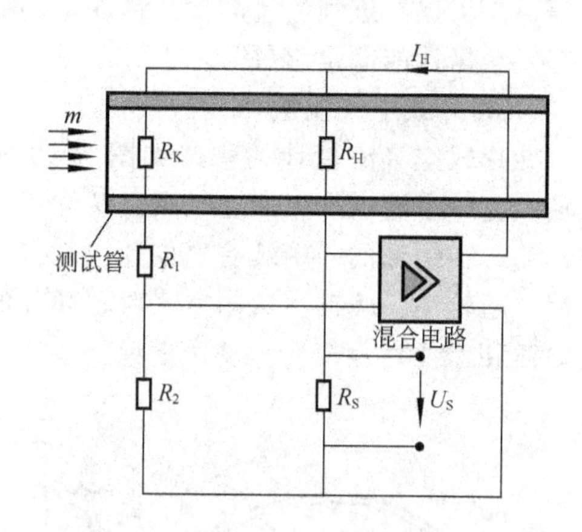

图 6.12　热线式空气流量计的测量电路

R_H—铂热线；R_K—温度补偿电阻；R_1、R_2—高阻值电阻；R_S—精密电阻；U_S—电压输出信号；I_H—加热电流；m—空气流量

电阻和高阻值电阻构成惠斯登电桥电路中的 4 个臂。温度补偿电阻 R_K 的阻值也随进气温度的变化而变化，其作用是消除进气温度的变化对空气流量测量结果的影响；混合电路用来调节供给 4 个臂的电流使电桥保持平衡。当空气流过被电流 I_H 加热至 100℃以上的铂热线时，铂热线向空气散热，温度降低，铂热线的电阻减小，使电桥失去平衡。为了恢复电桥平衡，混合电路将自动增加供给铂热线的电流，以使铂热线的温度和电阻值不变。显然，流过铂热线的空气流量越大，混合电路供给铂热线的加热电流也越大，加热电流的大小即代表了空气流量的大小。加热电流通过精密电阻 R_S 产生的电压降 U_S 作为电压输出信号传输给电控单元，电控单元依据电压降 U_S 的大小确定进入气缸的空气流量。

热线式空气流量计的优点是无机械运动件，进气阻力小，反应快，测量精度高。主要不足是在使用中，铂热线表面易受空气中灰尘的污染而影响测量精度。因此，热线式空气流量计的测量系统中均有自洁电路，在发动机熄火后，将铂热线加热至 1000℃并维持 1s 时间，烧掉粘附在铂热线上的灰尘。

热膜式空气流量计的测量原理与热线式空气流量计相同，它是利用热膜与空气之间的热传递现象来测量空气流量的。铂金属热膜通常被固定在树脂薄膜上，因而用热膜代替热线可提高空气流量计的可靠性和耐用性，减少热膜粘附空气中的灰尘。

3）卡门涡流式空气流量计

卡门涡流式空气流量计是利用卡门涡流理论来测量空气流量的装置。图 6.13 所示为卡门涡流式空气流量计的组成示意图，主要由旋涡发生器、超声波发生器、超声波接收器、测试管和整流器等组成。旋涡发生器

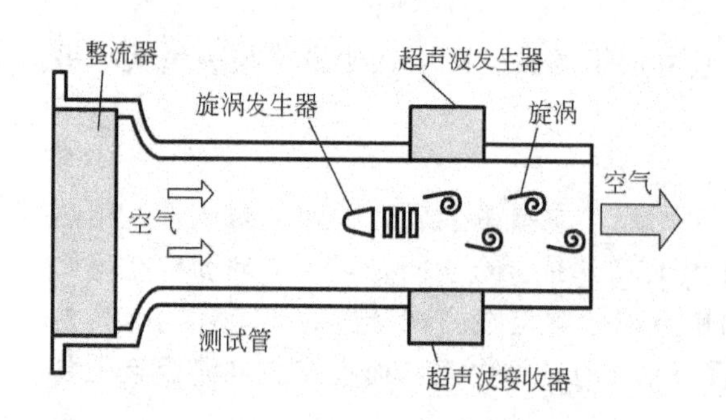

图 6.13　卡门涡流式空气流量计的组成示意图

(一个流线形或三角形的立柱)被置于流量计进气道的正中央，用于产生旋涡。整流器的作用是产生均匀的气流。

当均匀的气流流过旋涡发生器时，在下游的气流中会产生一列不对称却十分规则的空气旋涡，即卡门涡流。据卡门涡流理论，此旋涡移动的速度与空气流速成正比，在单位时间内流过旋涡发生器下游某点的旋涡数量与空气流速成正比。因此，卡门涡流式空气流量计是通过测量单位时间内流过的旋涡数量得到空气流速和流量的。

4) 膜盒式进气管压力传感器

膜盒式进气管压力传感器的功用是测量节气门后进气管内的绝对压力，进而由进气管压力的大小确定进气量的多少或修正空气流量计的测量结果。膜盒式进气管压力传感器的结构如图 6.14 所示，主要由密封的弹性金属膜盒、衔铁、感应线圈和外壳等组成。弹性金属膜盒内部保持真空，外部接进气管。当进气管压力发生变化时，膜盒的长度将缩短或伸长，并带动衔铁在感应线圈中移动，在二次感应线圈中将产生感应电压。此感应电压的数值即反应了进气管压力的大小。电控单元可根据该电压信号大小修正或确定控制喷油量。

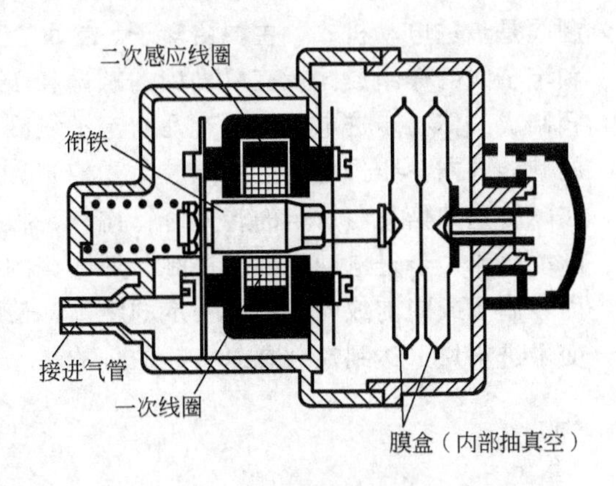

图 6.14　膜盒式进气管压力传感器的结构

5) 进气温度传感器

进气温度传感器通常安装在空气流量计上，其功用是测量进气温度，并将温度变化的信息传输给电控单元作为修正空气流量的依据之一。最常见的进气温度传感器是一个热敏电阻式，其电阻温度的构造和特性如图 6.15 所示，热敏电阻由两根引出线引出到电路接头上。半导体热敏电阻的特点是阻值随温度的增大而减小，因此可根据检测到的热敏电阻的阻值确定进气温度。

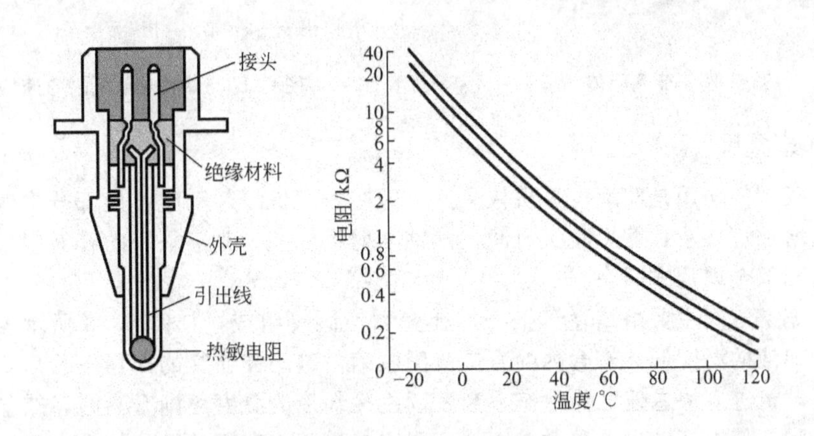

图 6.15　电阻温度的构造和特性

2. 节气门体

图 6.16 所示为节气门体，位于空气流量计后的进气管上，包括节气门、节气门位置传感器、怠速控制阀等。节气门控制汽油机进气量的多少，进而控制负荷大小。

3. 怠速控制阀

怠速控制阀的功用是自动调节发动机的怠速转速，使发动机在设定的怠速转速下稳定运转。怠速控制阀通常安装在汽油喷射系统的节气门体，如图 6.17 所示。常见的怠速控制阀是步进电动机式，主要由转子、锥面控制阀(阀门)、阀座、螺杆(阀杆上部)、限位销和定子线圈等组成。螺旋机构中的螺母和步进电动机的转子制成一体，而螺杆和锥面控制阀制成一体。步进电动机中有几组定子线圈，改变定子线圈的通电顺序，可以改变电动机的旋转方向。步进电动机由电控单元控制。电控单元把从发动机转速传感器获得的发动机实际转速的信息与设定的转速进行比较，根据两者偏差的大小向定子线圈输出不同的控制脉冲电流。步进电动机根据控制脉冲电流的大小正转或反转一定的角度，并驱动螺杆和锥面控制阀或向前或向后移动一定的距离，使旁通空气道的通过断面或减小或增大，从而改变了进气量，达到控制怠速转速的目的。

图 6.16　节气门体

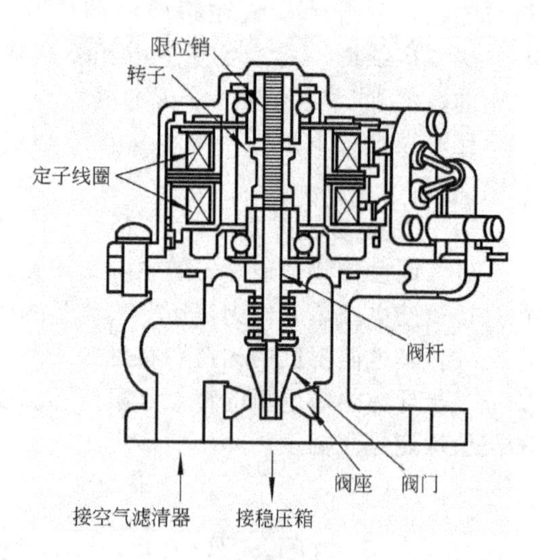

图 6.17　步进电动机式怠速控制阀

4. 补充空气阀

补充空气阀的功用是实现发动机快怠速，即在发动机冷起动时，使部分空气经补充空气阀进入以增加进气量，缩短暖机时间。汽油喷射系统较为普遍采用的补充空气阀有蜡式补充空气阀和双金属片式两类。

蜡式补充空气阀主要由蜡盒、推杆、弹簧和锥阀等组成，如图 6.18 所示。发动机冷起动时，冷却液的温度低，蜡盒内的石蜡凝固收缩，锥阀在弹簧的作用下开启，打开旁通空气道，发动机进入快怠速工作状态。当发动机冷却液的温度逐渐升高时，蜡盒内的石蜡受热熔化膨胀，使推杆伸出，推动锥阀将旁通空气道关小直至关闭，使发动机逐渐进入正常怠速工作状态。

双金属片式补充空气阀主要由双金属片、弹簧、阀片、销轴和限位块等组成，如图

6.19所示。发动机冷起动时，阀片上的孔将补充空气道的进、出口连通，补充空气进入发动机，增高怠速转速。随着发动机的运行，电流流过电热丝，使双金属片受热弯曲，在弹簧的作用下，阀片逐渐将补充空气道的进、出口遮断，补充空气量逐渐减少直至为零，发动机也逐渐恢复到正常怠速状态。

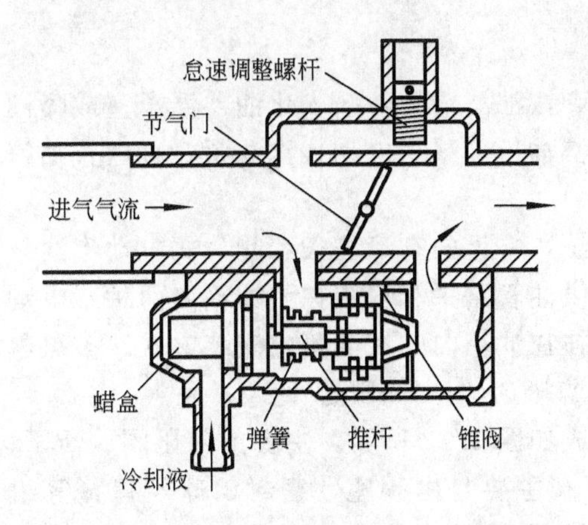

图6.18　蜡式补充空气阀的组成

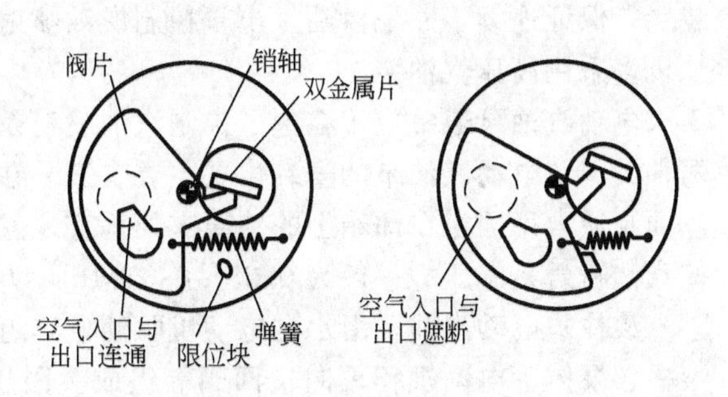

图6.19　双金属片式补充空气阀

5. 节气门位置传感器

节气门位置传感器安装在节气门轴上，与节气门联动，其功用是将节气门的位置或开度转换成电信号作为电控单元判定发动机运行工况的依据。

节气门位置传感器有开关型和线性输出型两种。开关型节气门位置传感器如图6.20所示，由怠速触点、全负荷触点、接触凸轮、节气门轴外壳等组成。接触凸轮与节气门同轴，与节气门一起转动。当发动机在怠速工作时，节气门接近关闭，接触凸轮使怠速触点接合，怠速触点闭合的信号被送入电控单元，将使喷油器增加喷油量以加浓混合气。在全负荷时，节气门全开，接触凸轮与全负荷触点接合，全负荷触点闭合的信号被送入电控单元，电控单元发出全负荷加浓指令。

线性输出型节气门位置传感器的原理如图6.21所示，其实质是一个滑动触点由节气门轴带动的线性电位计。当节气门开度不同时，滑动触点与滑动电阻的接触位置不同，电位计输出的电压也不同。电位计输出的电压与节气门的各个开度一一对应。于是，由全闭

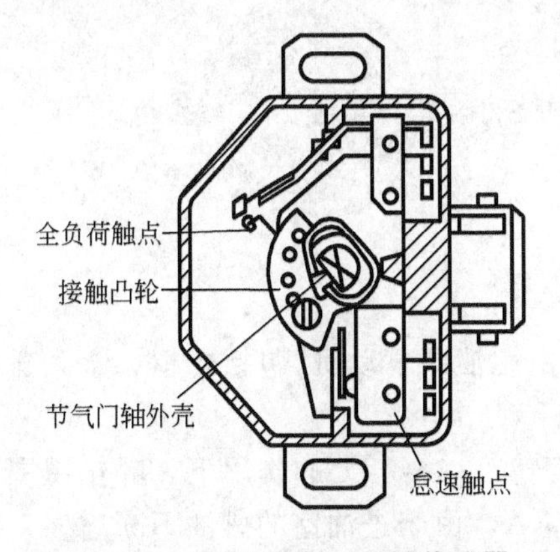

图6.20　开关型节气门位置传感器

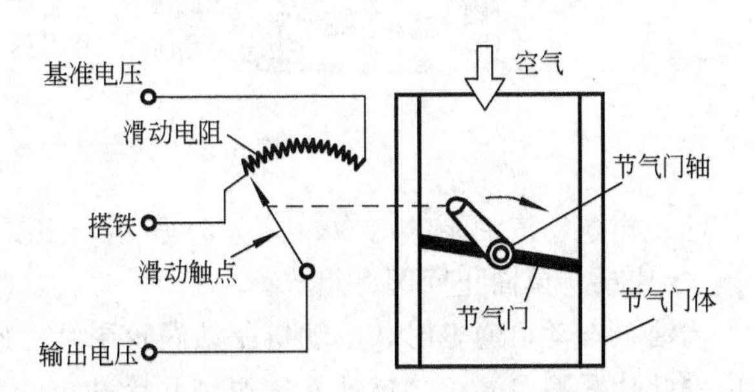

图6.21　线性输出型节气门位置传感器的原理

到全开的各个节气门位置被转换为大小不等的电压信号传输给电控单元，用以精确地判定发动机的运行工况。

6.3.2 燃油供给装置

1. 汽油泵

汽油泵的功用是将汽油从油箱吸出，经管路和汽油滤清器，泵入化油器浮子室或喷油装置，保证连续不断地供油。电子控制燃油喷射汽油机多采用电动式汽油泵，缸内直喷汽油机多采用高压汽油泵。

电动汽油泵通常应用在电子控制汽油喷射系统，常见的有滚柱式和叶片式电动汽油泵两种类型。电动汽油泵的安装位置主要有安装在供油管路中和安装在汽油箱内两种。电动汽油泵通常用固定在油箱上的油泵支架垂直地悬挂在油箱内的汽油箱内安装方式。多点电控汽油喷射系统压力一般为0.25～0.35MPa；单点喷射为0.1MPa。

滚柱式电动汽油泵由永磁电动机驱动，其组成如图6.22所示。主要由限压阀、转子、滚柱、泵体、电动机和单向止回阀等组成。限压阀主要是由阀座、密封钢球及弹簧等组成，当燃油压力大于允许值限(如0.45MPa)，限压阀开启泄压，从而避免当管路堵塞时压力过高而造成油管破裂或泵体损坏等现象。当电动机带动转子旋转时，位于转子槽内的滚柱在离心力的作用下，紧压在泵体内表面上，对周围起密封作用，在相邻两个滚柱之间形成工作腔。在燃油泵运转过程中，工作腔转过出油口后，其容积不断增大，形成一定的真空度，当转到与进油口连通时，将燃油吸入；而吸满燃油的工作腔转过进油口后，容积不断减小，使燃油压力提高，受压燃油流过电动机，从出油口输出。当发动机停机时，止回阀关闭，防止管路中的汽油倒流回汽油箱。此时，安装在燃油分配管上的油压力调节器也会切断回油管路，从而保持管路一定的残余压力，以利于发动机下次起动。尤其是遇高温情况时，燃油易汽化，燃油泵及喷油器工作性能下降，发动机热起动困难。止回阀的设置，可以保持管路具有一定的剩余压力，减少气阻现象，使发动机高温起动容易。滚柱式电动汽油泵运转时噪声大，油压脉动也大，而且泵体内表面和转子容易磨损。

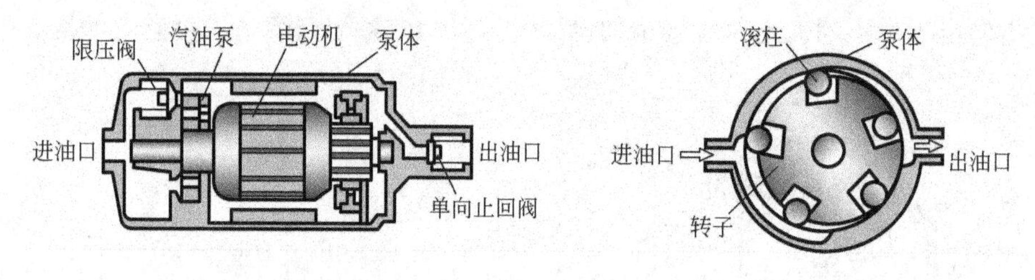

图6.22 滚柱式电动汽油泵

叶片式电动汽油泵的结构如图6.23所示，主要由燃油泵电动机(包括电枢、永久磁铁等)、叶片泵、单向止回阀等组成。

当油泵电动机通电时，电动机驱动涡轮泵叶片旋转，在离心力的作用下，叶轮周围小槽内的叶片紧贴泵壳，将燃油从进油室B带往出油室A。由于进油室的燃油不断增多，形成一定的真空度，将燃油从进油口吸入；而出油室燃油不断增多，燃油压力升高，当达到一定值时，顶开出油阀从出油口输出。单向止回阀在油泵不工作时阻止燃油流回油箱，保持油路中有一定的压力，便于下次起动。

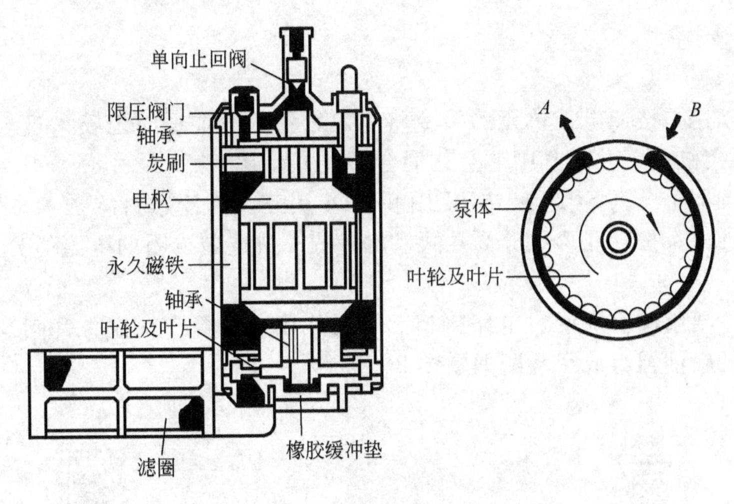

图 6.23　叶片式电动汽油泵的结构

直喷式汽油发动机采用喷油嘴直接将汽油喷往气缸内，由于燃油与空气混合时间远小于传统的化油器汽油机，为了快速形成可燃混合气，一般采用较高压力喷射燃油，如在奔驰 C200 CGI 发动机上采用的燃油压力为 5～12MPa，因而必须采用高压汽油泵。高压油泵一般由进气凸轮轴驱动，燃油轨道中的油压由发动机电脑调节。图 6.24 所示为 Bosch 公司开发的高压汽油泵的外形照片。

2. 燃油分配管

燃油分配管的功用是将汽油均匀、等压地输送给各缸喷油器；储油蓄压、减缓油压脉动。燃油分配管安装于发动机进气管上方，它将汽油分配给每个喷嘴，并起到固定喷嘴、固定油压调节器的作用。在燃油分配管上面安装有喷油器、压力传感器、油压调节器、压力控制阀、进油管和回油管等。燃油分配管与喷油器等的连接示意图如图 6.25 所示。

6.24　Bosch 公司开发的高压汽油泵

图 6.25　燃油分配管与喷油器等的连接关系示意图

燃油分配管通常位于发动机机舱上部，环境温度较高，这样使管中汽油容易挥发。汽油泵的供油量通常远大于发动机的最大耗油量，剩余的汽油将通过油压调节器返回油箱。

进油管及分配管中的汽油不断地流动，带走了分配管及进油管的热量，起到冷却作用；大量汽油返回油箱，也带走了分配管、进油管中的汽油蒸汽，可以防止气阻，提高发动机的热起动性能。

3. 喷油器

喷油器的功用是按照电控单元的指令将一定数量的汽油适时地喷入进气系统(进气管内或进气道)或气缸内，并与其中的空气混合形成可燃混合气。

按用途喷油器可分为SPI用、MPI用和GDI用三类；按燃料的送入位置分为上部进油式和下部进油式；按喷孔形状分为孔式和轴针式；按电磁线圈的电阻值分为低阻式和高阻式。

喷油器的主要组成有滤网、电路接口、电磁线圈、弹簧、衔铁、针阀及喷油器体等。孔式和轴针式的喷油器组成示意图如图6.26所示。

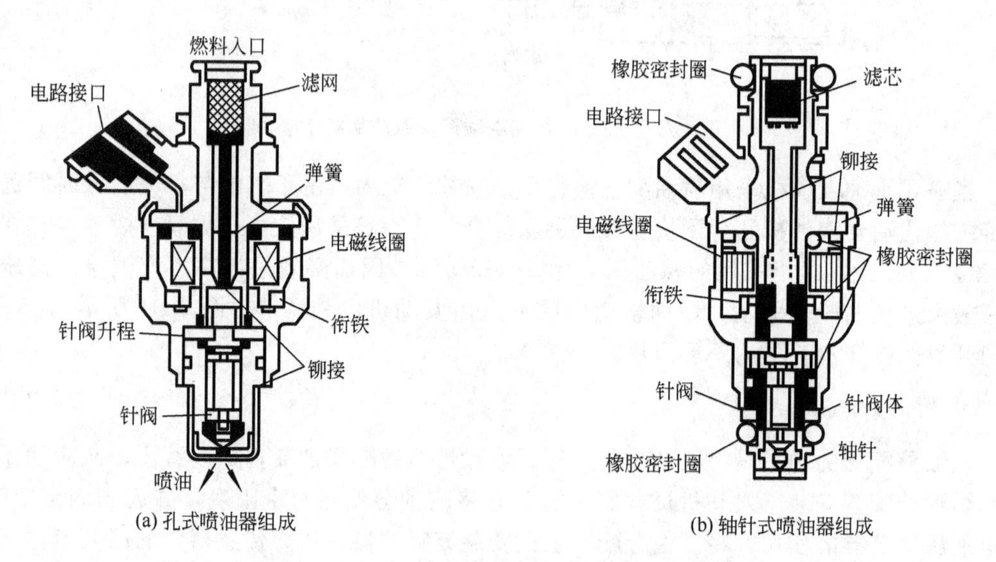

图6.26　孔式和轴针式的喷油器组成示意图

当电磁线圈通电时，电磁线圈产生的磁场将吸引衔铁带动针阀移动，使针阀离开阀座，燃油在压力的作用下经过开启的针阀喷出；当电磁线圈断电时，电磁线圈对衔铁的吸力消失，衔铁在复位弹簧的作用下带动针阀落座，停止喷油。在针阀升程、喷口面积和喷口内外压差一定的条件下，喷油器的喷油量仅由电磁线圈的通电时间确定，因此电磁喷油器的喷油量一般采用控制通电时间的方法控制。

当电压脉冲加在电磁线圈上以后，针阀必须经过一定的时间之后才能达到最大升程；当电压脉冲消失以后，针阀同样需要一定的时间之后才能完全关闭。最小喷油脉宽必须大于从线圈电磁电路开始通电起直到针阀完全打开所用的时间(2ms左右)，否则喷油量是不稳定和不可重复的。电磁喷油器针阀的最小升程可小于1/10mm。电流控制的低阻型喷油器的开闭时间最短，具有较好的响应特性。

4. 油压调节器

油压调节器装在燃油分配管上，其功用是使燃油供给系统的压力与进气管压力之差即喷油压力保持恒定，缓和汽油泵供油时产生的波动和喷嘴喷油时所引起的压力波动。因为喷油器的喷油量除取决于喷油持续时间外，还与喷油压力有关。在相同的喷油持续时间内，喷油压力越大，喷油量越多；反之也是。所以只有保持喷油压力恒定不变，才能使喷油量在各种负荷下都只唯一地取决于喷油持续时间或电脉冲宽度，以实现电控单元对喷油量的精确控制。

油压调节器由弹簧、膜片、阀门、阀座和壳体等组成。当进油压力较大时，汽油推动膜片向上移动，使油压调节阀打开，汽油经回油阀门流出，油压下降。油压调节器与发动机进气管连接，当进气管中真空度较大时，汽油推动膜片也会上移，使油压调节阀打开，使汽油经回油阀门流出，油压下降；反之也是。当汽油泵停止工作时，油压下降，在弹簧力作用下，调压器阀门关闭，使汽油泵止回阀与调压器阀门之间的油路内保持一定的残余压力。

通过上述油压及真空的共同作用，使分配管中的油压和进气管中的压力两者之间的压力差保持一个常数，这样就保证了喷油量的多少只与喷嘴开启时间的长短有关，与汽油压力、进气管真空度等其他因素无关。图 6.27 所示为分配管中的油压和进气管压力差随节气门开度的变化，可见油压调节器可以将油压和进气管压力差维持在 250kPa 左右。

燃油供给系统的压力与进气管压力之差由油压调节器中的弹簧的弹力限定，调节弹簧预紧力即可改变两者的压力差，如图 6.28 所示，也就是改变喷油压力。

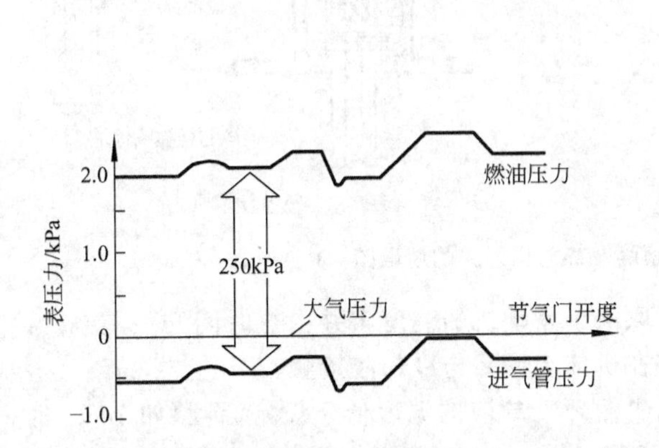

图 6.27 油压和进气管压力差随节气门开度的变化

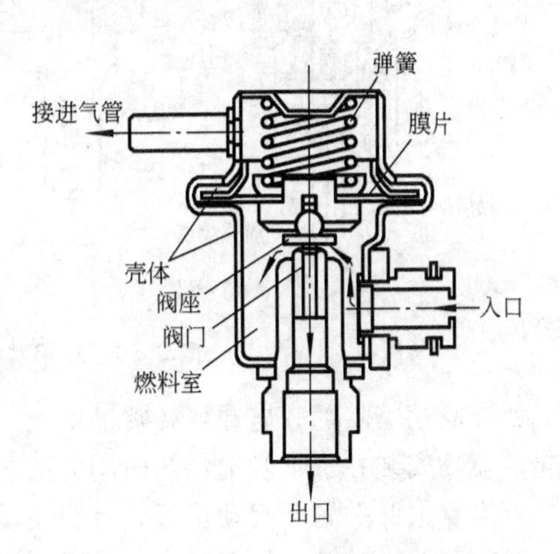

图 6.28 油压调节器结构示意图

5. 油压脉动缓冲器

当汽油泵泵油、喷油器喷射及油压调节器的回油平面阀开闭时，都将引起燃油管路中油压的脉动和脉动噪声。燃油压力脉动太大将导致油压调节器的工作失常。油压脉动缓冲器(也称脉动阻尼器)的功用就是减小燃油管路中油压的脉动和脉动噪声，并能在发动机停机后保持油路中有一定的压力，以利于发动机重新起动。油压脉动缓冲器安装在回油道或者是电动汽油泵上，油压脉动缓冲器主要由膜片、弹簧、调整螺母、壳体和进、出油口等组成，如图 6.29 所示。油压脉动缓冲器的工作原理是利用膜片和弹簧组成的缓冲系统吸收汽油的压力波，降低压力波动和噪声，提高喷油控制精度。膜片弹簧的预紧力可通过调整螺母改变。

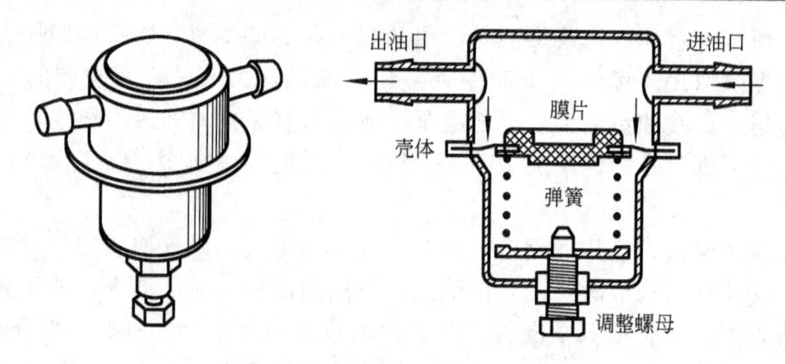

图 6.29 油压脉动缓冲器组成示意图

6. 冷起动喷嘴及热时间开关

冷起动喷嘴的功用是当发动机低温起动时，向进气管喷入一定数量的附加汽油，以加浓混合气。冷起动喷嘴也是一个电磁阀，故又称冷起动阀。冷起动喷嘴及热时间开关的原理图如图 6.30 所示。

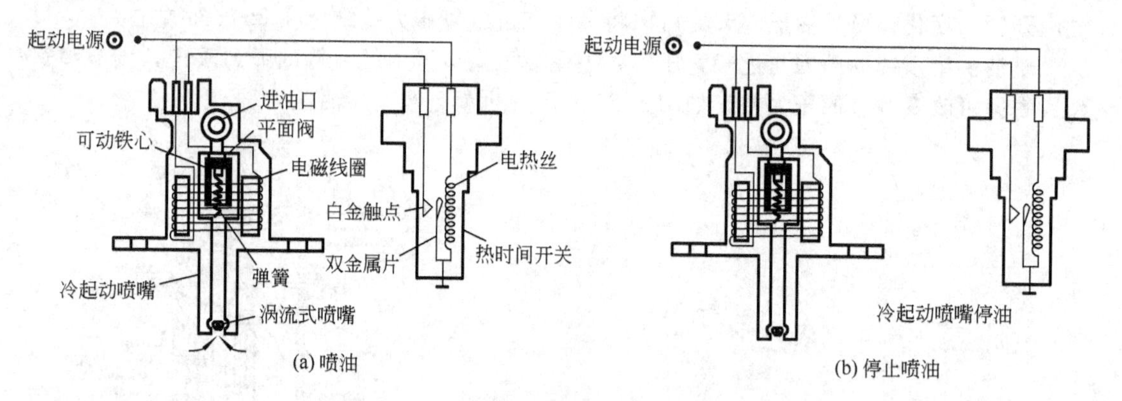

图 6.30 冷起动喷嘴及热时间开关的原理图

冷起动喷嘴的开启和持续喷油的时间取决于发动机的温度，并由热时间开关控制。冷起动喷嘴安装在进气管上，热时间开关装在机体上，并与冷却液接触。

当点火开关置于起动位置，且当发动机循环冷却液的温度低于设定温度(如 14℃)时，热时间开关中的白金触点闭合，冷起动喷嘴工作，向进气管喷入附加汽油，加浓混合气。当发动机循环冷却液的温度高于设定温度(如 25℃)时，热时间开关中双金属片弯曲、白金触点断开，停止喷油。若点火开关长时间置于起动位置或反复起动发动机时，由于热时间开关中的电热丝发热，使双金属片保持弯曲，断电触点始终断开，冷起动喷嘴不喷油。

7. 汽油箱

汽油箱的功用是储存汽油。其数目、容量、形状及安装位置均随车型而异。油箱储存的汽油量一般可供汽车行驶的里程为 300～600km。汽油箱要求密封性好；并采用带有空气和蒸汽阀的油箱盖。一般车辆一个油箱即可，军用车有两个油箱。油箱用薄钢板冲压焊接而成或用塑料制造，上部有加油管、油面指示表的传感器、出油开关。下部有放油塞，箱内有隔板以加强油箱的强度，并减轻行车时汽油的振荡。油箱是密封的箱体，为减轻汽车行驶时汽油的振荡，内部通常装有挡油板。一般在加油口安装有滤网，油箱盖上装有空气蒸汽阀，当油箱内压力过大时，汽油蒸汽可以逸出；当油箱内压力过小时，空气可进入，以保持油箱内油压正常。但对安装有排气蒸发污染物控制系统的汽车而言，当油箱内压力过大时，逸出的汽油蒸汽将被引入吸附炭罐；图 6.31 和图 6.32 所示分别为载重车和轿车用油箱组成图。

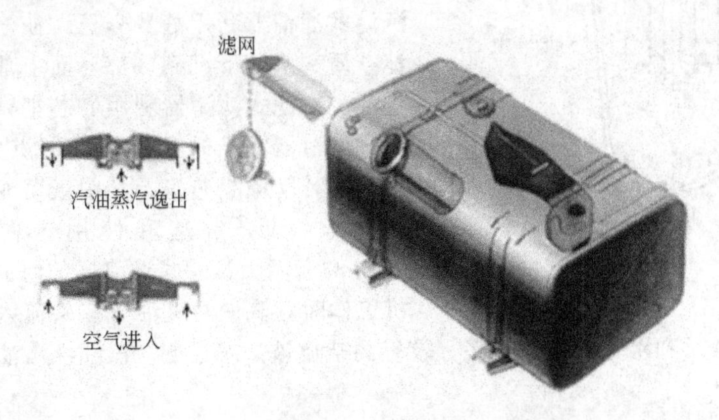

图 6.31 载重车用油箱组成示意图

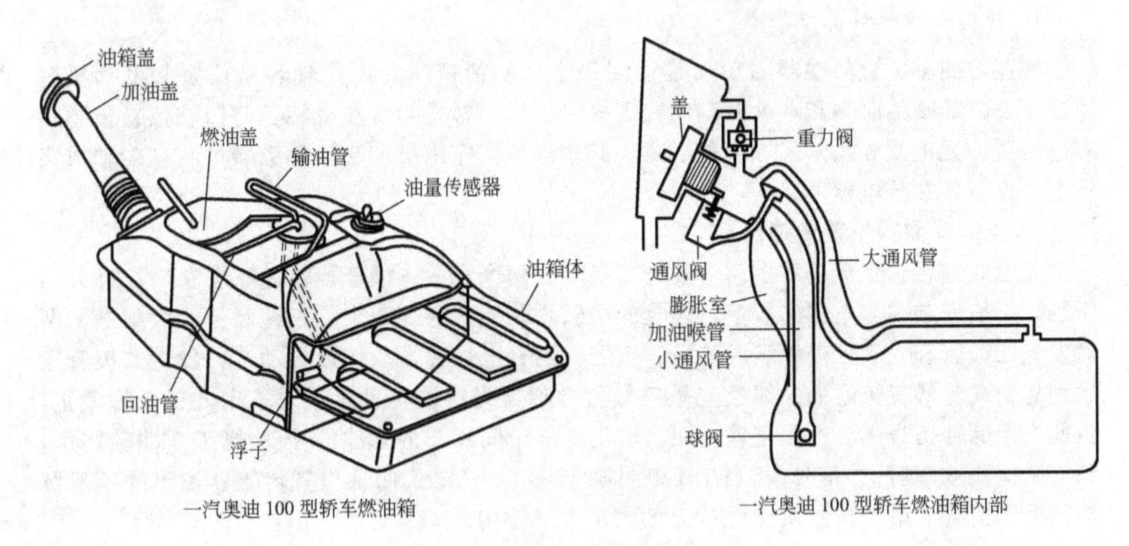

图 6.32 轿车用油箱组成示意图

8. 汽油滤清器

汽油过滤器的功用是除去汽油中的杂质和水分，防止其堵塞汽油供给系统，减小机械磨损，确保发动机稳定行驶，提高可靠性。汽油过滤器对保持汽油供给系统正常工作有重要作用。因此一般要求汽油过滤器具有过滤效率高、寿命长、压力损失小、耐压性能好、体积小和重量轻等性能。

采用膜片泵的化油器式汽油机的汽油过滤器一般安装在汽油泵的入口一侧，采用电动泵的汽油机的汽油过滤器一般安装在汽油泵的出口一侧。过滤器内部会受到 200～300kPa 的汽油压力，其耐压强度应在 500kPa 以上。汽油过滤器是一次性的，应根据车辆行驶里程，一般每行驶 40000km 更换一次。若使用的汽油杂质成分较大，则就缩短更换周期。

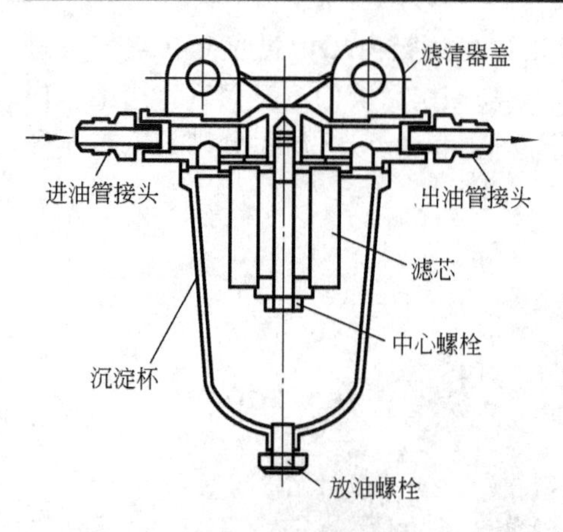

图 6.33 过滤式滤清器的组成示意图

汽油过滤器的滤芯元件一般采用滤纸叠成菊花形和盘簧形结构，如图 6.33 所示。盘簧形具有单位体积过滤面积大的特点。

常见的汽油滤清器有沉淀式和过滤式两类。沉淀式滤清器利用静置容器，使汽油经长时间沉淀杂质和水分下沉到底部，而上部得到较干净的汽油。过滤式滤清器利用滤芯把杂质过滤掉。过滤式滤清器常见的滤芯有纸质滤芯、金属片缝隙式、多孔陶瓷滤芯等。其中纸质滤芯，滤清效果好，成本低，制造和使用方便，采用最多。图 6.33所示为过滤式滤清器的组成示意图。汽油机工作时，汽油经进油管接头流入过滤器的沉淀杯中，较重的杂质和水分沉淀于杯底，较轻的杂质被滤芯过滤。汽油经出油管接头流出。

6.3.3 电子控制系统

1. 转速与曲轴位置传感器

转速与曲轴位置传感器的功用是检测每个气缸活塞所在的曲轴转角位置和发动机转速，为各缸的喷油时刻和点火时刻的确定提供依据。常见的发动机转速与曲轴位置传感器有电磁式、光电式和霍尔式等多种形式，其中电磁式应用最广泛。传感器可装在曲轴或飞轮上，也可装在分电器上。

1）光电式曲轴位置传感器

光电式曲轴位置传感器由两个发光二极管、两个光敏三极管、转盘等组成，如图 6.34 所示，一般安装在分电器底板上，转盘的边缘均匀地开有 360 个小细缝和 6 个大细缝。两对发光二极管和光敏三极管组成信号发生器。当分电器轴带动转盘转动时，发光二极管通过细缝射向光敏三极管的光线使光敏三极管导通，光线被转盘遮断时，光敏三极管截止，由此产生脉冲信号。分电器每转一圈，输出 360 个间隔 1°的脉冲信号(相当于 2°曲轴转角)和 6 个间隔 60°的脉冲信号(相当于 120°曲轴转角)。光电式曲轴位置传感器输出的矩形脉冲信号，适合于电子控制系统(ECU)的数字系统使用。

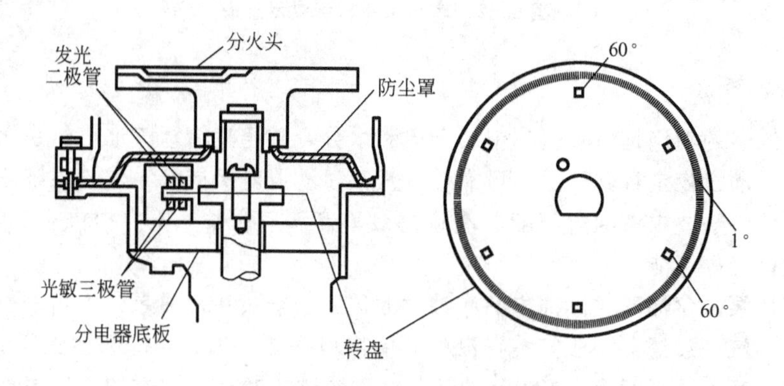

图 6.34 光电式曲轴位置传感器

2）磁脉冲式曲轴位置传感器

图 6.35 所示为磁脉冲式曲轴位置传感器原理示意图，它由安装在分电器轴上的信号齿盘(转子)和安装在发动机壳体上的感应线圈、永久磁铁等组成。永久磁铁的磁力线经转子、线圈、发动机壳体构成封闭回路。转子旋转时，转子与感应线圈间的磁隙不断发生变化，通过感应线圈的磁通不断变化，线圈中便产生感应电压，并以交流形式输出。在实用结构中，常将发动机转速和曲轴位置传感器一同装于分电器上，使用复合转子与感应线圈。

3）霍尔式曲轴位置传感器

霍尔式曲轴位置传感器由两个部件组成，如图 6.36 所示。一个部件是与分火头制成一体的定时转子即触发叶轮；另一个部件是霍尔信号发生器。触发叶轮由导磁材料制成，其上的叶片数与发动机气缸数相同，触发叶轮由分电器轴带动。霍尔信号发生器由霍尔集成电路、永久磁铁等组成，两者之间留有一个空隙，以便叶轮的叶片能在隙内转动。汽油机工作时，分电器轴带动触发叶轮旋转，当触发叶轮的叶片经过霍尔信号发生器缝隙时，霍尔信号发生器便产生一个曲轴位置信号。

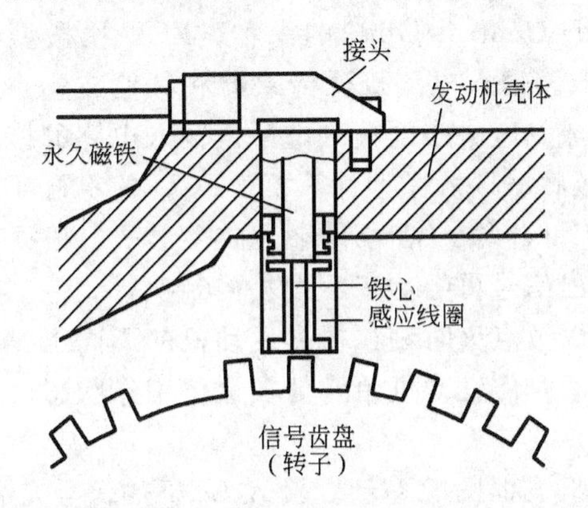

6.35　磁脉冲式曲轴位置传感器原理示意图

图 6.36　霍尔式曲轴位置传感器

2. 氧传感器

氧传感器安装在排气管内，其功用是检测排气中的氧气浓度大小，进而求出混合气的空燃比，氧传感器在电子控制燃油喷射系统中得到广泛使用。氧传感器随时把检测的氧气浓度反馈给 ECU，ECU 据此判断供给缸内混合气的空燃比是否偏离理论空燃比，一旦偏离，就调节喷油量，把缸内混合气的空燃比控制在理论空燃比附近。氧传感器的工作原理图如图 6.37 所示。

氧传感器主要由二氧化锆($ZrO_2-Y_2O_3$)固体电解质陶瓷管、护罩和电极等组成。固定电解质陶瓷管内表面与大气相通，外表面与排气相通。其内外表面都覆盖着一层多孔性的铂膜作为电极，如图 6.37 所示。氧传感器的工作原理是利用 $ZrO_2-Y_2O_3$ 管两侧存在氧浓度差产生电动势大小来检测混合气的空燃比。当 $ZrO_2-Y_2O_3$ 管两侧存在氧浓度差时，就有氧离子从其中通过，在两极之间产生电动势 E_s。氧传感器的 E_s 输出随空燃比的变化特性如图 6.38所示，在理论空燃比处有一个突变。在浓混合气的工况时，CO、HC、H_2 等排出气体中的还原成分和排气中的残存氧化成分 O_2 反应，使残存氧浓度大幅度下降(氧分压下降)，于是内、外侧大气中 O_2 的分压之比变大，使产生的电动势增大，接近 1V。在空燃比稀的状况下，正好与此相反，电动势减小，接近 0V。根据这个电动势，可方便地判断出混合气比理论混合比稀或者浓，由电子控制装置对进入气缸的混合气空燃比进行反馈控制。

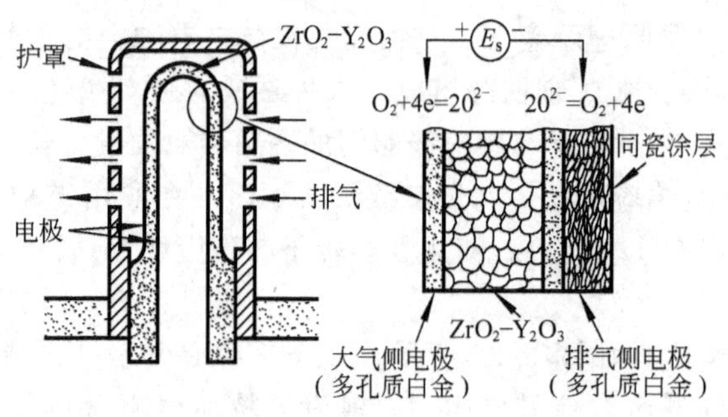

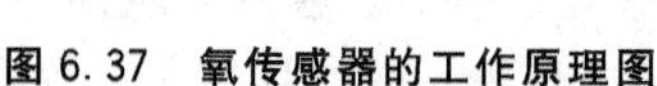
图 6.37 氧传感器的工作原理图

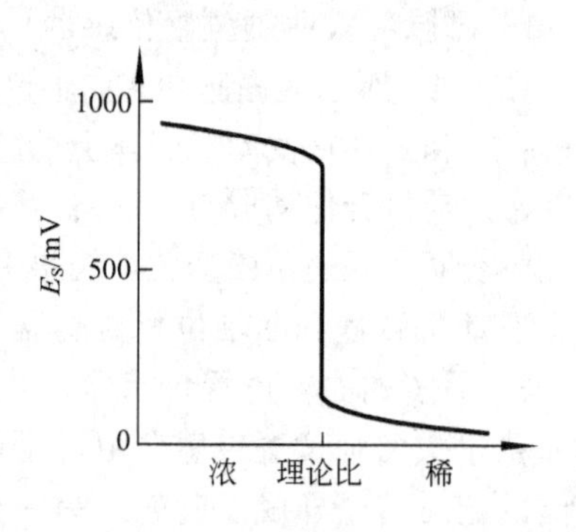

图 6.38 氧传感器输出 E_s 特性

3. 汽油喷射系统的 ECU 与发动机管理系统

1）汽油喷射系统的电控单元

电控单元 ECU 是电子控制单元(Electronic Control Unit)的简称。ECU 由微型计算机、输入/输出接口及控制电路外围电路等组成。输入电路接受传感器和其他装置输入的信号，对信号进行过滤处理和放大，然后转换成一定大小的输入电平。输入电路的模拟信号经输入电路中的模/数转换器转换为数字信号后被送入微型计算机。ECU 的主要部分是微型计算机，而核心件是微处理器(CPU)。ECU 将输入信号转化为数字形式，根据存储的参考数据进行对比加工，计算出输出值。输出信号再经功率放大去控制执行元件。电控单元的主要功用是控制燃油喷射时间和喷射量以及点火时刻，根据发动机的不同工况，向发动机提供最佳空燃比的混合气和最佳点火时间，使发动机始终处在最佳工作状态，发动机的性能(动力性、经济性、排放性)达到最佳。

图 6.39 所示为车用汽油机电子控制系统组成框图的一例。输入 ECU 的信号有模拟

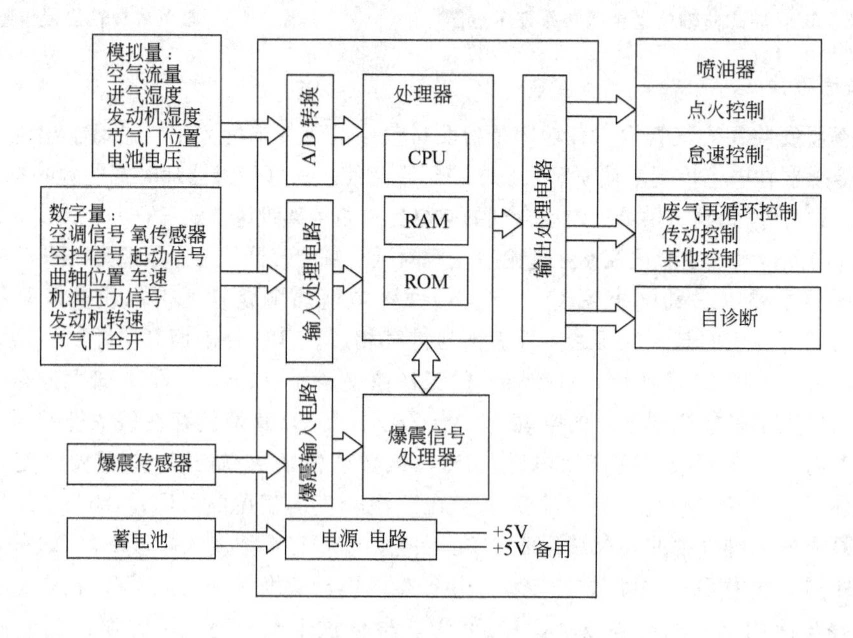

图 6.39 车用汽油机电子控制系统组成框图

量信号和数字量信号两类。模拟量信号有：空气流量、进气温度、发动机(冷却水)温度、节气门位置、电池(电源)电压等。数字量信号有：曲轴位置、发动机转速、排气中氧含量、车速、节气门全开、空挡、起动、空调、怠速、机油压力等。ECU 是根据其内存的程序和数据对上述各种传感器输入的信息进行运算、处理、判断，然后向喷油器、点火模块、活性炭罐系统、怠速控制阀、废气再循环等发出指令，向喷油器提供一定宽度的电脉冲信号以控制喷油量。ECU 组成框图虽然较为简单，实物的组成电路却非常复杂，并使用大量的电子元器件。

2) 发动机管理系统

图 6.40 所示为带 OBD－Ⅱ(On Board Diagnostic-Ⅱ)的车用汽油机的管理系统组成示意图，其复杂程度是显而易见的，主要由碳罐、截止阀、空气流量计、节气门开度控制器、诊断接口、故障显示、净化阀、空气温度传感器、怠速控制器、进气歧管传感器、排气再循环阀、压差传感器、燃油压力调节器、喷油器、燃油滤清器、油泵、压力控制器、点火线圈、爆震传感器、转速传感器、相位传感器、水温传感器 、二次空气泵、二次空气阀、氧传感器、催化净化器、车身和底盘修理提示传感器等组成。输入发动机 ECU 的信号有空气流量计、节气门开度控制器、空气温度传感器、曲轴位置传感器等。该系统可对二次空气装置、排气再循环装置、点火系统等系统进行监测，以确保汽车尾气始终满足法规。系统的特点是在位于催化器下游处安装了第二个氧传感器，可以对催化器的净化效率进行监控。为确保集炭罐的功能，系统装配了一个罐体开关阀和一个附加的油箱压力传感器，使从油箱的任何泄漏都受到监视。系统不仅可以使汽车在里程数低时满足排放法规，而且可保证汽车在整个寿命期限内不超过排放限值，这主要是通过对与排放有关的系统和部件进行监测来实现的。在使用过程中出现的所有故障可储存在中央处理器中，并通过多功能指示灯提醒司机，尽快驱车至服务站排除故障。

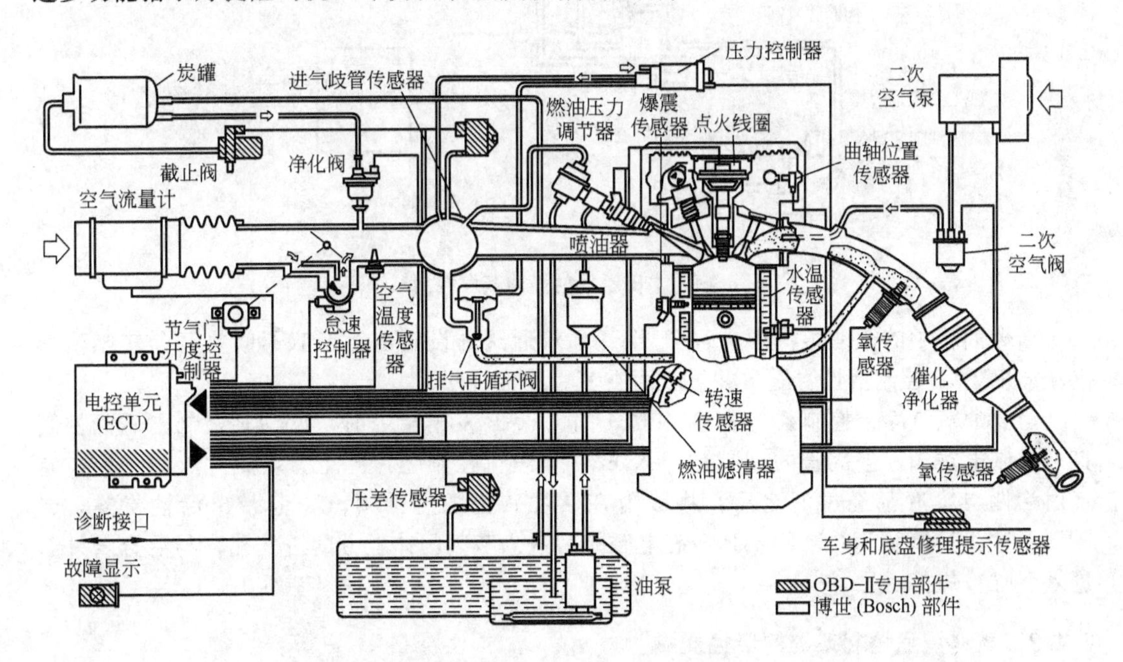

图 6.40　带 OBD－Ⅱ的发动机管理系统

从发动机管理系统的基本功能看，汽油喷射系统的电控单元完成的功能其实只是发动机管理系统的一部分。因此汽油喷射系统的电控单元的开发应与发动机管理系统的开发一起考虑。

6.4 汽油蒸发控制系统

汽油是一种易挥发的液体，当汽油机的燃油系统和大气相通时，即使在常温下，燃油也会挥发并进入大气，产生燃油蒸发排放污染物。燃油蒸发的来源为燃油箱、浮子室和进气管(或空气滤清器连通处)等处。泄入大气的燃油蒸汽既浪费燃料又污染大气环境。为此必须设法回收和再利用燃油蒸汽。燃料蒸发控制系统的功用就是减少排入大气的燃油蒸汽，并将燃油蒸汽吸附、暂时储存，最后引入燃烧室燃烧。

6.4.1 电控燃油喷射汽油机的燃料蒸发控制系统

燃料蒸发排放控制系统主要由燃油蒸气吸附系统(活性炭罐)、燃油蒸发 EVAP (Evaporative Emission)控制电磁阀、EVAP 双通阀、EVAP 净化控制膜片阀、燃油蒸气净化控制系统 ECM/PCM 等组成，如图 6.41 所示。EVAP 净化控制膜片阀受 EVAP 控制电磁阀控制。

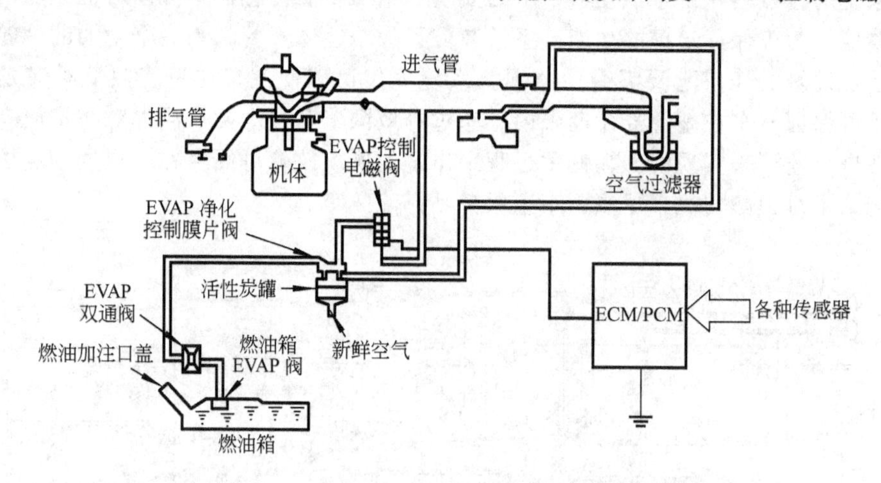

图 6.41 本田雅阁的燃油蒸发控制系统

当燃油箱中的燃油蒸汽压力高于 EVAP 双通阀的设定值时，双通阀打开，使燃油蒸汽流向 EVAP 控制活性炭罐，并被吸附在其中的活性炭上。

当燃油蒸汽净化控制系统 ECM/PCM 向 EVAP 发出指令时，EVAP 控制电磁阀控制打开控制电磁阀，进气管的真空被导入 EVAP 净化控制膜片阀上方，膜片上移开启。空气由活性炭罐底部经过滤之后，将吸附在活性碳上的燃油蒸汽一起带出活性炭罐，经 EVAP 净化控制膜片阀、EVAP 控制电磁阀后进入节气门体上方的进气孔，与混合气一起进入气缸被烧掉。

6.4.2 燃料蒸发控制系统的活性炭罐

炭罐的功用是利用活性炭的吸附能力暂时存储来自燃油系统的燃油蒸汽一种装置。活性炭是一种含碳材料制成的外观呈黑色、内部孔隙结构发达、比表面积大、吸附能力强的一类微晶质碳素材料，是一种常用的吸附剂、催化剂或催化剂载体。活性炭按原料来源可分为木质活性炭、果壳活性炭、兽骨/血活性炭、矿物原料活性炭、合成树脂活性炭、橡胶/塑料活性炭、再生活性炭等；活性炭按外观形态可分为粉状、颗粒状、不规则颗粒状、圆柱形、球形和纤维状等。

炭罐的结构有各种不同的形式。图 6.42 所示为活性碳罐的组成示意图的一例，主要由活性炭、单向阀、燃油供给系统接口、进气歧管口、环境空气入口、外壳等组成。活性炭罐有 3 个与外部相通的连接口。一个接口与燃油供给系统连接，用于将汽油蒸汽导入活性炭罐并吸附在活性碳上；第二个接口与进气歧管连接，用于将吸附在活性炭罐中的汽油蒸汽引入气缸并烧掉；第三个接口与环境空气相通，用于获取冲洗吸附在活性炭罐中的汽油蒸汽所需要的空气。

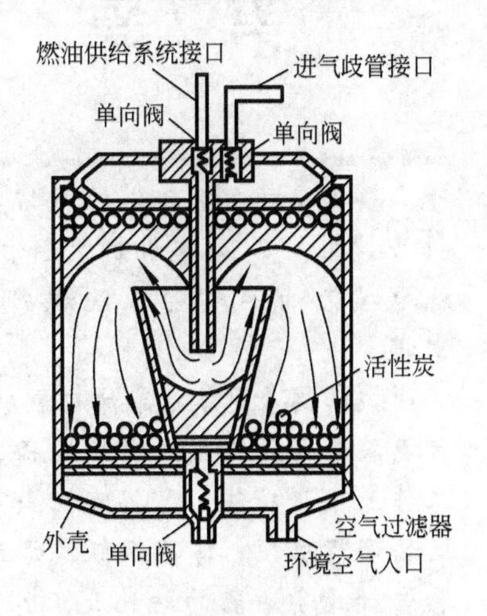

图 6.42 活性炭罐组成示意图

小 结

本章首先对了解汽油机燃料供给系统所需要的汽油的基本知识、可燃混合气的形成原理、过量空气系数的基本概念进行了简要介绍；其次对汽油机燃料供给系统的组成、功用及主要部件的结构与原理进行了较为详细论述；最后对汽油机的燃料蒸发控制系统做了简要说明。读者可根据上述三部分内容梳理本章内容。

习 题

1. 汽车发动机运行工况对混合气成分有何要求？

2. 何谓汽油的抗爆性？汽油的抗爆性用何参数评价？汽油的牌号与其抗爆性有何关系？

3. 通常用什么表示可燃混合气成分？什么是理论混合气？什么是功率混合气？什么是经济混合气？

4. 汽油喷射系统有哪些类型？

5. 简述电控单点汽油喷射汽油机燃料供给系统的组成和功用。

6. 简述电控多点汽油喷射汽油机燃料供给系统的组成和功用。

7. 简述电缸内汽油喷射汽油机的优势与不足。

8. 试比较多点与单点喷射系统的优缺点。

9. 画出电控燃油喷射汽油机的燃料蒸发控制系统组成框图，并说明关键装置的功用。

第7章　柴油机燃油供给系统

教学提示：燃料供给系统被称为柴油机的心脏，它的设计和生产是柴油机产业的关键之一。本章讲解燃料供给系统的组成、各组成部分的结构及工作原理，最后就电控柴油的喷射系统进行探讨，同学们要从宏观上对其有一个清晰的认识和掌握。

教学要求：掌握柴油机燃料供给系统的组成和功用；了解柴油的性能指标、柴油机可燃混合气的形成及燃烧过程、柴油机燃烧室的结构类型及特点；掌握低压油路部件的工作原理及功能；掌握直列式喷油泵及VE分配泵的结构、泵油原理、供油量及供油时间的调节机理；掌握两级式调速器和全程式调速器的结构及调速原理；掌握孔式喷油器和轴针式喷油器的结构及工作原理；了解电控柴油喷射系统的基本类型、结构组成及控制原理。

7.1　柴油机燃料供给系统的组成及柴油混合气

汽油机的燃料为汽油，而柴油机的燃料为柴油，因柴油与汽油的物理化学性质不同，导致了柴油机与汽油机的燃料供给系统组成在结构、着火方式、混合气形成方式等方面有很大的不同。

7.1.1　柴油机燃料供给系统的功用与组成

柴油机燃料供给系统的功用就是完成燃料的储存、滤清和输送，并根据柴油机的工作要求，定时、定量、定压地将雾化质量良好的燃料按一定的喷油规律喷入气缸内，使其与空气迅速而良好地混合和燃烧。

典型的燃料供给系统由低压油路和高压油路组成。低压油路部件包括柴油箱、柴油滤清器和输油泵等；高压油路部件包括喷油泵、高压油管、喷油器和调速器等。另外，由于燃油的雾化与混合是在柴油机燃烧室中进行的，而且燃烧室的形状对雾化性能有很大影响，因此，柴油机燃烧室也可算作燃料供给系统的一部分。

图7.1所示为直列式喷油泵的燃料供给系统，柴油被输油泵从柴油箱中吸出，通过柴油滤清器过滤掉其中的杂质，再进入喷油泵的低压油腔，低压油路的压力一般在0.15～0.30MPa之间。低压油腔的柴油经喷油泵加压，并通过高压油管输送到喷油器，由喷油器喷入燃烧室。高压油路的压力一般在10MPa以上。多余的燃油及喷油器工作间隙泄漏的极少量柴油经回油管返回柴油箱。

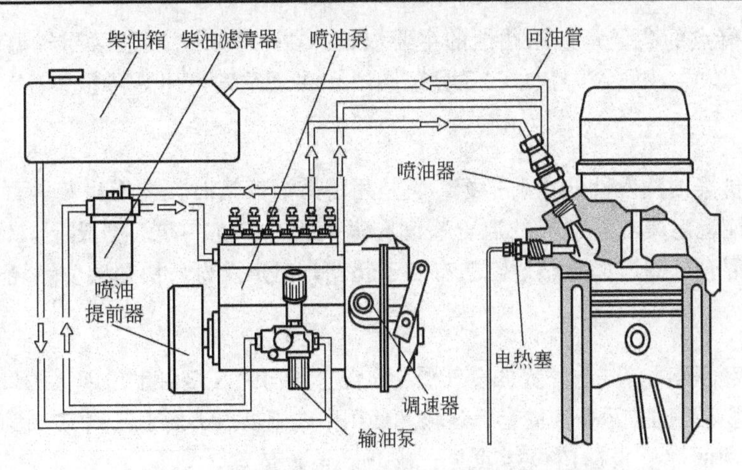

图 7.1 直列式喷油泵的燃料供给系统示意图

7.1.2 柴油

柴油根据其粘度和比重的不同，可分为轻柴油、重柴油及重油。高速柴油机多用轻柴油，中低速柴油机多用重柴油，重油一般用于大型柴油机。柴油的物理性能和化学性能对柴油机的起动运转性能以及燃料供给系统的工作和寿命都有影响，因此国家标准规定柴油有十多种性能和质量指标，以保证柴油的品质能符合柴油机的工作要求。

下面将说明柴油质量指标中几种较重要的性能指标。

1. 十六烷值

十六烷值是评价柴油自燃性的指标。十六烷值是正十六烷和 α-甲基萘混合制成的液体，其中十六烷最易自燃，规定其十六烷值为 100；而 α-甲基萘最不易自燃，其十六烷值规定为 0。当测定柴油的自燃性和配制混合液的自燃性相同时，则混合液中十六烷体积的百分数就定为该种柴油的十六烷值。十六烷值高，则自燃性好，柴油机易于起动，经济性好，工作柔和，零部件使用寿命长；反之，十六烷值低，则自燃性差，柴油机工作粗暴，零部件磨损快，经济性也差。但是十六烷值过高，则柴油在燃烧时容易裂化，造成燃烧不完全而产生游离的炭、排气冒黑烟。中高速柴油机所用柴油的十六烷值一般在 45～60 之间为好，十六烷值过高或过低的柴油都对柴油机的性能和工作不利。

2. 粘度

粘度是影响柴油雾化质量的指标。它还影响柴油的过滤性和在油道中的流动性。当柴油的粘度低时，从喷油器喷出的油容易雾化成细小的油滴，便于蒸发并与空气混合。但当粘度过低时，柴油易泄漏，使供油量不准，不易形成油膜，喷油器和喷油泵偶件磨损快。当粘度过高时，雾化后油滴的平均直径大，不便于混合气的形成，从而造成燃烧的不完全和不及时，使燃料消耗量增加，排气烟度增大。燃料的粘度是随温度而变化的，温度越高，粘度越低。

3. 凝点

凝点是评价柴油低温流动性的指标，柴油失去流动性而开始凝固的温度称为凝点。如果凝点低，则说明柴油的低温流动性好。使用凝点低的柴油，柴油机可在较低的气温下正常工作。我国以凝点作为标号，例如 0 号柴油的凝点为 0℃，－20 号柴油的凝点为

－20℃，可见凝点的高低是选用柴油的主要依据。在冬季和寒冷地区当气温较低时，宜使用牌号偏低的柴油，如－20 号、－35 号轻柴油；在夏季则可用 0 号轻柴油。

4. 馏程

馏程是评价柴油蒸发性的主要指标，它是用将燃油蒸馏时，按馏出某一百分比的温度范围来表示的。馏程对柴油与空气的混合速度有很大影响。在一定百分比下，馏出温度越低，越有利于可燃混合气的形成与燃烧，越有利于起动，但蒸发得太快则会使燃烧过程粗暴。

5. 闪点

柴油加热后，柴油蒸气与外界的空气混合，混合气与火焰接触发生闪火的最低温度称为闪点。如果闪点越高，则表示柴油储存、运输和使用中越不易着火而引起火灾，因此更为安全。

另外，柴油的评价指标还包括残炭、灰分、含硫量等。

7.1.3 可燃混合气的形成及燃烧

高压柴油经喷孔或喷油道从喷油器喷出，由于压力很高，柴油被撕碎成油束和油粒以雾状进入燃烧室，与空气接触摩擦，并发生一系列的物理变化，油束和油粒在运动中摩擦破碎并被加热、汽化，又在进气涡流的作用下，使油与空气混合，形成可燃混合气。柴油着火后，随着燃烧过程的进行，又加速了这一物理过程的变化，直至完成整个混合过程为止。

目前柴油机可燃混合气的形成方法基本上有两种。

1. 空间雾化混合

空间雾化混合是指将柴油以雾状喷向燃烧室空间中已被压缩的高温高压空气时，与空气快速混合形成混合气。为使混合均匀，要求柴油喷注与燃烧室形状相适应，并利用燃烧室中的空气运动促进混合。

2. 油膜蒸发混合

油膜蒸发混合是指将大部分柴油喷射到燃烧室壁面上形成油膜，油膜受热并在强烈的旋转气流作用下，逐渐蒸发，与空气形成比较均匀的可燃混合气。使用这种混合的柴油机工作平稳，具有高负荷时烟度小的特点，但是易造成起动困难、冷起动时排烟大、活塞热负荷高的缺陷。

柴油机燃烧过程要经过喷油、混合气形成、着火燃烧，每一步都需一定的时间，不可能瞬间完成。由于整个过程持续时间极短，也不会完成了一个过程再开始另一个过程。因此燃烧过程中喷油、混合气形成和着火燃烧是相互交错进行的。

较完善的燃烧过程应该是既避免燃烧过程粗暴，又使燃料能在上止点附近及时燃烧完毕。影响燃烧粗暴程度的主要因素是滞燃期的长短，滞燃期是指从喷油器开始喷油到气缸内开始着火燃烧这一阶段。滞燃期的长短取决于柴油的十六烷值、柴油机的压缩比和开始喷油的时刻。十六烷值高、压缩比大、开始喷油时刻适当均能缩短滞燃期。柴油能否完全燃烧主要取决于两个方面：进入气缸的空气量对燃料量的比例是否适当；燃料与空气的混合情况是否良好。理论上燃烧 1kg 柴油所需空气量为 11.2m^3，约 14.3kg。试验表明：柴油机不可能完全实现喷入的柴油同空气的均匀混合，实际柴油燃烧所供给的空气量往往大于理论上完全燃烧的所需量，即 $\phi_a>1$，以保证吸入气缸的柴油能完全燃烧。ϕ_a 反映了柴油机混合气形成和燃烧完善程度的整机性能。

7.1.4　燃烧室

柴油机燃烧室的作用是组织合理的气体流动，为燃气混合和燃烧提供场所和空间。燃烧室的结构以及它与喷油装置的匹配对于混合气的形成和燃烧有很大影响，进而影响到柴油机的动力性、经济性以及工作噪声和排气成分。燃烧室的种类很多，其形状主要是要求与喷油器喷出油束的分布区域和燃烧过程相配合。根据混合气形成的原理和燃烧室的结构特点，基本上可分为直喷式燃烧室和分隔式燃烧室两大类。直喷式又可分为开式燃烧室和半开式燃烧室；分隔式可分为涡流室燃烧室和预燃室燃烧室。

1. 直喷式燃烧室

直喷式燃烧室是由气缸盖底平面和活塞顶内的凹坑及气缸壁组成的。当采用直喷式燃烧室时，喷油器直接向燃烧室内喷射柴油，借助油束形状与燃烧室形状的合理匹配，以及空气的涡流运动，可迅速形成可燃混合气。直喷式燃烧室按燃烧室深浅可分为开式和半开式两类。

图 7.2 所示为开式燃烧室的典型结构，开式燃烧室活塞顶的凹坑极浅，其特点如下。

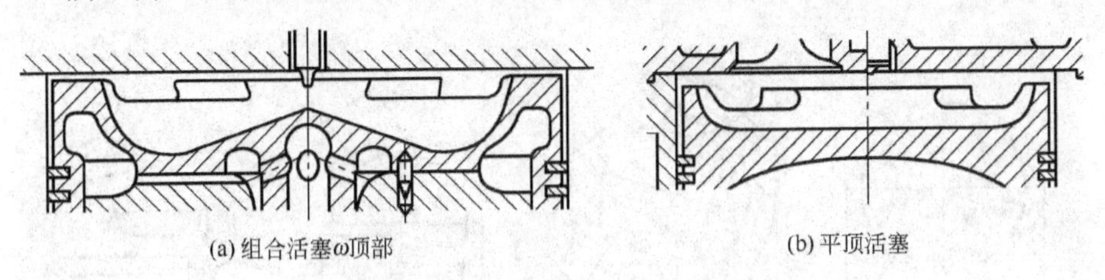

(a) 组合活塞ω顶部　　(b) 平顶活塞

图 7.2　开式燃烧室的典型结构

(1) 形状简单，结构紧凑，散热面积小，起动容易，经济性好。

(2) 一般不组织进气涡流，混合气的形成主要取决于燃油的喷雾质量。因此要求有较高的喷油压力，多孔喷射，较好的喷油质量。

(3) 着火前混合气形成数量多，一旦着火，燃烧比较粗暴，柴油机机械负荷大。

(4) 对燃油质量要求高，对转速变化比较敏感。燃油品质直接影响雾化质量；喷射压力与柴油机转速有关，当转速变化时，喷射压力变化，喷出油雾的质量也发生较大变化。

半开式燃烧室一般在活塞顶面有较深的凹坑，目的是当活塞在压缩冲程中上升时，在燃烧室内产生一定的挤压涡流以帮助空气与燃料混合，因此，半开式燃烧室中混合气的形成不单纯依靠燃油的喷雾质量，还借助于进气涡流和挤压涡流来促进混合气的形成。与开式燃烧室比较，它对燃料喷雾的要求较低，允许采用较低的喷油压力。但仍保持燃油消耗率低、起动方便等优点，并使柴油机工作比较柔和。但由于燃烧室散热面积稍大，其经济性比开式燃烧室稍差。图 7.3 所示为半开式燃烧室的典型结构。

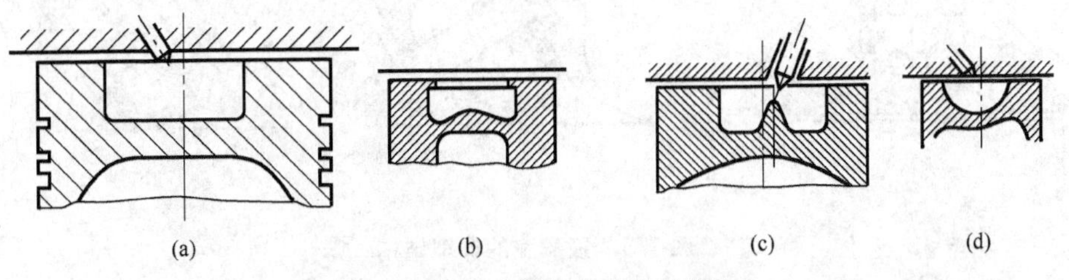

(a)　(b)　(c)　(d)

图 7.3　半开式燃烧室的典型结构

2. 分隔式燃烧室

分隔式燃烧室是涡流室式燃烧室和预燃室式燃烧室的统称。这种燃烧室被明显地分隔成两部分，一部分由活塞顶面及气缸盖的底面空间构成，燃烧过程主要在这里进行，称为主燃烧室；另一部分在气缸盖内，称为辅助燃烧室，两部分之间由一个或几个通道相连接。

1）涡流室式燃烧室

涡流室式燃烧室的辅助燃烧室即为涡流室，位于气缸盖内，图 7.4 所示为涡流室的典型结构。涡流室与主燃烧室之间由一个较大的切向通道相连。涡流室式燃烧室混合气的形成与燃烧主要依靠压缩涡流。在压缩冲程时空气从主燃烧室被压入涡流室，由于通道与涡流室壁面相切，空气在涡流室中产生有规律的强烈涡流。当活塞接近上止点时，单孔喷油器将柴油喷入涡流室，由于涡流的作用，燃料与空气迅速混合并着火燃烧，着火后涡流室内的压力与温度急剧上升，气流携带着尚未燃烧的燃油高速喷入主燃烧室，与主燃烧室中的空气进一步混合，形成二次涡流，促进燃烧迅速完成。涡流室式燃烧室的燃烧过程比较柔和，排气污染较低，另外由于压缩涡流的强度与柴油机转速成正比，故多用于小型高速柴油机。

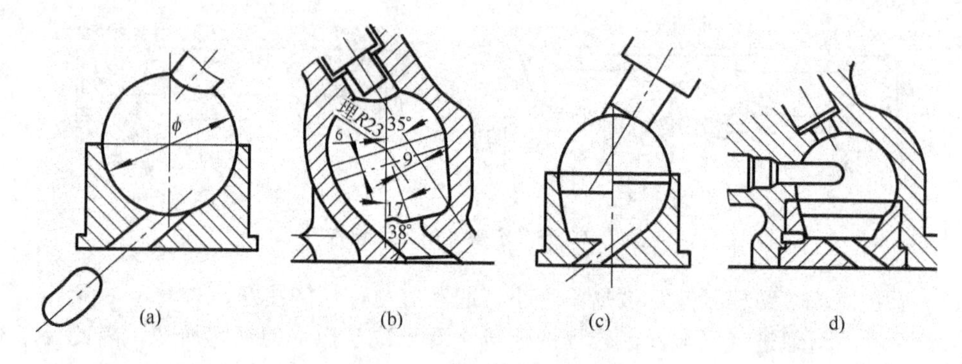

图 7.4 涡流室的典型结构

2）预燃室式燃烧室

预燃室式燃烧室的辅助燃烧室即为预燃室，预燃室通常是用耐热钢制成的单独零件，装在气缸盖中，如图 7.5 所示为预燃室的典型结构。它与主燃烧室的通道截面较涡流室小，燃料先喷入预燃室，部分燃料在其中进行燃烧，然后利用燃烧时产生的高压，大部分未燃烧的柴油和正在燃烧的混合物以极高的速度经数个通道喷入主燃烧室，在主燃烧室中产生强烈的燃烧涡流，使燃油及燃烧混合物与空气进一步混合，迅速完成燃烧过程。

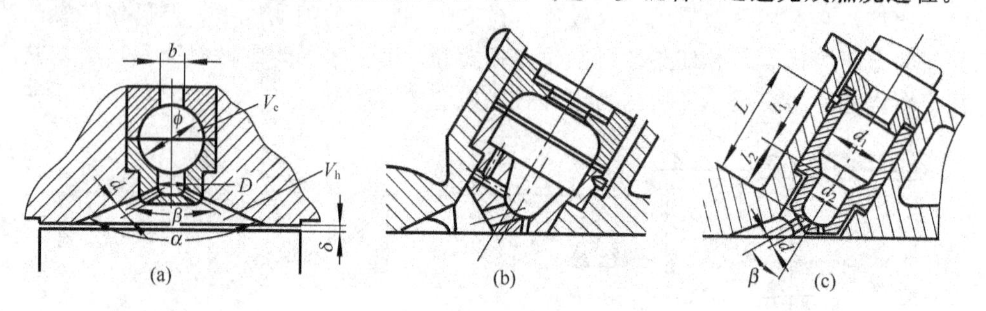

图 7.5 预燃室的典型结构

由于预燃室与主燃烧室之间通道窄小，产生的节流作用大，使主燃烧室内的压力升高较缓和，因此柴油机工作过程较柔和，噪声较小，污染低。另外，与涡流室不同，它的燃烧涡流强度与柴油机转速无关，所以预燃室式柴油机可在较宽广的转速范围内正常工作。

7.2 低压油路部件

为保证喷油泵的正常供油过程，燃料供给系统中有油箱、柴油滤清器、输油泵等低压油路部件，它们是喷油泵正常供油的基本条件，没有它们的正常工作和性能配合，喷油泵就不能完成供油过程，因此，燃料系统辅助部件也是燃料系统重要的组成部分，其作用不可忽视。

1. 柴油箱

柴油主要储存在柴油箱中，其数目、容量、形状及安装位置与车型有关。与汽油机油箱相比，柴油机油箱盖上仅设一通气孔与大气相通，而没有设复合阀门。原因是柴油在常温下不易汽化蒸发。

2. 输油泵

在直列式喷油泵中，输油泵一般安装在喷油泵的侧面。输油泵的作用是将柴油从油箱中吸出，保证低压油路中柴油的正常流动，克服柴油滤清器和管道中的阻力，并以一定的压力向喷油泵供油。输油量应为全负荷最大耗油量的3～4倍。

当喷油泵柱塞在吸油行程时，低压油腔内必须充满柴油，并将柴油通过进油孔进入到高压油腔。因为喷油泵本身没有从油箱吸油的功能，所以输油泵就应该将柴油从油箱中吸出，克服滤清器的流动阻力后，将清洁的燃油供入喷油泵的低压油腔。这也是输油泵存在的意义所在。

输油泵的种类很多，直列式喷油泵通常用活塞式输油泵，膜片式和滑片式输油泵分别作为分配式喷油泵的一级和二级输油泵。下面重点介绍活塞式输油泵的一种——单作用型输油泵。如图7.6所示，该输油泵由输油泵本体和手压泵组成。输油泵本体由压力室(即B腔)、吸油室(即A腔)、输油泵体、活塞、弹簧、阀门等组成。启动前，使用手压泵泵油，使系统充满柴油。输油泵安装在喷油泵的侧面，是靠凸轮轴上的专用凸轮推动活塞运动的。当柴油机工作时，凸轮轴转动，当凸轮在上升段时，通过滚轮克服推杆弹簧的压力推

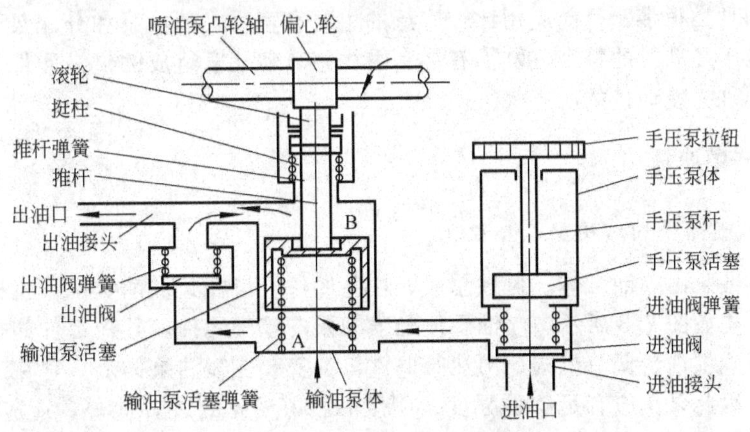

图7.6 活塞式输油泵示意图

动推杆，使活塞向下运动，吸油室压力升高，进油阀关闭，出油阀开启，使柴油由吸油室流向压力室；当凸轮在下降段时，在活塞弹簧作用下，活塞向上运动，吸油室空间加大，压力降低，形成一定的真空度，出油阀关闭，进油阀开启，柴油被吸入吸油室。同时，压力室油压升高，在出油阀关闭的情况下，柴油经出油口压出输油泵。这样，柴油不断地进入输油泵，并被输出至喷油泵或柴油滤清器，可满足供油需求，但缺点是供油不连续，油压波动。

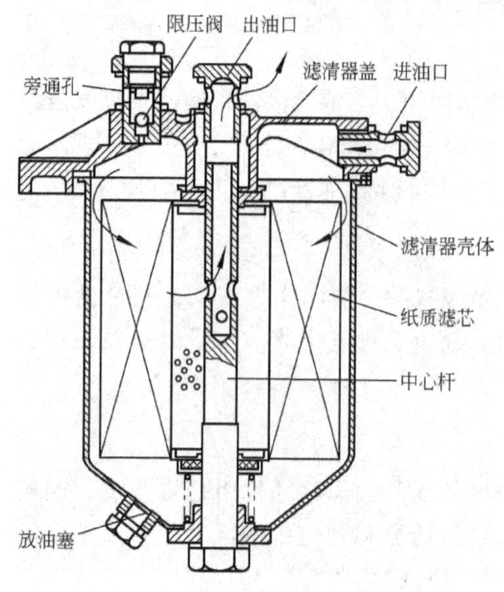

图 7.7 纸质滤芯柴油滤清器的结构

3. 柴油滤清器

柴油在储存、运输过程中，往往会混入一些尘土、水分或其他机械杂质。高压油路中的喷油泵和喷油器都是非常精密的零件，脏污的柴油会使它们磨损加剧、间隙增大，造成喷油泵或喷油器工作故障，影响柴油机性能。因此，柴油在进入喷油泵之前，必须用柴油滤清器来清除柴油中的杂质。

滤清器滤芯分为纸质滤芯、毛毡滤芯等。由于纸质滤芯具有质量轻、体积小、成本低、滤清效果好等优点而被广泛采用。纸质滤芯柴油滤清器的结构如图 7.7 所示，来自输油泵的柴油从进油口进入滤清器壳体与纸质滤芯之间的空隙，然后经过滤芯过滤以后，由中心杆经出油口流出。另外，滤清器上设限压阀，当油压超过一定限值时，限压阀开启，多余的柴油经限压阀直接返回柴油箱。

7.3 喷 油 泵

喷油泵是燃料供给系统压力发生装置最主要的功能部件，它的功用是按照柴油机的负荷需要，定时、适量、均匀地向柴油机供给柴油，并按柴油机的发火顺序，通过高压油管和喷油器，完成燃油向燃烧室的喷射。

喷油泵的种类很多，目前应用比较广泛的主要有直列式喷油泵和分配泵两种。直列式喷油泵，对应于发动机的每个气缸都有一套由柱塞套和柱塞组成的供油元件。而分配泵只有一套供油元件为发动机的所有气缸供油。

7.3.1 直列式喷油泵

1. 直列式喷油泵的结构和工作原理

直列式喷油泵由喷油泵体、挺柱总成、柱塞偶件、齿杆式供油量调节机构、出油阀偶件等组成，结构如图 7.8 所示。喷油泵体是喷油泵的基础零件，其他部件如挺柱总成、柱塞偶件、齿杆式供油量调节机构、出油阀偶件等都安装在喷油泵体上。它在工作中承受较大的作用力，因此泵体应有足够的强度、刚度和良好的密封性，此外，还应该便于拆装、调整和维修。挺柱总成由挺柱、滚轮等组成，它是将凸轮轴旋转运动转变成柱塞上下移动以传递动力，并调节供油始点的零部件。柱塞偶件由柱塞和柱塞套等组成，它是形成泵油压力的关键零部件。齿杆式供油量调节机构由供油量调节齿杆、齿圈和控制套筒等组成，是实现油量调节的零部件。出油阀偶件由出油阀和出油阀座等组成，是在中断供油时切断高压油管与柱塞高压油腔连接的通道，并在供油时向高压油管供油的零部件。

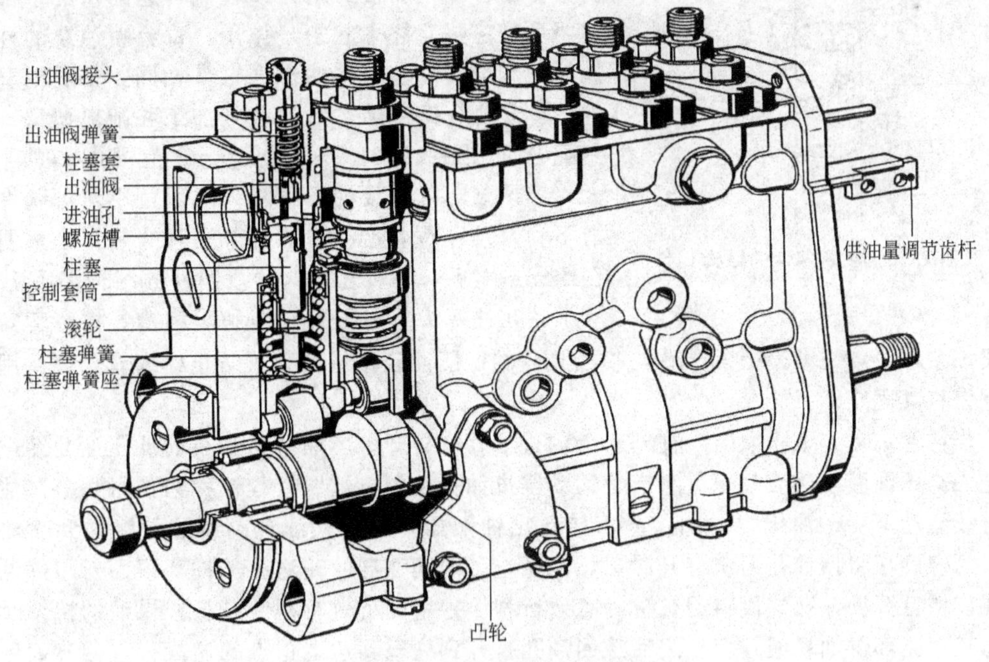

图 7.8　直列式喷油泵的结构

喷油泵的凸轮轴是由柴油机曲轴定时齿轮驱动的，二冲程发动机中喷油泵凸轮的转速与曲轴的转速一致，而在四冲程柴油机中，喷油泵凸轮的转速与柴油机的凸轮轴转速一致，即为曲轴转速的一半。如图 7.9 所示，当凸轮轴转动时，它将推动挺柱总成上的滚轮运动。若滚轮在凸轮轴的基圆面上滚动，则柱塞不动。若滚轮滚动到凸轮的上升段时，凸轮推动挺柱，挺柱再推动柱塞上移，同时压缩柱塞弹簧变形，为柱塞返程储备能量。当柱塞上移到封住进油孔时，柱塞上端的油腔，即高压油腔中的燃油受压，当压力能够克服出油阀弹簧的预紧力时，将出油阀顶起，高压柴油经此通道供入高压油管，在油管中产生脉冲移动，形成压力波，当压力达到喷油器开启压力时，喷油器向燃烧室喷油，从而喷油泵完成一次供油过程；当滚轮滚动到凸轮的下降段时，柱塞弹簧的恢复力使柱塞沿凸轮面下移，当滚轮压在凸轮基圆上时，进入供油

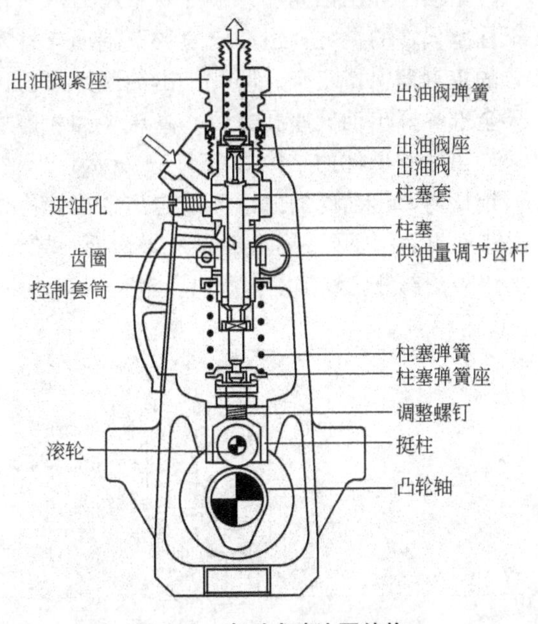

图 7.9　直列式喷油泵结构

过程的间歇期，并为下一轮循环做好供油准备。

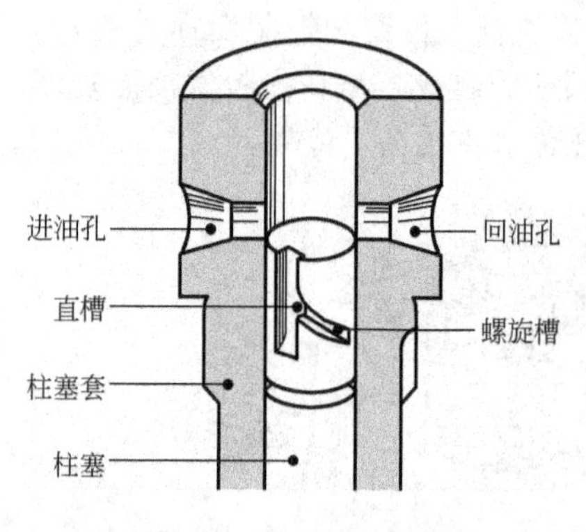

图 7.10　柱塞偶件的结构

2. 柱塞偶件及泵油过程

柱塞偶件是由柱塞和柱塞套组成的，柱塞和柱塞套紧密配合即使在很高压力或较低转速的情况下都不需要另加密封元件来起密封作用。每台喷油泵的柱塞偶件数和与其配套的柴油机气缸数相同。一般柱塞偶件用优质合金钢制造，经过精细加工和配对研磨，使其配合间隙在 0.0015 ～0.0025mm 范围内。间隙过大，容易漏油，导致油压下降；间隙过小，对偶件润滑不利，且容易卡死。特别值得注意的是，柱塞偶件在插配成对后，不可互换。柱塞偶件的结构如图 7.10 所示。在柱塞头部加工有直槽和螺旋槽。柱塞套安装在喷油泵体上，柱塞套上的油孔与喷油泵内的低压油腔相通。为了防止柱塞套转动，用定位螺钉将其固定。

当柱塞运动到下止点时，柱塞套上的进油孔被打开。燃油从喷油泵的低压油腔经进油孔进入高压油腔。然后柱塞继续向上运动至进油孔关闭，这段行程被称为预行程。在柱塞的继续运动下，燃油压力增加，从而导致出油阀的打开，燃油从高压油管输送到喷油器中。当螺旋槽将回油孔再次打开时，燃油停止了向喷油器的输送。从柱塞顶面封闭进油孔到螺旋槽打开回油孔这段行程被称为有效行程。柱塞的有效行程就越长，供油的持续时间就越长，循环供油量便越多。之后从回油孔打开到柱塞到达上止点的这段行程被称为剩余行程，在剩余行程内，燃油通过直槽和螺旋槽流回到低压油腔中。

3. 出油阀偶件

出油阀和出油阀座是喷油泵中的另一对精密偶件，被称为出油阀偶件。出油阀偶件位于柱塞偶件的上方，出油阀座的下端面与柱塞套的上端面接触，通过拧紧出油阀紧座使两者的接触面保持密合。同时，出油阀弹簧将出油阀压紧在出油阀座上。注意，只有当减压环全部离开出油阀座孔之后，高压柴油才能通过出油阀上的切槽。

出油阀偶件的结构如图 7.11 所示，出油阀的密闭锥面与出油阀座的接触表面已经过精细研磨。出油阀的减压环带与出油阀座孔的配合间隙很小。减压环带以下的出油阀表面是其在出油阀座孔内往复运动的导向面，导向部分的横截面呈十字形，即出油阀的四周十字形以外的部分已经镂空。所以，当高压柴油挺起出油阀后，经此出油阀切槽进入高压油管。

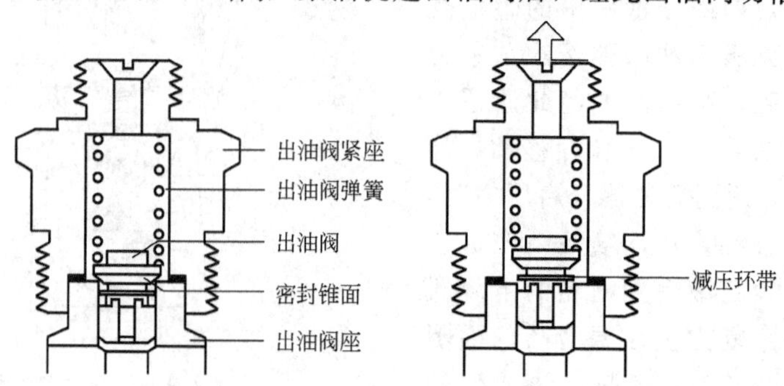

图 7.11　出油阀偶件的结构

4. 齿杆式供油量调节机构

供油量调节机构的功用是能够根据柴油机负荷的变化而改变循环供油量。在直列式喷油泵中，当驾驶员或调速器拉动供油量调节齿杆时，齿圈连同控制套筒带动柱塞相对柱塞套转动，通过倾斜运动的螺旋槽来改变供油结束时间，从而改变供油量，以达到调节供油量的目的。供油量的控制如图7.12所示，当柱塞上的直槽对正柱塞套上的油孔时，柱塞上的有效行程为零，这时，喷油泵不供油。当按箭头所示方向拉动时，柱塞有效行程增加，供油时间延长，喷油泵上的循环供油量增多。

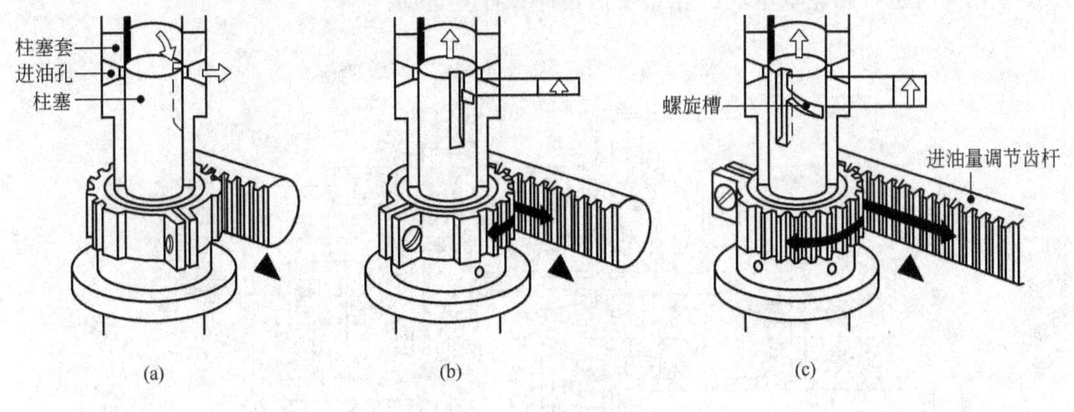

图7.12 供油量的控制

5. 供油定时的调节

供油定时是指喷油泵对柴油机有正确的供油时刻，而供油时刻用供油提前角表示。供油提前角是指从柱塞顶面封闭进油孔起到柱塞到达上止点止，曲轴转过的角度。多缸喷油泵各缸的供油提前角或供油间隔角应该相同。如果不同，则可通过改变供油定时调节螺钉伸出挺柱体外的高度来调整，如图7.13所示，旋出调整螺钉，挺柱体的高度 H 增加，柱塞位置升高，柱塞套油孔提前被封闭，供油提前，供油提前角增大；反之同理。但是这种调节的幅度比较小，如果要大幅度地改变供油提前角，则须安装喷油提前器。当柴油机工况发生变化时，它能够自动进行调节，以使喷油泵始终保持最佳供油时刻。

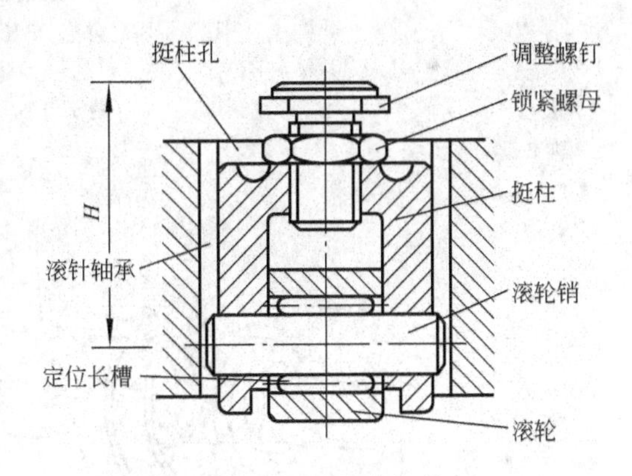

图7.13 挺柱体部件

7.3.2 转子式分配泵

直列式喷油泵因制造、装配误差等原因，它的工作均匀性不易保证，而转子式分配泵则因其工作均匀性好、体积小且适于高速运转，在车辆(尤其是轿车)用柴油机上得到广泛应用。转子式分配泵有径向压缩式和轴向压缩式两种，最成功的分配泵是德国博世(BOSCH)公司于20世纪70年代生产的VE型分配泵，它是典型的轴向压缩式分配泵。

1. 转子式分配泵的结构和工作过程

VE型分配泵主要由驱动机构、二级滑片式输油泵、高压泵头和电磁式断油阀等部分组成，机械式调速器和液压式喷油提前器也安装在分配泵体内，如图7.14、图7.15所示，驱动轴由柴油机的曲轴定时齿轮驱动。驱动轴带动二级滑片式输油泵转动，并通过调速器驱动齿轮带动调速器轴旋转。在驱动轴的右端通过联轴器与平面凸轮盘连接，利用平面凸轮盘上的传动销带动分配柱塞。柱塞弹簧将分配柱塞压紧在平面凸轮盘上，并使平面凸轮盘压紧滚轮，滚轮嵌入静止不动的滚轮架上。当驱动轴旋转时，分配柱塞与平面凸轮盘同步旋转，同时也按凸轮盘上的凸轮型线沿轴向作往复运动。

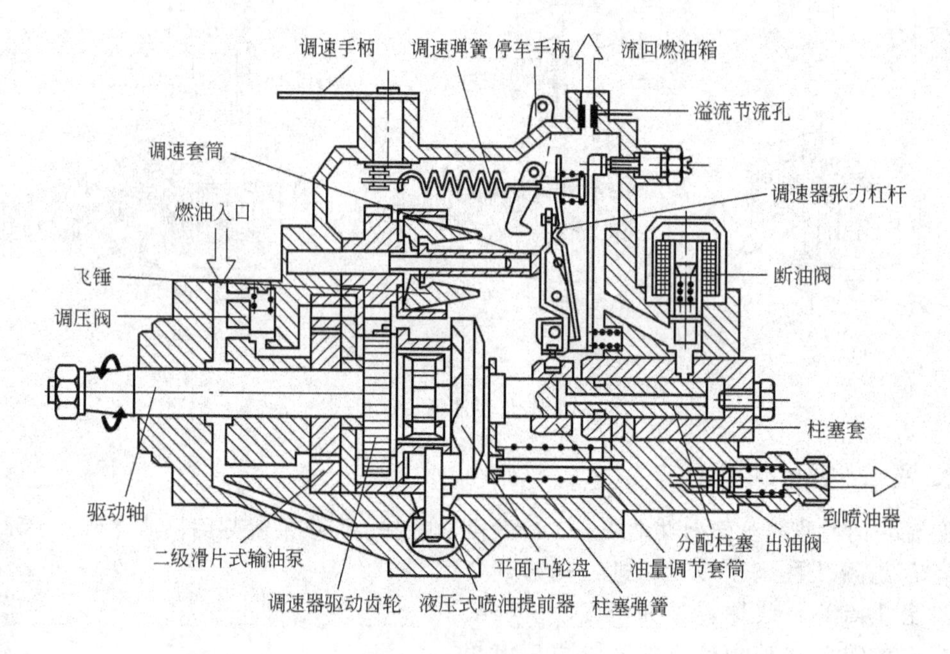

图7.14　VE型分配泵

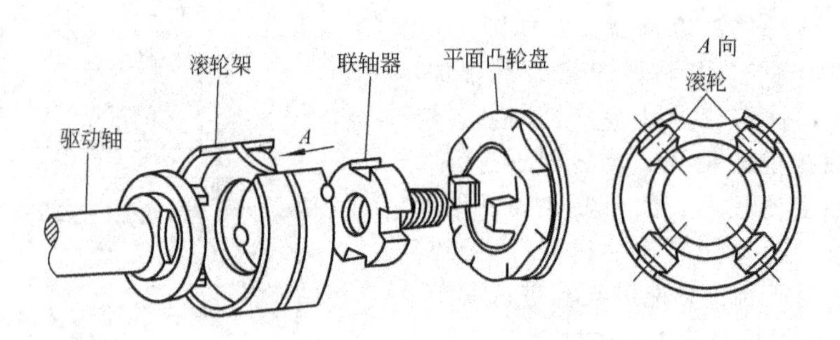

图7.15　滚轮、联轴器及平面凸轮盘

VE型分配泵的工作过程如下。

(1) 进油。如图7.16(a)所示，平面凸轮盘的凹下部分与滚轮接触，柱塞在下止点位置，这时燃油经柱塞套上的进油孔、分配柱塞上的进油槽进入高压油腔。

(2) 泵油。如图7.16(b)所示，凸轮轴带动分配柱塞旋转，关闭进油孔。平面凸轮盘被滚轮顶起，推动分配柱塞向前运动，高压室中的燃油压力增高。转子继续旋转，燃油分

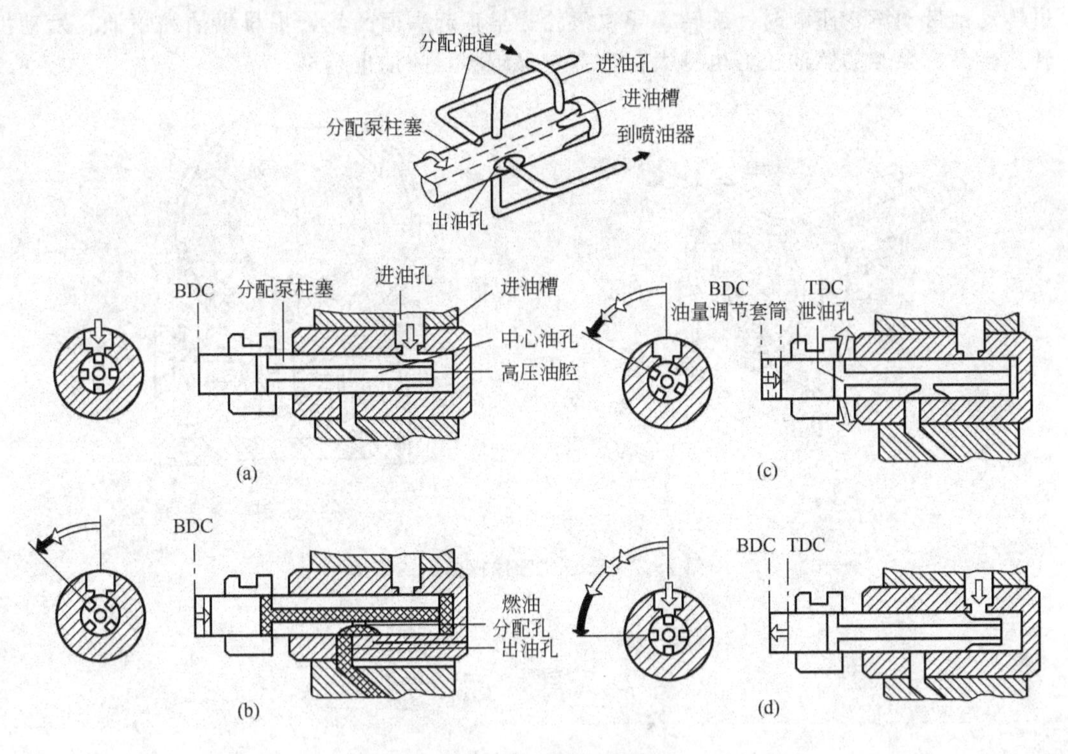

图 7.16　分配泵的工作原理

配孔与柱塞套上的一个出油孔相通。高压室中的高压燃油经中心油孔、燃油分配孔、出油孔进入某一缸的分配油道，再经出油阀和喷油器，将燃油喷入燃烧室内。

(3) 停油。如图 7.16(c)所示，分配柱塞在平面凸轮盘的推动下继续右移，当柱塞上的泄油孔移出油量调节套筒并与喷油泵体内腔相通时，高压燃油从泄油孔流回内腔，油压下降，供油停止。

(4) 进油。如图 7.16(d)所示，分配柱塞从上止点返回下止点。分配柱塞的往复和旋转运动使泄油孔关闭，高压燃油再次进入高压油腔，准备向下一个气缸供油。

分配柱塞的行程是由凸轮盘上的凸轮行程决定的，而且是固定不变的。从柱塞上的燃油分配孔与柱塞套上的出油孔相通的时刻起，至泄油孔移出油量调节套筒的时刻止，分配柱塞所移动的距离为柱塞的有效供油行程。有效供油行程越大，供油量就越多。通过移动油量调节套筒可改变有效供油行程，向左移动，有效供油行程缩短，供油量减少；反之增多。

2. 液压式喷油提前器

液压式喷油提前器的作用是随柴油机转速的变化自动调节分配泵的供油提前角，其结构如图 7.17 所示，它由活塞、弹簧及传动销等组成。传动销一端固定在滚轮架上，另一端通过连接销与活塞相连。活塞右端与泵体内腔的燃油相通，活塞左端安装有弹簧，与二级滑片式输油泵的进油腔相通。当发动机稳定运转时，活塞左右两端压力平衡，活塞和滚轮座不动。当发动机转速增加时，二级滑片式输油泵的泵油压力随转速增高而呈线性上升，导致泵腔油压升高，使提前器活塞的右端压力大于左端，压缩弹簧，使活塞左移，通过传动销带动滚轮座顺时针旋转，导致滚轮提早顶起平面凸轮，提早供油和喷油。发动机转速越高，泵腔的燃油压力也越大；活塞左移越多，喷油也越早。

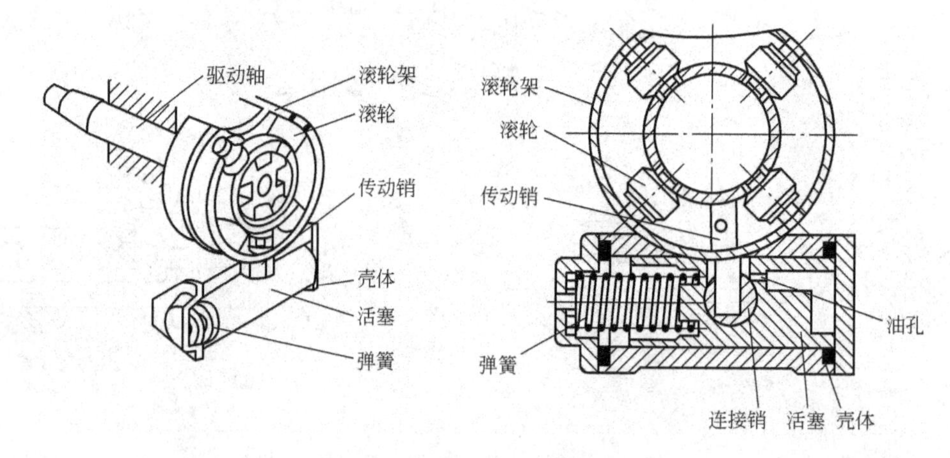

图 7.17 液压式喷油提前器的结构

7.4 调 速 器

柴油机作为一种热力动力装置，输入的是燃油和空气，而输出的是有效功率和废气，它需要稳定的工作状态，而这种稳定性取决于转速的稳定性，为保持在给定工况下柴油机的转矩和耗能装置的阻力矩平衡，就需要喷油量能自动调节，以保持转速的稳定性。而这也正是调速器存在的意义所在。调速器的作用就是根据柴油机负荷的变化，自动地调节喷油泵的供油量，以保证柴油机在各种工况下都能稳定运转。

调速器的种类和形式很多，按照其执行机构的不同，可分为机械式和液压式。其中机械式调速器结构简单，工作可靠，广泛用于中小功率的柴油机上。液压式调速器结构比较复杂，制造精度要求高，但调节灵敏、调节力大，多用于大中型柴油机上。调速器按调节的转速范围又可分为下面两种。

(1) 两极式调速器。这种调速器只在柴油机的最低和最高转速时起作用，可防止怠速运转时“熄火”和高速运转时“飞车”。在最低与最高转速之间则由使用人员控制。

(2) 全程式调速器。这种调速器在柴油机全部工作转速范围内均能起作用，是应用最为广泛的一种调速器。柴油机可在转速范围内的任意转速下稳定运转。它适用于工作时负荷变化较大而且工作范围宽广的柴油机。

7.4.1 两级式调速器

以 RQ 两级式调速器为例，RQ 调速器是专为车用柴油机而设计的，适用于载重汽车和轨线车辆，有适应速度多变和负荷变化频繁等特点。

图 7.18 所示为两级式调速器的结构图与剖面图。调速器壳体用螺栓固定在喷油泵泵体的后端面上。喷油泵的凸轮轴通过半圆键与一个轴套连接，轴套上固定两个螺柱，每个螺柱都套上一个飞锤。飞锤通过角形杠杆、移动杆、调速杠杆、连接杆与喷油泵的供油量

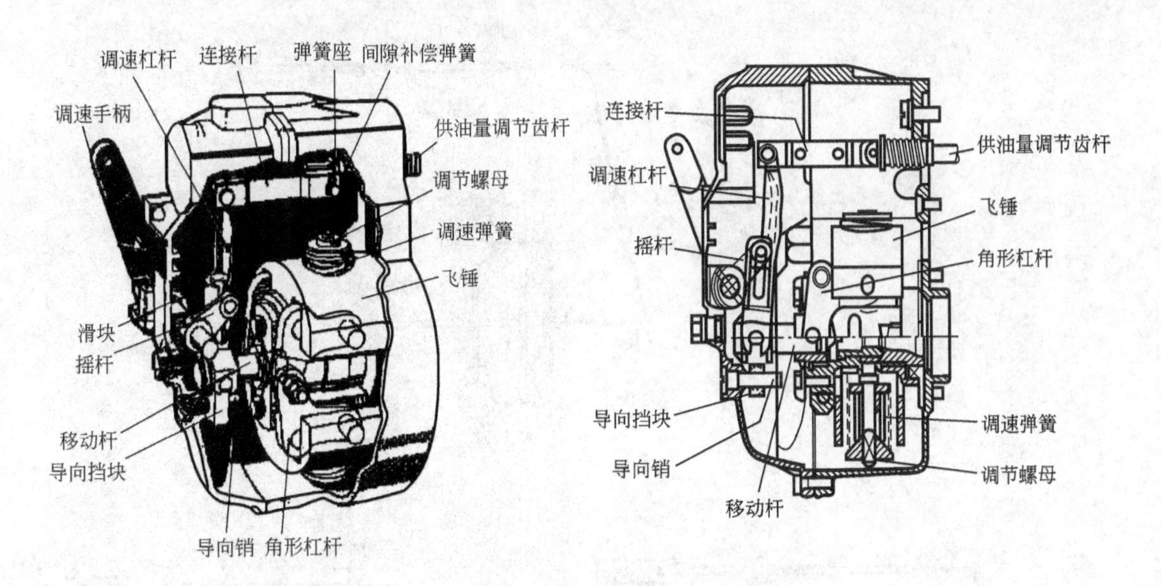

图7.18　两级式调速器的结构图与剖面图

调节齿杆连接。飞锤内装有内、中、外3个调速弹簧，其外端均支承在外弹簧座上。外弹簧的内端支承在飞锤的内端面上，称其为怠速弹簧。中间弹簧和内弹簧的刚度较大，它们的内端支承在内弹簧座上，称它们为高速弹簧。

两级式调速器的基本工作原理如下。

(1) 停车。如图7.19(a)所示，调速手柄置于停车挡块处，此时飞锤被调速弹簧的预紧力压缩在最底部合拢，调速杠杆以其下端的铰接点为支点向左摆动，并带动供油量调节齿杆向左移动到停油位置，柴油机停车。

(2) 起动。如图7.19(a)所示，在将调速手柄置于最高速挡块的过程中，调速手柄带动摇杆，摇杆带动滑块，使调速杠杆以其下端的铰接点为支点向右摆动，并推动喷油泵供油量调节齿杆来克服供油量限制弹性挡块的阻力，向右移动至起动油量的位置，起动油量多于全负荷油量，旨在加浓混合气，利于低温起动。

(3) 怠速。如图7.19(b)所示，起动后，将调速手柄置于怠速位置。这时，调速手柄通过摇杆、滑块使调速杠杆以其下端的铰接点为支点向左摆动，并拉动供油量调节齿杆左移到怠速油量的位置。怠速时转速很低，飞锤处于内弹簧座与安装飞锤的轴套之间的某一位置，它的离心力只能与怠速弹簧相平衡。若此时柴油机转速降低，则飞锤的离心力减小，在弹簧力的作用下移向回转中心，同时带动角形杠杆和调速套筒，使调速杠杆下端的铰接点以滑块为支点向左移动，调速杠杆推动供油量调节齿杆向右移，增加供油量，使转速回升。反之，当转速升高时，飞锤的离心力增大，飞锤便压缩怠速弹簧远离回转中心，同时通过角形杠杆和调速套筒使调速杠杆下端的铰接点以滑块为支点向右移动，供油量调节齿杆则向左移动，减小供油量，使转速降低，从而保证了怠速稳定。

(4) 中速。当调速手柄从怠速位置移至中速位置时，因转速加大，飞锤的离心力较怠速状态增大，飞锤进一步外移到飞锤底部与内弹簧座接触为止，但该离心力仍不足以克服怠速弹簧和高速弹簧的共同作用，飞锤始终紧靠在内弹簧座上不能移动，所以调速器在中

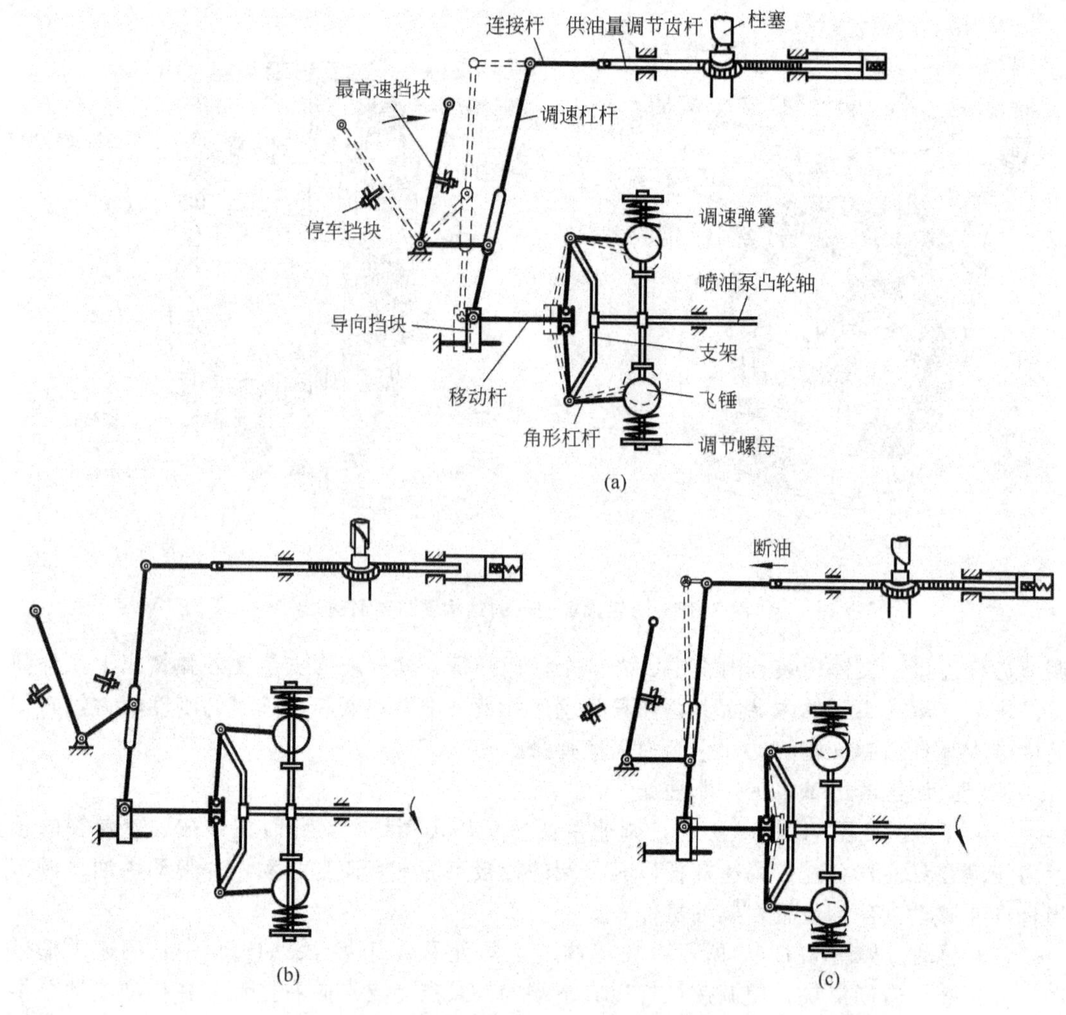

(a)

(b)

(c)

图 7.19　两级式调速器的工作原理

等转速范围内不起调节供油量的作用。

(5) 最高转速。如图 7.19(c)所示，将调速手柄置于最高速挡块上，供油量调节齿杆相应的移至全负荷供油位置，柴油机转速升至最高速。此时，飞锤的离心力相应增大，并克服全部弹簧的作用力，使飞锤连同内弹簧移至一个新的位置。在此位置，飞锤的离心力与弹簧作用达到新的平衡。如果转速再升高，则飞锤的离心力超过调速弹簧的作用力，铰接点左移，供油量调节齿杆向减油方向移动，从而防止了柴油机超速。

综上所述，RQ 两级式调速器对柴油机转速的调节是通过杠杆滑块系统和飞锤的作用来调整供油量调节齿杆的位移，以达到增减喷油泵供油量的目的。

7.4.2　全程式调速器

以 VE 分配泵调速器为例，如图 7.20 所示，全程式调速器主要由起动杠杆、张力杠杆、导杆、调速弹簧、起动弹簧以及飞锤和油量调节套筒等组成。导杆以销轴 M 支承在分配泵体上，并可绕销轴 M 转动。起动杠杆支承销轴 N 安装在导杆上，起动杠杆和张力杠杆均可绕销轴 N 转动。在起动杠杆的下端，固装着一个球形销，球形销嵌入油量调节套筒的凹槽内。当起动杠杆摆动时或张力杠杆推动起动杠杆摆动时，球形销便拨动油量调节套筒在分配柱塞上做轴向移动，从而改变柱塞的有效行程，即改变泵油量的大小。

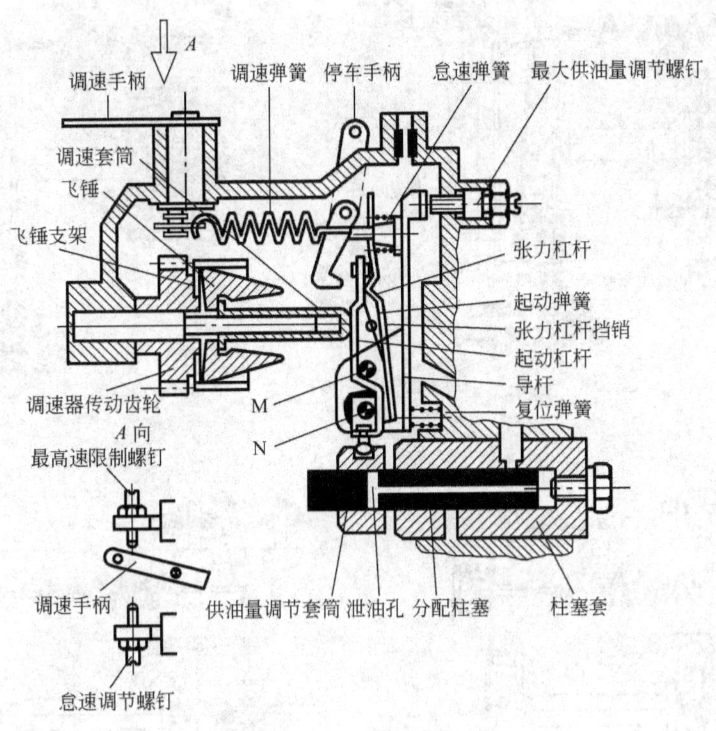

图7.20　全程式调速器

全程式调速器的工作原理如下。

1. 起动加浓

如图7.21(a)所示，起动前，将调速手柄推靠在最高速限止螺钉上。在调速弹簧的作用下，张力杠杆绕销轴N逆时针转动，通过起动弹簧挤压起动杠杆使供油量调节套筒向右移动至极限位置，即起动加浓位置。同时，由于发动机处于静止状态，起动弹簧推动起动杠杆进而推动调速套筒向左移动至极限位置，使离心飞锤处于完全闭合状态。

2. 稳定怠速

如图7.21(b)所示，发动机起动后，将调速手柄扳到怠速调整螺钉上，发动机便进入怠速工况。调速弹簧的张力几乎为零，即使转速很低，飞锤也会向外张开并推动调速套筒右移，使起动杠杆绕N轴顺时针转动。起动弹簧被压缩后，起动杠杆便抵靠在张力杠杆上，调速套筒继续右移，使张力杠杆也绕N轴顺时针方向转动。这样，怠速弹簧被压缩，直至调速套筒向右的推力与起动弹簧、怠速弹簧所形成的向左的弹力相平衡时为止，油量调节套筒便稳定在某一位置，发动机就在相应的某一怠速转速下稳定运转。若此时发动机转速因某种原因降低，则飞锤离心力随之减小，平衡状态被破坏，在起动弹簧、怠速弹簧所形成的向左的弹力作用下，起动杠杆推动调速套筒向左移动，其下端带动油量调节套筒

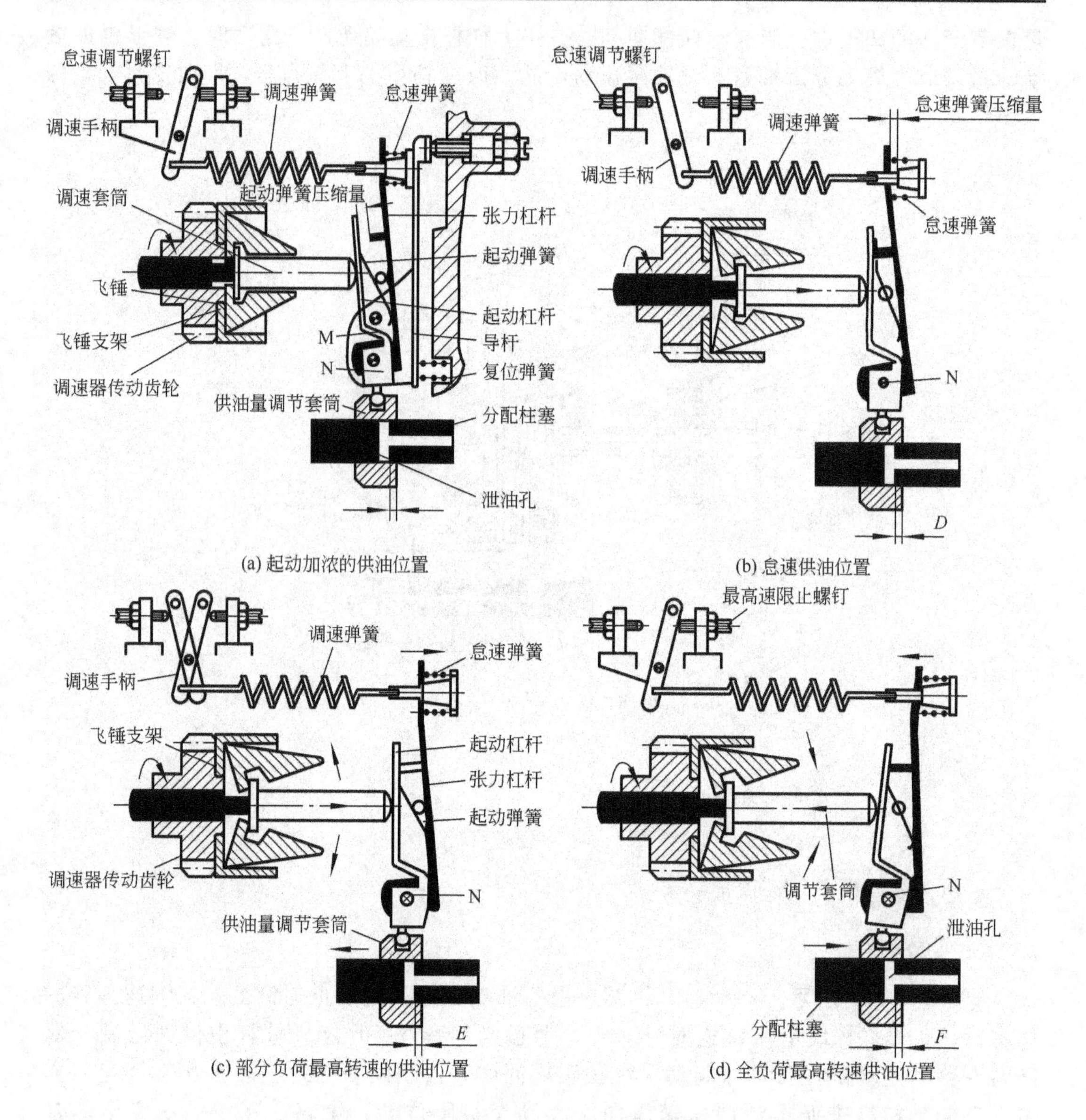

图 7.21　全程式调速器的工作原理

右移，供油量增大，使发动机转速回升；反之，若发动机转速升高，则飞锤离心力加大，调速套筒右移，推动起动杠杆和张力杠杆绕 N 轴顺时针方向转动，推动油量调节套筒左移，使供油量减小，发动机转速下降，从而起到了稳定怠速的作用。

3. 中间转速和最高转速的调节

如图 7.21(c)所示，当调速手柄在怠速调整螺钉和最高速限止螺钉之间的任一位置时，柴油机在高于怠速低于最高速的中间转速工作，在调速弹簧的拉动下，张力杠杆和起动杠杆绕 N 轴逆时针方向转动，推动油量调节套筒向右移动，使供油量增大，此时，发动机便从怠速进入中间转速状态。由于转速升高，使离心飞锤的张开角度变大，并通过调速套筒及起动杠杆推动油量调节套筒右移。当调速弹簧向左的拉力与调速套筒向右的推力相平衡时，油量调节套筒便稳定在某一位置上，使供油量保持一定，发动机的转速便稳定在某一转速上。

如图 7.21(d)所示，当把调速手柄置于最高速限止螺钉上时，调速弹簧的张力达到最大，供油量调节套筒也相应的移至最大供油量位置，柴油机将在最高转速或标定转速下工作。不论柴油机在中速还是最高速下工作，当转速改变时，飞锤离心力与调速弹簧力的平衡即遭到破坏，调速器将立即动作，通过增减供油量，使转速复原。如果全部卸掉柴油机负荷，则调速器将供油量减至最小，以防止柴油机超速。

7.5 喷　油　器

喷油器是柴油机燃料供给系统的重要部件之一，它的功用是根据柴油机可燃混合气的形成特点，将燃油雾化成细微的油滴，并且按燃烧室的形状，使燃油与空气得到迅速而完善的混合，形成均匀的可燃混合气。喷油器按结构形式分为开式喷油器和闭式喷油器，目前一般广泛采用闭式喷油器。所谓闭式，就是在喷油器上安装针阀，针阀被喷油器弹簧预紧压在阀座上，形成喷油器闭锁机构，从而将高压油路系统与燃烧室分开。闭式喷油器的优点是，喷油开始和结束迅速准确；燃油被切断以后无后滴现象等。

闭式喷油器按其结构特点，又可分为孔式喷油器和轴针式喷油器。

7.5.1 孔式喷油器

孔式喷油器多用于直喷式燃烧室中，其结构如图 7.22 所示，喷油器上有一对精密偶件——喷油嘴偶件，该偶件由针阀和针阀体组成，由优质轴承钢制成，不同的喷油嘴偶件不可互换。针阀的上锥面称作承压锥面，用来承受油压产生的轴向推力，使针阀升起。针阀下端的锥面，称作密封锥面，与针阀体内的密封锥面配合，以实现喷油器内腔的密封。针阀的密封锥面与针阀体内的密封锥面都是精加工之后再配对研磨，以保证其配合精度。喷孔暴露在燃烧室中。喷孔的大小、数量及分布由燃烧室的形状和燃气混合方式来决定，一般喷孔的数目为 1～7 个，喷孔的直径为0.2～0.5mm，喷孔直径不宜过小，否则既不易加工，又会在使用中容易被积炭阻塞。

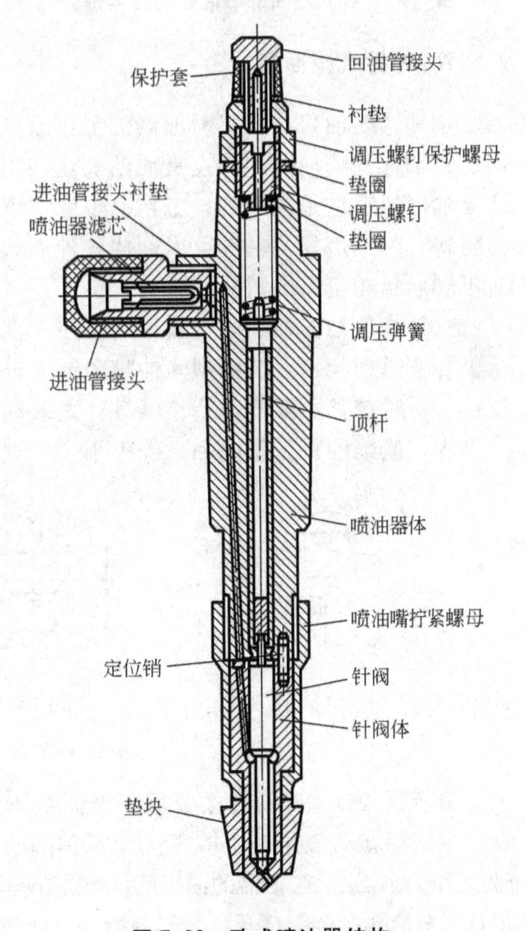

图 7.22　孔式喷油器结构

孔式喷油器的喷油嘴有长型和短型两

种结构形式，如图 7.23 所示。其中长型指将喷油嘴加长，针阀的导向部分远离燃烧室，以减少针阀受热及变形，从而避免针阀卡死在针阀体内，提高了使用寿命，所以长型喷油嘴多用于热负荷较高的柴油机上。

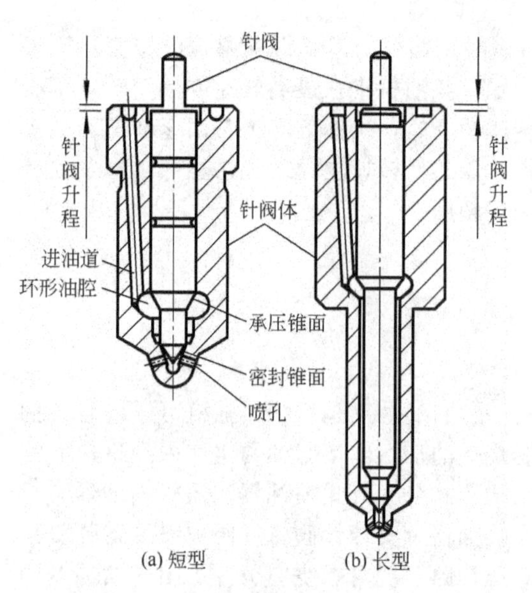

图 7.23　孔式喷油器喷油嘴的结构形式

喷油器在工作时，来自喷油泵的高压柴油经进油管接头和喷油器体及针阀体内的油道进入喷油嘴内的环形油腔。油压作用在承压锥面上，对针阀形成一个向上的轴向推力，当此推力大于调压弹簧的预紧力时，针阀升起并将喷孔打开，高压柴油即喷入燃烧室。当喷油泵停止供油时，环形油腔内的油压迅速下降，针阀在调压弹簧的作用下回位，将喷孔关闭，停止喷油。进入环形油腔的少量柴油经喷油嘴偶件配合表面之间的间隙漏出，并沿顶杆周围的缝隙上升，最后通过回油管接头进入回油管，流回滤清器。这部分柴油对针阀偶件有润滑作用。

7.5.2　轴针式喷油器

轴针式喷油器与孔式喷油器的工作原理相同、结构相似，只是喷油嘴头部的结构不同而已。轴针式喷油器的特点是喷油嘴偶件中的针阀伸出喷孔，使喷孔呈圆环形，因此轴针式喷油器的喷注是空心的。工作时轴针在喷孔中上下运动，能自动清除喷孔积炭，喷孔不易阻塞，工作可靠。轴针可以制成各种形状，以使柴油以不同油束锥角喷入气缸，从而适应不同形状燃烧室的需要。

轴针式喷油器根据其结构形式又可分为普通型、节流型和分流型 3 种，如图 7.24 所示。与普通型相比，节流型喷油嘴的节流升程较大，在针阀升起的初期，喷孔的通过面积较小，历时较长。因此，节流型轴针式喷油器喷油初期的速率较小，降低了柴油机的压力升高率，使柴油机工作柔和，噪声小。

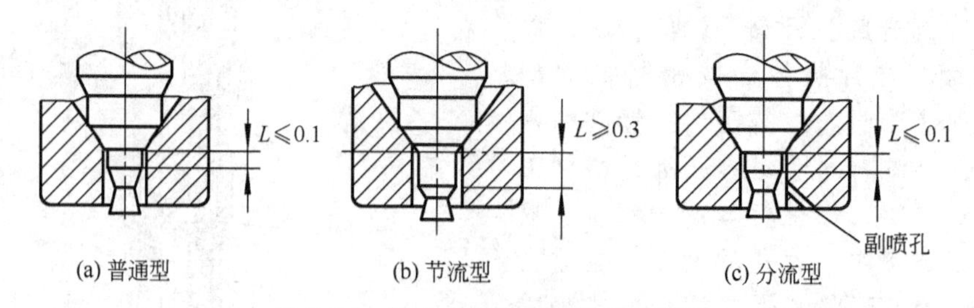

图 7.24　轴针式喷油器的喷油嘴类型

分流型轴针式喷油器主要用于涡流室燃烧室，用来改善涡流室燃烧室柴油机的冷起动性。它的特点是除主喷孔外，还在针阀体的密封锥面上加工有分流孔。当柴油机起动时，由于转速比较低，进入喷油器的油压低，针阀升程较小，主喷孔的油流截面很小，喷出的油量很少，但这时分流孔已全部打开，大部分燃油由此喷入燃烧室空间，改善了柴油机的起动性能。

7.6　电控柴油喷射系统

日益严格的废气排放和噪声法规以及要求降低燃油消耗量的愿望对柴油发动机的喷射装置提出了新的技术要求。从原则上说，柴油喷射系统应该做到按照柴油的燃烧方式(直喷或非直喷)，让柴油以精确的喷油压力在正确的时间点喷射出精确计量的油量，从而保证柴油发动机运行的平稳以及燃油消耗的经济性。由于传统的机械式柴油喷射系统存在机械运动的滞后性，而且调节时间长、精度差，喷油速率、喷油压力和喷油时间难以精确控制，从而导致了柴油机的动力经济性能不能充分发挥、排气超标，所以人们研发出了电控柴油喷射系统。相对于机械式柴油喷射系统，电控柴油喷射系统的供油量控制更加精确、灵敏，供油定时更加准确，而且可扩展性更好，只通过改变输入装置的程序和数据，不需要机械加工，就可以改变控制特性，从而缩短了产品的开发周期，起到了降低成本的作用。

电控柴油喷射系统由三大部分组成：传感器、控制器和执行器。传感器的作用是实时检测柴油机、车辆的运行状态及使用者的操作等信息，并送给控制器，基本的传感器有发动机转速传感器、齿杆位移传感器、喷油提前角传感器及加速踏板位置传感器等；控制器的核心部分是计算机，它将来自传感器的信息与储存的参数值进行比较、运算，确定最佳运行参数，并将运行结果作为控制指令输出到执行器；执行器是根据控制器送来的执行指令驱动调节喷油量及喷油正时的相应机构，从而调节柴油机的运行状态，使柴油机的工作达到最佳。

下面以 BOSCH 公司的柴油蓄压式共轨喷射系统为例介绍电控柴油喷射系统的工作原理。

柴油蓄压式共轨喷射系统的基本结构如图 7.25 所示，它主要由低压油路、高压油路和

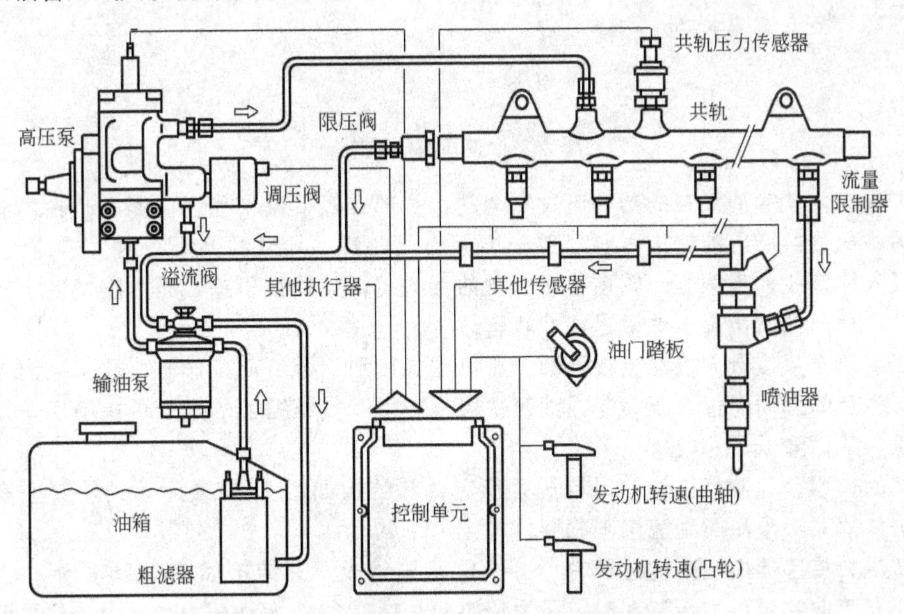

图 7.25　柴油蓄压式共轨喷射系统的基本结构

控制系统组成。低压油路包括带粗滤器的油箱、输油泵、燃油滤清器和低压油管，作用是将低压柴油输送到高压泵，它的结构和工作原理与机械式柴油喷射系统相似。高压油路包括带压力控制阀的高压泵、高压油管、共轨压力传感器、限压阀、流量限制器、作为高压蓄压器的共轨管、喷油器及回油管等。

高压泵是低压级和高压级的接口。它的作用是在车辆的所有工作范围和整个使用寿命期间内准备足够的压缩燃油。高压泵的结构如图 7.26 所示，它有 3 个径向布置的柱塞泵油元件，它们之间相互错开 120°，由偏心凸轮驱动，出油量大，受载均匀。

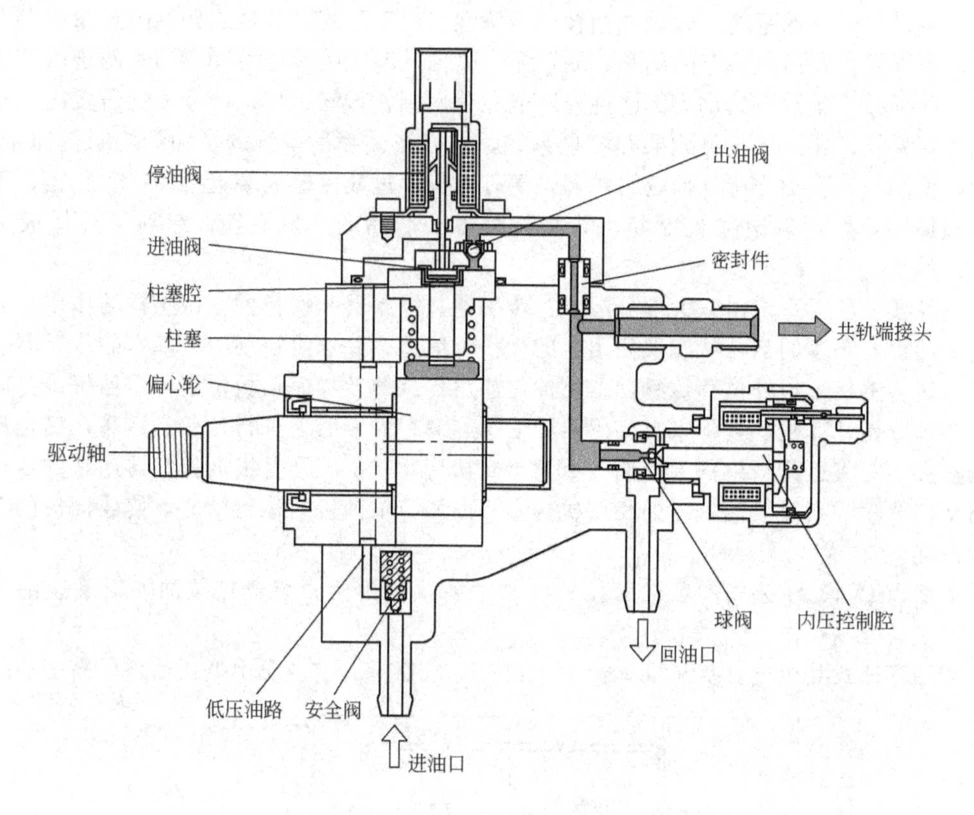

图 7.26　高压泵的结构

在工作时，从输油泵来的柴油流过安全阀，一部分经节流小孔流向偏心凸轮供润滑冷却用，另一部分经低压油路进入柱塞腔。当偏心凸轮转动导致柱塞下行时，进油阀打开，柴油被吸入柱塞腔；当偏心凸轮顶起时，进油阀关闭，柴油被压缩，压力剧增，达到共轨压力时，顶开出油阀，高压油被送往共轨管。

由于高压泵是按最大供油量设计的，所以在怠速和部分负荷工作时，被压缩的燃油显得过多，多余的燃油经过调压阀流回油箱。但是，由于被压缩了的燃油再次降压，损失了压缩能量，从而降低了总效率。

共轨的作用是存储高压油，保持压力稳定，其结构如图 7.27 所示，共轨管上安装有共轨压力传感器、限压阀和流量限制器。

共轨压力传感器由压力传感膜片、分析电路等组成，其结构如图 7.28 所示。当燃油经一个小孔流向共轨压力传感器时，压力传感膜片感受共轨燃油压力，通过分析电路，将

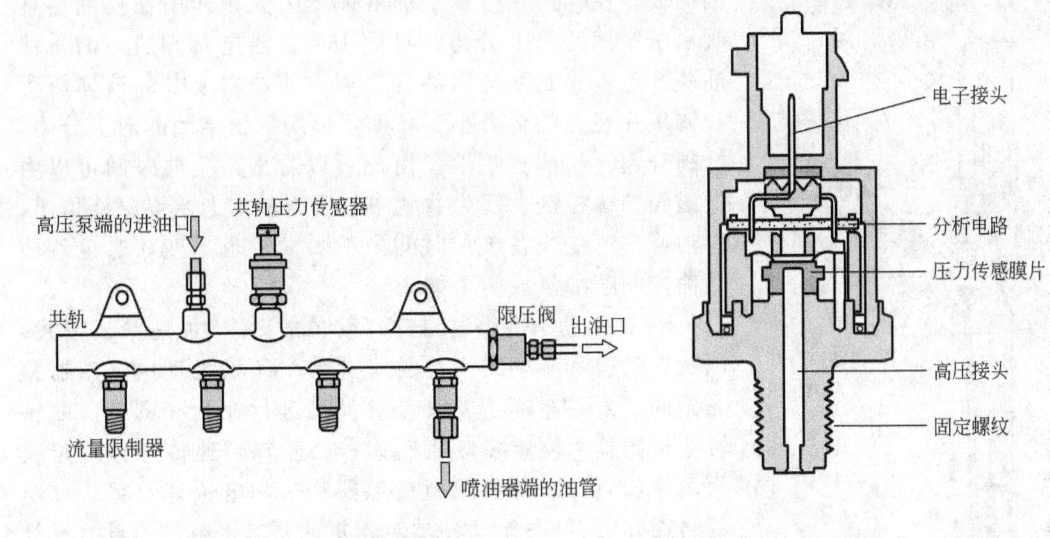

图 7.27　共轨的结构　　图 7.28　共轨压力传感器的结构

压力信号转换为电信号传至 ECU 进行控制。限压阀的作用是限制共轨管中的压力，其结构如图 7.29 所示，当压力超过限压阀中的弹簧力时，柱塞就被顶起，此时高压燃油就溢出，通过集油管流回油箱，从而保证了共轨中的压力不超过系统的最大压力。流量限制器的作用是防止喷油器出现持续喷油，其结构如图 7.30 所示，柱塞在静止时受弹簧力的作用总是靠在堵头一端。喷油后，喷油器端的压力下降，柱塞在共轨压力的作用下向喷油器端移动，但并不关闭密封锥面。只有在喷油器出现持续喷油，导致柱塞下移量增大时，才封闭通往喷油器的通道，切断供油。

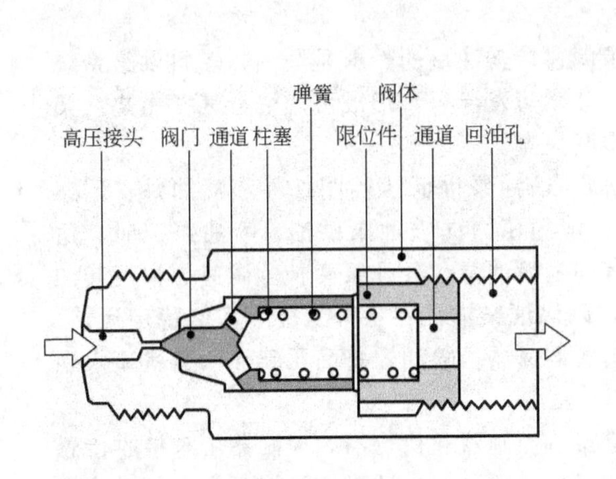

图 7.29　限压阀的结构

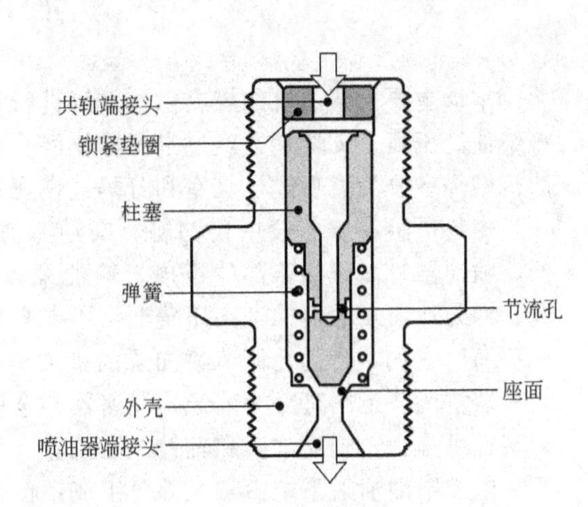

图 7.30　流量限制的结构

喷油器的作用是准确控制向气缸喷油的时间、喷油量和喷油规律，其结构如图 7.31所示，燃油从高压油管通过进油通道进入喷嘴，同时，通过进油孔进入控制室。控制室通过泄油孔与回油管相连，泄油孔由电磁阀控制。当电磁阀不通电时，球阀在弹簧力的作用下压在回油管座面上，泄油孔关闭。由于柱塞上部的受压面积比针阀的承压

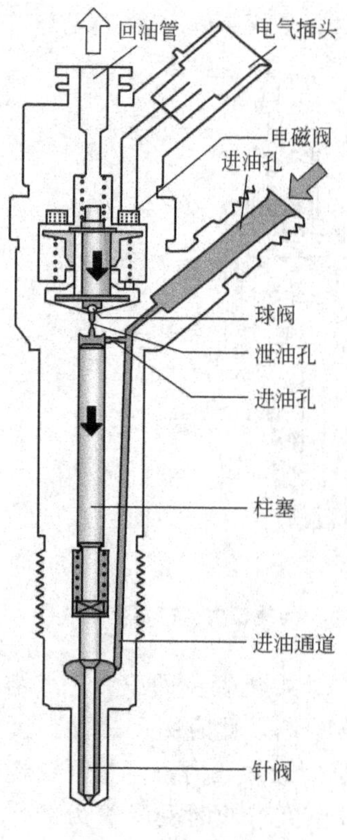

图 7.31　喷油器的结构

锥面大，使作用在柱塞上的液体压力大于作用在喷油器针阀承压锥面的向上分力，针阀关闭。当电磁阀通电时，泄油孔开启，控制室与回油管连通，使柱塞上方的液体压力和调压弹簧力的合力小于喷油器针阀承压锥面的向上分力，针阀升起，喷油器喷油。由此可以看出，喷油时间可以由电磁阀精确控制。因为共轨中的压力基本上始终保持稳定，供油速率不变，在单位时间内的喷油量也不变，这也就使精确控制喷油量成为可能。

ECU 借助于传感器得知驾驶员的要求(加速踏板位置)以及发动机和车辆的实时工作状态。ECU 处理由传感器检测到的信号对车辆，尤其是发动机进行控制和调节。曲轴转速传感器可测定发动机转速；凸轮轴转速传感器确定发火顺序(相位)；加速踏板传感器是一种电位计，它通过电信号通知 ECU 关于驾驶员对转矩的要求；空气质量流量计用来检测空气质量流量。在涡轮增压并带增压压力调节的发动机中，增压压力传感器可用来检测增压压力。在低温和发动机处于冷态时，ECU 可根据冷却水的温度传感器和空气温度传感器的数值对喷油始点、预喷油及其他参数进行最佳匹配。根据车辆不同，还可将其他传感器和数据传输线接到 ECU 上，以适应日益增长的安全性和舒适性的要求。

小　　结

本章主要就柴油机的燃料供给系统进行了阐述。柴油机的燃料是柴油，燃料供给系统将柴油高压喷入燃烧室，经过空间雾化混合、油膜蒸发混合，形成可燃混合气并燃烧。柴油机燃烧室分为直喷式燃烧室和分隔式燃烧室两大类。

燃料供给系统一般由柴油箱、柴油滤清器、输油泵等低压油路部件和喷油泵、调速器、喷油器等高压油路部件组成，输油泵以一定的压力向喷油泵供油，喷油泵定时、适量、均匀地向喷油器输送高压柴油，主要有直列式喷油泵和分配泵两种。调速器根据柴油机负荷的变化，自动地调节喷油泵的供油量，以保证柴油机在各种工况下都能稳定运转，调速器按调节范围可分为两级式调速器和全程式调速器。喷油器将高压柴油以雾状喷入燃烧室，可分为孔式喷油器和轴针式喷油器。

电控柴油喷射系统由三大部分组成：传感器、控制器和执行器。控制器用来接收传感器发送的信号，通过比较、运算后，确定最佳运行参数，并将结果作为控制指令传递给控制器，由控制器具体执行。

习　　题

1. 简述柴油机燃料供给系统的功用和组成。

2. 简述柴油的性能指标有哪些，有何影响。
3. 简述直列式喷油泵是怎样实现供油量的自动调节。
4. 简述分配泵的工作原理。
5. 简述两级式调速器和全程式调速器的工作原理。
6. 简述孔式喷油器和轴针式喷油器的区别。

第 8 章　内燃机冷却系统

教学提示：内燃机冷却系统的作用是为了使内燃机在各种工况下保持适当的温度范围，并且在内燃机起动后，冷却系统还要保证内燃机迅速升温，尽快达到正常的工作温度。重点讲解内燃机冷却系统的组成和主要部件的构造及工作过程。注意讲透内燃机在各种工况下冷却系统中冷却水循环方式，特别是节温器和空气-蒸汽阀对冷却温度的控制和调节原理。要正确理解冷却系统的使用和维护。

教学要求：本章主要应掌握内燃机冷却系统功用、组成和主要部件的构造及工作过程。其重点是让学生了解内燃机冷却系统是如何保持内燃机的正常工作温度的，掌握内燃机冷却系统中冷却水进行大小循环的原理及过程，熟练掌握内燃机冷却系统主要部件的拆装方法和性能测试，最后了解正确使用与保养要求。

8.1　冷却系统的功用及组成

8.1.1　冷却系统的功用

冷却系统的功用就是保持内燃机在最适宜的温度范围内工作。内燃机工作时，由于燃料的燃烧，气缸内气体温度高达 2200～2800K(1927～2527℃)，使内燃机零部件温度升高，特别是直接与高温气体接触的零件，若不及时冷却，则难以保证内燃机正常工作。水冷式内燃机保持正常工作，其冷却水的温度应在 353～363K(80～90℃)，这样才能使零件处于正常工作范围。风冷内燃机铝气缸壁的温度允许为 423～453K(150～180℃)，铝气缸盖则为 433～483K(160～210℃)。

8.1.2　内燃机的冷却方式

根据内燃机冷却介质不同，可分为水冷式和风冷式(目前大多数内燃机采用的是水冷式，本章主要介绍内燃机的水冷却系统)。

水冷式是以水为冷却介质，热量先由机件传给水，靠水的流动把热量带走而后散入大气中。散热后的水再重新流回到受热机件处。适当调节水路和冷却强度，就能保持内燃机的正常工作温度。同时，还可用热水预热内燃机，便于冬季起动。

8.1.3　冷却系统的组成

目前汽车内燃机上采用强制循环式水冷却系统，如图 8.1 所示。它基本由风扇(有的装风扇离合器)、水泵、水套(在气缸盖或气缸体上制出的夹层空间)、散热器、百叶窗、节温器、水管、水温表和传感器等组成。强制循环式水冷却系统是用水泵把该系统的冷却液体加压，使之在水套中流动，冷却水从气缸壁吸收热量，温度升高，热水向上流入气缸盖，继而从缸盖流出并进入散热器。由于风扇的强力抽吸，空气从前向后高速流过散热器，不断地将流经散热器的水的热量带走。冷却了的水由水泵从散热器底部重新泵入水套。水在冷却系统中不断循环。为了控制冷却水温度，冷却系统中设有冷却强度调节装置，如百叶窗、节温器和风扇离合器等。

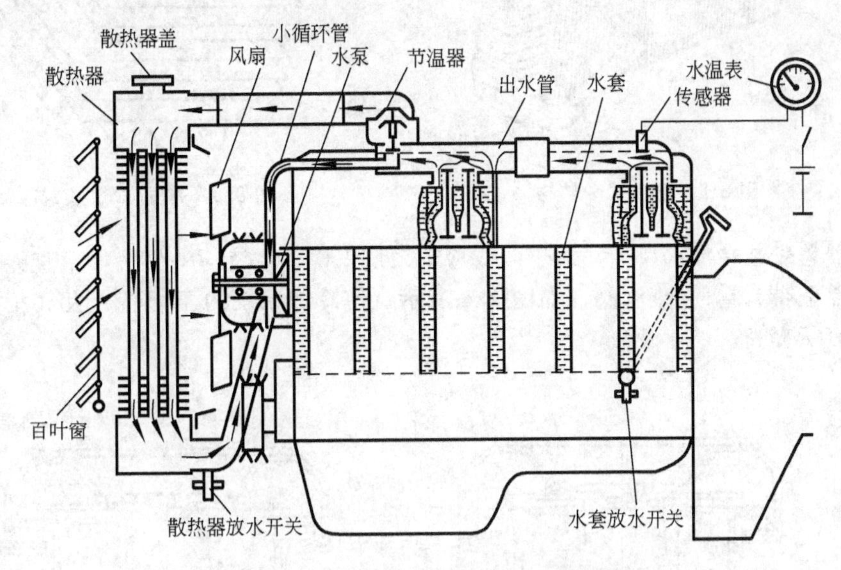

图8.1 强制循环式水冷却系统示意图

8.2 冷却系统的主要零部件

8.2.1 冷却装置

内燃机工作时利用冷却装置强制冷却液在冷却系统中循环，将多余的热量散发到大气中去，以保证内燃机的正常工作温度。主要由水泵、散热器、风扇和水套等组成。

1. 散热器

散热器的作用是将水套出来的热水自上而下或横向的分成许多小股并将其热量散给周围的空气。为了集中风向，提高冷却效果，散热器后面还装有导风圈。

散热器上(左)水室装有散热器的人水管，通过橡胶管与气缸盖出水管连接；上(右)水室上部有加水管，加水管口一般装泄气管。当冷却水沸腾时，水蒸气可以从此管排出。加装防冻液的冷却系统，此管接膨胀水箱。下(右)水室有出水管，用软管与水泵进水口连接，如图8.2所示，两水室之间焊接散热器芯管。

芯管的结构形式很多，常用的为管片式，如图8.3所示，其芯管多为扁圆形直管(防冻裂性好)，周围制有散热片。芯管可竖置或横置。

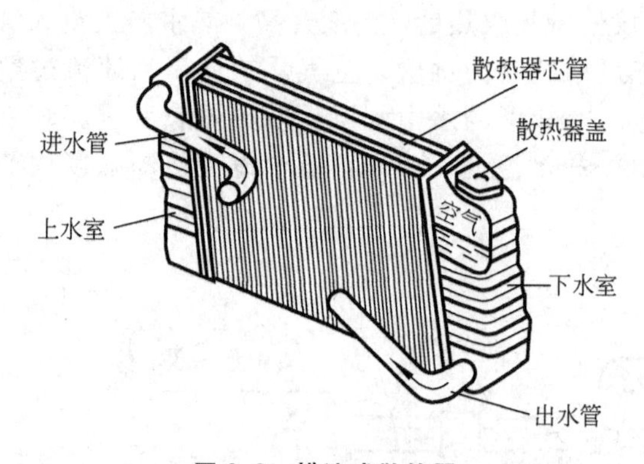

图 8.2　横流式散热器

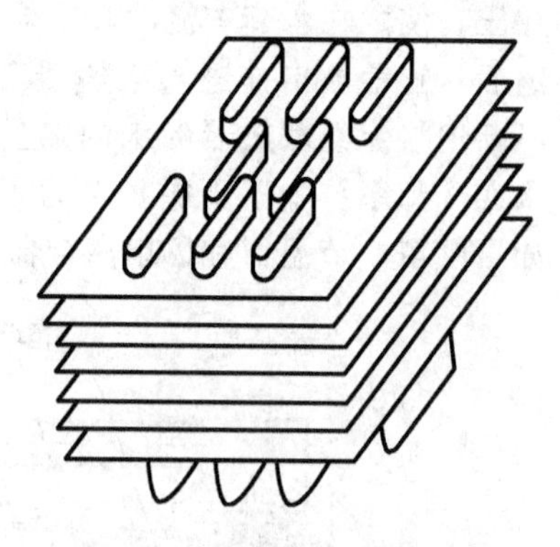

图 8.3　管片式散热器芯管

散热器盖安装在加水口上。对于闭式冷却系统来说，系统与外界大气不直接相通，所以散热器盖上带有空气-蒸汽阀，如图 8.4 所示。使冷却系统的压力高于大气压力，冷却水的沸点有所提高。

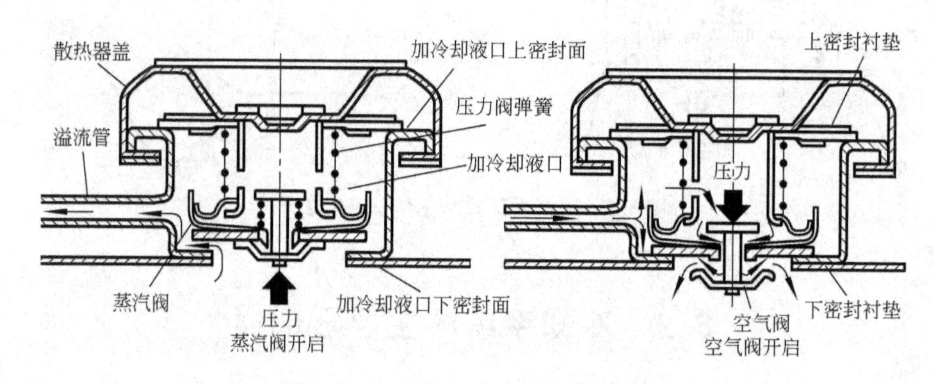

图 8.4　具有空气-蒸汽阀的散热器盖

蒸汽阀一般在散热器内压力达到 126～138kPa 时，阀门开启，部分水蒸气经泄气管排入大气，避免损坏散热器。

空气阀在散热器内气压降到 88～99kPa 时，空气阀打开，散热器与大气相通，防止散热器芯管被大气压坏。

散热器材料多采用耐腐蚀、导热性好的铜或铝片制成。

2. 水泵

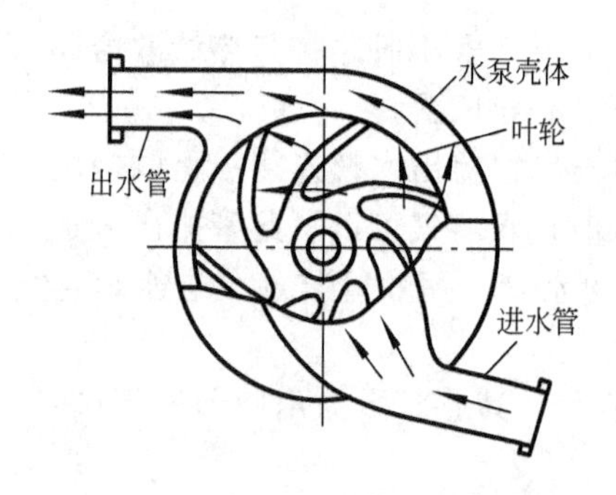

图 8.5　离心式水泵的工作原理图

水泵的作用是对冷却水加压，使之在冷却系统中循环流动水量增大。其结构简单，损坏后不妨碍水在冷却系统中自然循环。强制循环式冷却系统普遍采用。常见的水泵在机体外安装与风扇同轴驱动，也有装在机体内(内藏式)单独驱动的。

离心式水泵的工作原理图如图 8.5 所示。当叶轮旋转时，水泵中的水被叶轮带动一起旋转，由于离心力的作用，水被甩向叶轮边缘，在蜗形壳体内将动能转变为压能，经外壳上与叶轮成切线方向的出水管被压送到内燃机水套内。与此同时，叶轮中心处压力降低，散热器中的水便经进水管被吸进叶轮中心部分。

常见内燃机用的离心式水泵的结构如图 8.6 所示。水泵与风扇同轴，通过三角皮带传动。

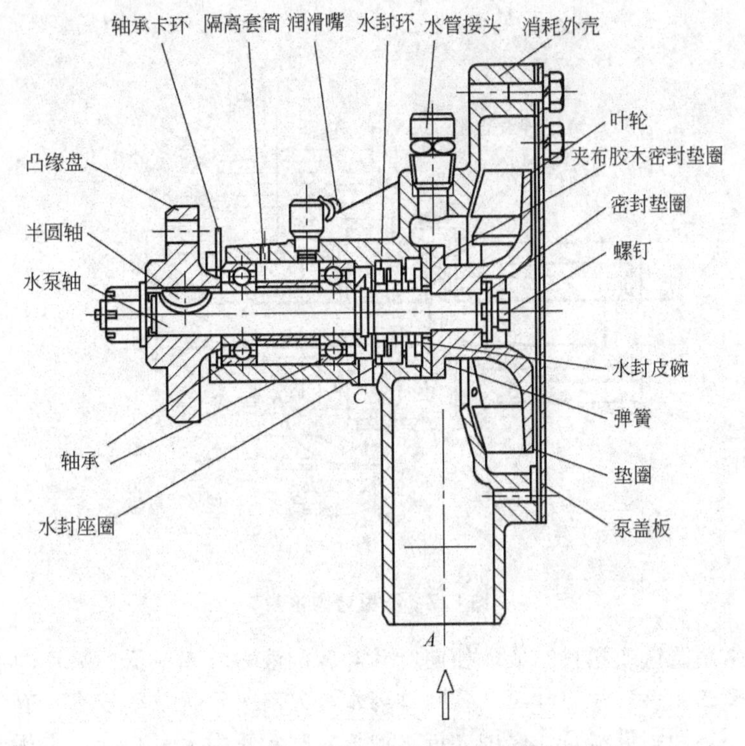

图 8.6 常见内燃机用的离心式水泵的结构

泵壳多用铸铁或铝合金制成蜗壳形状。泵盖及密封垫圈用螺钉装在泵壳后面，泵盖上有出水孔，泵壳上有进水孔，用橡胶管与散热器出水管相连。泵壳上面有旁通孔与气缸盖上的出水管连接。当冷却水温度低于 349K(76℃)时，部分冷却水由此直接进入水泵。

泵壳内是叶轮的工作室，通常铸有隔板把工作室分成进、出水两腔室。进水室与进水孔、旁通孔相通；出水室(图 8.6 中未画出)由出水孔与水套相连。

水泵轴通过两个轴承支承在壳体上，轴承间有隔套定位。水泵轴一端切削两平面与叶轮的孔相配合，并用螺钉紧固，以防叶轮轴向窜动。水泵轴的另一端用半圆键与风扇皮带轮的凸缘盘连接，并用槽形螺母锁紧，也常采用在轴端切削平面与风扇皮带轮连接的方式。

水泵轴上装有抛水圈，以防水封渗漏时浸湿轴承，渗出的水被抛水圈从检视孔甩出，可避免破坏轴承润滑。

水封装在叶轮的前面，通常由密封垫圈、水封皮碗和弹簧等组成。皮碗和用夹布胶木制成的密封垫圈套在水泵轴上，垫圈的两个凸缘卡在泵壳水封座的缺口内定位。水封皮碗用弹簧压紧在垫圈和铜制水封座圈之间，密封其端面。而另一端压向胶木垫圈，加工后的叶轮前端面与胶木垫圈靠紧密封。水封弹簧安装时有一定的预紧力，以保证密封。但这种水封由于弹簧经常浸在水中，易受腐蚀。水封随叶轮转动，滑磨发生在胶木垫圈和泵壳间。

上述水封是利用胶木密封垫与密封环之间的滑动起密封作用的，耐磨性差。新式水封的典型结构采用陶瓷、石墨摩擦副的水封结构，密封性好，耐磨，使用寿命长。图 8.7所示为装在泵壳座上的水封，水封弹簧不受水浸蚀，水封组件静止不转，滑磨发生在叶轮端面与垫圈之间。滑磨的垫圈用石墨制成，靠垫圈与水封及水封和座孔间压紧配合定位。

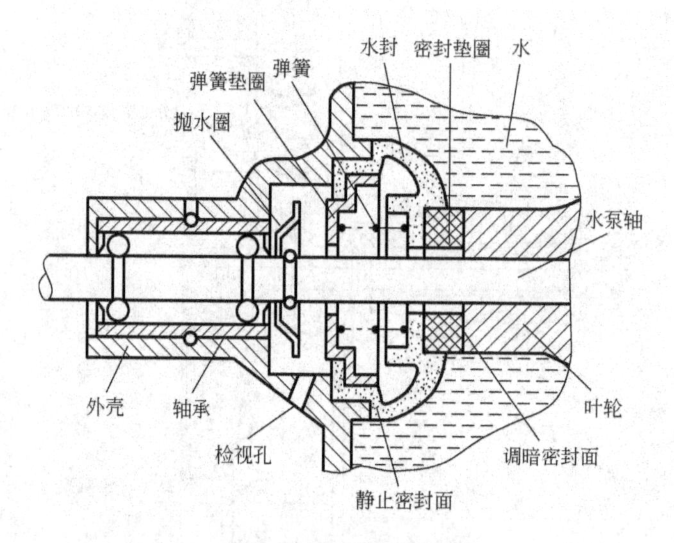

图 8.7　石墨垫圈水封

水泵叶轮常用铸铁或塑料制成。径向叶片叶轮的液力效率较低；采用向后弯曲的半圆弧、双圆弧或多圆弧形叶片的叶轮，其叶型与水流方向一致，效率较高。有的叶片一长一短，半数叶片不延伸到进水室，以增大进水通道。叶轮轮盘上有小孔，平衡叶轮前后的工作压力，以提高泵水量。

3. 风扇

风扇的作用是提高流经散热器的空气流速和流量，以增强散热器的散热能力并冷却内燃机附件。风扇多为轴流式，装在内燃机与散热器之间，与水泵同轴驱动。

风扇的扇风量主要与风扇的直径、转速、叶片形状、叶片安装角及叶片数目有关。

风扇的结构形式很多，目前汽车水冷内燃机上常用螺旋桨式风扇，如图 8.8 所示。

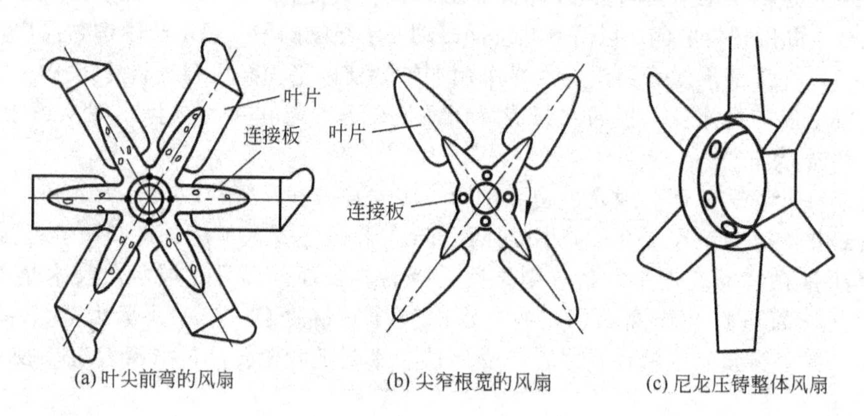

(a) 叶尖前弯的风扇　(b) 尖窄根宽的风扇　(c) 尼龙压铸整体风扇

图 8.8　风扇形式

风扇叶片有钢板冲压和铸造两种，叶片数为4～6片。为了减轻振动噪声，叶片间夹角不等。钢板冲压叶片横断面多为弧形，用塑料或铝合金铸成的多为翼型断面，这种风扇效率高，功率消耗较小。叶片与叶轮旋转平面之间有一偏扭角。偏扭角可为定值，也可制成变偏扭角的。因风扇旋转时叶和叶尖的气流速度外大内小，为了提高风扇的效率，叶片从叶根到叶尖偏扭角逐渐减小。

风扇用螺钉安装在水泵前端的皮带轮或凸缘盘上。风扇常和发电机一起由曲轴通过三角皮带带动，如图8.9所示。若皮带过松，皮带将在皮带轮上打滑，风扇和水泵等的转速下降，扇风量和泵水量减小，使内燃机过热；皮带过紧，将增加轴承和皮带的磨损。因此，常将发电机支架做成可移动式的，以便调节皮带的紧度。

一些轿车由于内燃机横置或后置，多采用电动风扇，如图8.10所示。电动机的开关由散热器的水温开关控制，并且有高低速两个挡位，低速挡在沸点内使用，高速挡在沸点外使用，需要冷却时自动起作用。这样，在一般行驶条件下，电动风扇几乎不转，功率消耗减少，油耗率降低，而在低速大负荷时又能得到充分的冷却。

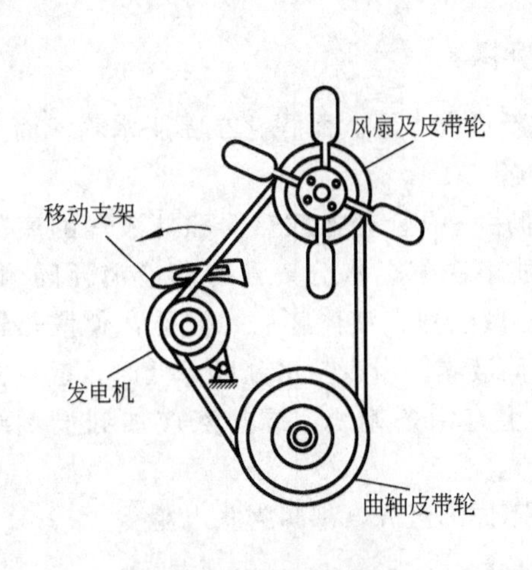

图8.9　机械驱动风扇

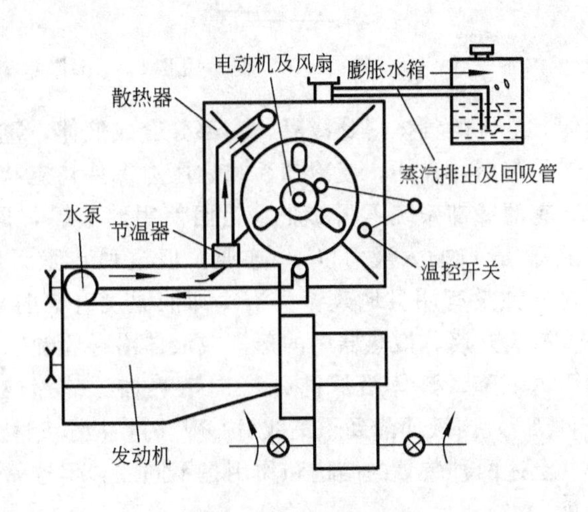

图8.10　电动风扇

4. 膨胀水箱

膨胀水箱示意图如图8.11所示，其上部用一个较细的软管与水箱的加水管相连，底部通过水管与水泵的进水侧相连接，通常位置略高于散热器。膨胀箱多用半透明材料(如塑料)制成。透过箱体可直接方便地观察到液面高度，无须打开水箱盖。

膨胀水箱的作用是把冷却系统变成永久性封闭系统，减少了冷却液的损失，避免空气不断进入，给系统内部造成氧化、穴蚀，使冷却系统中水、气分离，保持系统内压力稳定，提高了水泵的泵水量。

一般冷却系统冷却液的流动是靠水泵的压力来实现的。水泵吸水的一侧压力低，易产生蒸汽泡，使水泵的出水量显著下降，并引起水泵叶轮和水套的穴蚀，在其表面产生麻点或凹坑，缩短了叶轮和水套的使用寿命。加装膨胀水箱后，由于膨胀水箱和水泵进水口之间存在补充水管，使水泵进水口处保持较高的水压，减少了气泡的产生。散热器中的蒸汽泡和水套中的蒸汽泡通过导管进入膨胀水箱，从而使气、水彻底分离。由于膨胀水箱温度

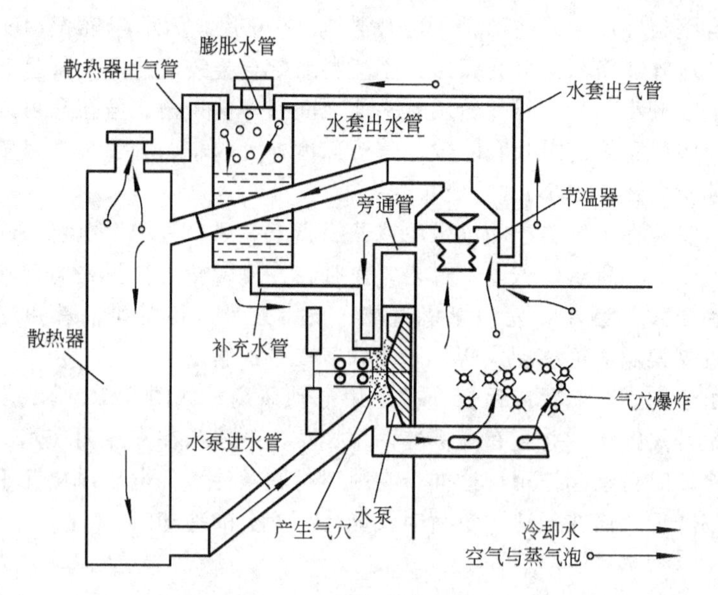

图 8.11　膨胀水箱示意图

较低，进入的气体得到冷凝，一部分变成液体，重新进入水泵。而积存在膨胀水箱液面上的气体起缓冲作用，使冷却系统内压力保持稳定状态。

有的冷却系统不用膨胀水箱而使用储液罐，即用一根管子把散热器和储液罐的底部或上部(管口插入液面以下)连通。但这种装置只能解决气、水分离及冷却液消耗问题，而对穴蚀没有明显地改善。当冷却液温度升高时，散热器中液体膨胀、汽化，使散热器盖蒸汽阀开启，散热器中的蒸汽或液体沿导管流入储液罐。当冷却水温度降低时，散热器内压力下降，液体沿原路径流向散热器。储液罐上有两条刻线，冷却液应加到上刻线(FULL)，当液面降到下刻线(LOW)时，应及时补充。

上述两种装置的结构和作用是不同的，但通常不详细区分，都叫膨胀水箱。

8.2.2　冷却强度调节装置

强制式水冷却系统的冷却强度，一般受汽车的行驶速度、曲轴、水泵和风扇的转速及外界气温的影响。当使用条件变化时，如外界气温高，内燃机在低速大负荷情况下工作，要求冷却强度要强，否则内燃机易于过热。而当外界气温低，内燃机负荷又不大时，其冷却强度应弱些，不然就会使内燃机过冷。因此，要保证内燃机在最佳的温度下工作，不出现过热过冷现象，就必须能根据使用条件的变化自动调节内燃机冷却强度。冷却强度的调整方法有两种：一是改变流经散热器的空气流量和流速；二是改变冷却液的流量和循环路线。

1. 节温器

节温器的作用是随内燃机负荷和水温的大小而自动改变冷却液的流量和循环路线，保证内燃机在适宜的温度下工作，减少燃料消耗和机件的磨损。

汽车多采用蜡式节温器，如图 8.12 所示。节温器的上支架和下支架与阀座铆成一体。中心杆上端固定在上支架的中心，其下部插入橡胶管的中心孔内，中心杆下端呈锥形。

橡胶管与感应体外壳之间的空腔里装有石蜡。为了提高导热性，石蜡中常掺有铜粉和铝粉。为防止石蜡外溢，外壳上端向内卷边，并通过上盖和密封垫将橡胶管压紧在感应体壳的台肩上。外壳上下部有联动的主阀门和旁通阀门。主阀门上有通气孔，它的作用是在加水时使水套内的空气经小孔排出，保证能加满水。为了防止通气孔阻塞，有的加装一个摆锤。

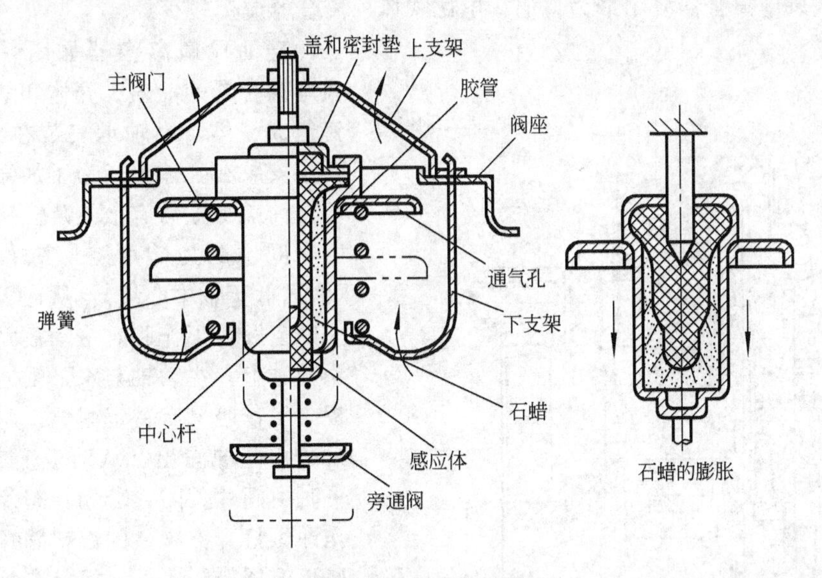

图 8.12 蜡式节温器

常温下石蜡呈固态，水温低于 349K(76℃)时，主阀门完全关闭，旁通阀完全开启，由气缸盖出来的水经旁通管直接进入水泵，故称小循环。由于水只是在水泵和水套之间流动，不经过散热器，且流量小，所以冷却强度弱。

当内燃机水温达 349K(76℃)左右时，石蜡逐渐变成液态，体积随之增大，迫使橡胶管收缩，从而对中心杆下部锥面产生向上的推力。由于杆的上端固定，故中心杆对橡胶管及感应体产生向下的反推力，克服弹簧张力使主阀门逐渐打开，旁通阀开度逐渐减小。

当内燃机内水温升高到 359K(86℃)时，主阀门完全开启，旁通阀完全关闭，冷却水全部流经散热器，称为大循环。此时冷却水流动路线长，流量大，冷却强度强。

当冷却水温度在 349～359K(76～86℃)时，大小循环同时进行，如图 8.13 所示。

2. 百叶窗

百叶窗的作用是在冷却水温度较低时改变吹过散热器的空气流量，从而控制冷却强度。

在严寒的冬季，水温过低时，由于节温器的作用使水只进行小循环，散热器中的水有冻结的危险。此时关闭百叶窗可使冷却水温度回升。

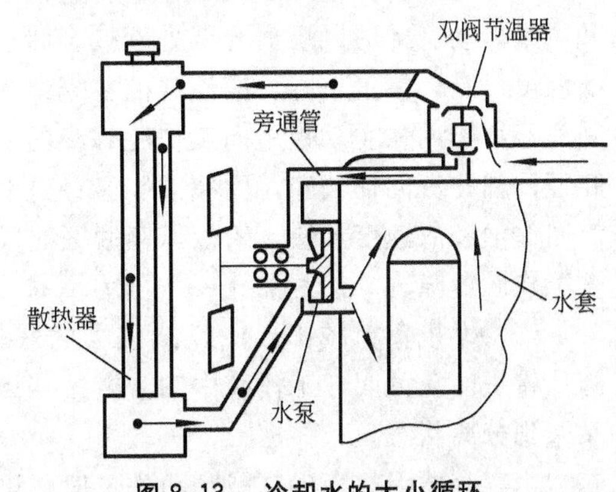

图 8.13 冷却水的大小循环

百叶窗安装在散热器前面，它是由许多片活动挡板组成的。挡板垂直或水平安装，由驾驶员通过装在驾驶室内的手柄操纵调节挡板的开度。

3. 风扇离合器

风扇是内燃机功率的消耗者，最大时约为内燃机功率的10%。为了降低风扇功率消耗，减少噪声和磨损，防止内燃机过冷，降低污染，节约燃料，多采用风扇离合器。目前，硅油式风扇离合器应用最为普遍，电磁式风扇离合器应用较少。

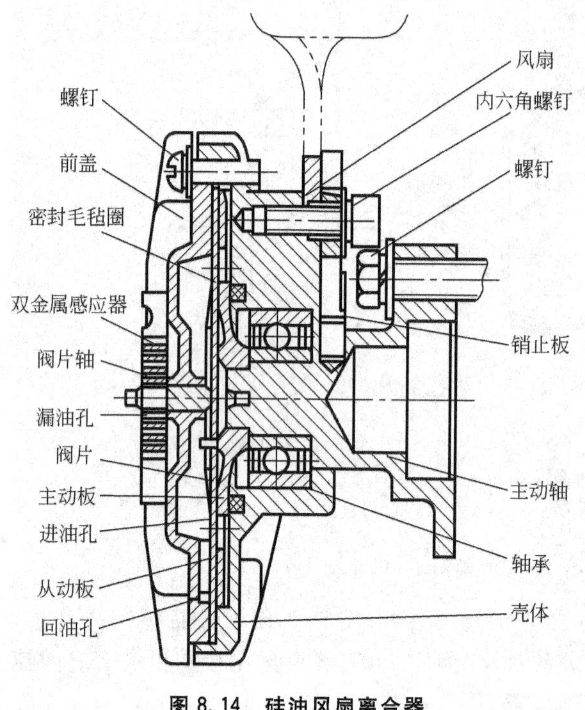

图 8.14　硅油风扇离合器

硅油风扇离合器如图8.14所示，风扇离合器的前盖、壳体和从动板用螺钉组成一体，靠轴承安装在主动轴上。风扇安装在壳体上。为了加强硅油的冷却，前盖板上铸有散热片。从动板与前盖之间空腔为储油腔，其中装有硅油(油面低于轴中心线)，从动板与壳体之间的空腔为工作腔。主动板固定连接在主动轴上，主动轴与水泵轴连接，主动板与工作腔壁有一定间隙，用毛毡圈密封防止硅油漏出。从动板上有进油孔，平时由阀片关闭，若偏转阀片，则进油孔即可打开。阀片的偏转靠螺旋状双金属感温器控制，从动板上有凸台限制阀片最大偏转角。感温器外端固定在前盖上，内端卡在阀片轴的槽内，从动板外缘有回油孔，中心有漏油孔。以防静态时从阀片轴周围泄漏硅油。

当内燃机冷起动或小负荷下工作时，冷却水及通过散热器的气流温度不高，进油孔被阀片关闭，工作腔内无硅油，离合器处于分离状态，主动轴转动时，仅仅由于密封毛毡圈和轴承的摩擦，使风扇随同壳体在主动轴上空转打滑，转速极低。

当内燃机负荷增加时，冷却液和通过散热器的气流温度随之升高，感温器受热变形而带动阀片轴及阀片转动。当流经感温器的气流温度超过338K(65℃)时，进油孔被完全打开，于是硅油从储油腔进入工作腔。硅油十分黏稠，主动板即可利用硅油的黏性带动壳体和风扇转动。此时风扇离合器处于接合状态，风扇转速迅速提高。为了避免工作腔中的硅油温度过高，黏度下降，应使硅油在壳体内不断循环。由于主动板转速高于从动板，因此受离心力作用从主动板甩向工作腔外缘的油液压力比储油腔外缘的油压力高，油液从工作腔经回油孔流向储油腔，而储油腔又经进油孔及时向工作腔补充油液。为使硅油从工作腔流回储油腔的速度加快，缩短风扇脱开时间，在从动板的回油孔旁，有一个刮油突起部伸入工作腔缝隙内，使回油孔一侧压力增高，回油加快。

当内燃机负荷减小，流经感温器的气体温度低于308K(35℃)时，感温器恢复原状，阀片将进油孔关闭，工作腔中油液继续从回油孔流回储油腔，直至甩空为止。风扇离合器又回到分离状态。

当离合器因故障(如漏油等)失灵时，可采取如下应急措施：松开内六角螺钉，把锁止板的销插入主动轴孔中，再拧紧螺钉，使壳体与主动轴连成一体，但此时只靠销传动，不能长期使用。

小　结

本章主要讲述了内燃机冷却系统的功用和组成，以及主要部件的构造和工作原理。内燃机冷却装置主要由水泵、散热器、风扇和水套等组成。工作时利用冷却装置强制冷却液在冷却系统中循环，将多余的热量散发到大气中去，以保证内燃机的正常工作温度。

习　题

1. 冷却系统有何功用？冷却不足或过度有何不良后果？有哪些冷却方法？
2. 何谓水冷却系统中的大循环和小循环？简述其组成和冷却水循环路径？
3. 何谓开式和闭式冷却系统？在闭式水冷却系中，空气-蒸汽阀是怎样工作的？
4. 节温器的功用是什么？它一般装在什么地方？
5. 简述蜡式节温器的构造和工作过程。

第9章　内燃机润滑系统

教学提示：内燃机润滑系统是为了保证内燃机正常工作，将清洁的、压力一定的、温度适宜的机油不断地输送到各个摩擦表面，形成液体摩擦，以减小摩擦阻力、降低功率损耗、减轻磨损，延长使用寿命。主要讲述内燃机润滑系统的作用、组成和工作过程，特别是润滑系统的主要部件的构造和工作原理。

教学要求：本章主要应掌握润滑系统基本油路的组成和主要部件的构造及工作原理。其重点是让学生了解常见的内燃机润滑系统油路的组成。掌握机油泵和滤清器等主要部件的构造及工作，熟练掌握内燃机润滑系统的正确使用与维护方法。

9.1　润滑系统的功用及组成

9.1.1　润滑系统的功用

内燃机工作时，传力零件相对运动表面之间不能直接接触，因为任何零件的工作表面，即使经过极为精密的加工，也难免存在一定程度的表面粗糙度，如图9.1所示。在它们接触且相对运动时，必然产生摩擦和磨损。而摩擦产生的阻力，既要消耗动力，阻碍零件的运动，又使零件发热，甚至导致工作表面烧损。因此，必须进行润滑，即在两零件的工作表面之间加入一层润滑油使其形成油膜，将零件完全隔开，处于完全的液体摩擦状态。这样，功率消耗和磨损就会大为减少。

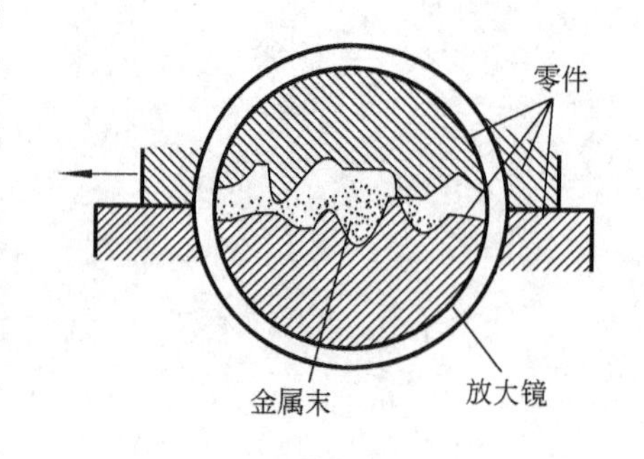

图9.1　运动零件表面放大图

内燃机的润滑是由润滑系统来实现的。润滑系统除了起润滑作用外，还起到了清洁、冷却和密封作用。润滑油膜形成的基本条件是两零件之间存在油楔及相对运动，并且有足够的润滑油供给。润滑油膜形成原理如图9.2所示。静止时，在自重的作用下，轴处于最低位置与轴承P点相接触，如图9.2(a)所示，这时润滑油从轴和轴承中被挤出来。当轴转动时，粘附在轴表面的油便随轴一起转动。由于轴与轴承的间隙成楔形，使润滑油产生一定的压力。在此压力作用下，轴被推向一侧，如图9.2(b)所示。轴的转速越高，单位时间被带动的油液越多，油压力就越大。当轴的转速达到一定高度时，轴便被油压抬起，如图9.2(c)所示。这样，油膜将油与轴承完全隔开，使之变为液体摩擦，从而减轻了运动阻力，减少了运动件的磨损。同理，作直线运动的零件，其前端制有倒角时，润滑油也可楔入运动表面而形成油膜，如图9.3所示。

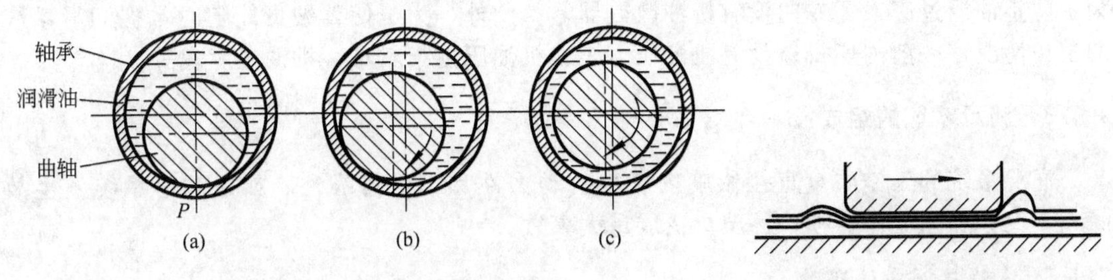

图9.2　旋转零件的润滑油膜

图9.3　滑动零件润滑油膜

(1) 润滑。内燃机润滑系统的基本任务就是将润滑油不断地供给各零件的摩擦表面，形成润滑油膜，减小零件的摩擦、磨损和功率消耗。

(2) 清洁。内燃机工作时，不可避免地要产生金属磨屑、空气所带入的尘埃及燃烧所产生的固体杂质等。这些颗粒若进入零件的工作表面，就会形成磨料，大大加剧零件的磨损。而润滑系统通过润滑油的流动将这些磨料从零件表面冲洗下来，带回到曲轴箱。在这里，大的颗粒沉到油底壳底部，小的颗粒被机油滤清器滤出，从而起到清洁的作用。

(3) 冷却。由于运动零件的摩擦和混合气的燃烧，使某些零件产生较高的温度。而润滑油流经零件表面时可吸收其热量并将部分热量带回到油底壳散入大气中，起到冷却作用。

(4) 密封。内燃机气缸壁与活塞、活塞环及活塞环与环槽之间，都留有一定的间隙，并且这些零件本身也存在几何偏差。而这些零件表面上的油膜可以补偿上述原因造成的表面配合的微观不均匀性。由于油膜充满在可能漏气的间隙中，减少了气体的泄漏，可保证气缸的应有压力，因而起到了密封作用。

此外，由于润滑油粘附在零件表面上，避免了零件与水、空气、燃气等的直接接触，起到了防止或减轻零件锈蚀和化学腐蚀的作用。

9.1.2　润滑系统的润滑方式

内燃机工作时，由于各运动零件的工作条件不同，因而所要求的润滑强度和方式也不同。零件表面的润滑，按其供油方式可分为压力润滑和飞溅润滑。现代汽车内燃机都采用复合式润滑方式。

(1) 压力润滑。对负荷大，相对运动速度高(如主轴承、连杆轴承、凸轮轴轴承等)的零件，以一定压力将机油输送到摩擦面间隙中进行润滑的方式。

(2) 飞溅润滑。是对外露、负荷较轻、相对运动速度较小(如活塞销、气缸壁、凸轮表面和挺杆等)的工作表面，依靠运动零件飞溅起来的油滴或油雾进行润滑的方式。某些零件(如活塞与气缸壁)虽然工作条件较差，但为了防止过量润滑油进入燃烧室而造成内燃机工作恶化，也采用飞溅润滑。

对内燃机辅助机构的一些零件(如水泵及发电机轴承)则采用定期加注润滑脂的方法。近年来有采用含有耐磨润滑材料(如尼龙、二硫化钼等)的轴承代替加注润滑脂的轴承。定期润滑不属于润滑系统工作范畴。为了保证压力润滑所必需的油压和润滑油的循环，需要有机油泵建立足够的油压，有油道和油管将润滑油通向各摩擦表面，有油底壳储存一定数量的润滑油以及控制油压的限压阀等。

为了清除润滑油中的机械杂质和胶质等，润滑系统中还设有机油滤清器。有些内燃机为了防止油温过高，还专门设有机油散热器等。此外，为了使驾驶员能随时掌握润滑系统的工作情况，一般内燃机还设有机油压力表或机油压力指示灯、机油温度表等。

9.1.3　润滑系统的组成

润滑系统的工作质量直接影响内燃机的动力性和工作可靠性。如果润滑系统发生故障，不仅会加速零件磨损，甚至会造成重大事故。

1. 汽油机润滑油路

汽油内燃机的润滑系统一般由加油管、油底壳、集滤器、机油泵、粗细滤器、机油散热器、主油道、分油道、限压阀、旁通阀等组成。由于汽油内燃机的配气机构的凸轮轴在内燃机上有3种布置(下置、中置和上置)形式，故内燃机润滑油路有所不同。常用的有中置和上置两种。

1）中置式凸轮轴汽油机润滑油路

汽油内燃机润滑油路示意图如图9.4所示。内燃机曲轴的主轴承、连杆轴承、凸轮轴轴承、摇臂孔、空气压缩机、正时齿轮和机油泵驱动轴等采用压力润滑；活塞、活塞环、活塞销、气缸壁、气门、挺杆和凸轮等采用飞溅润滑。

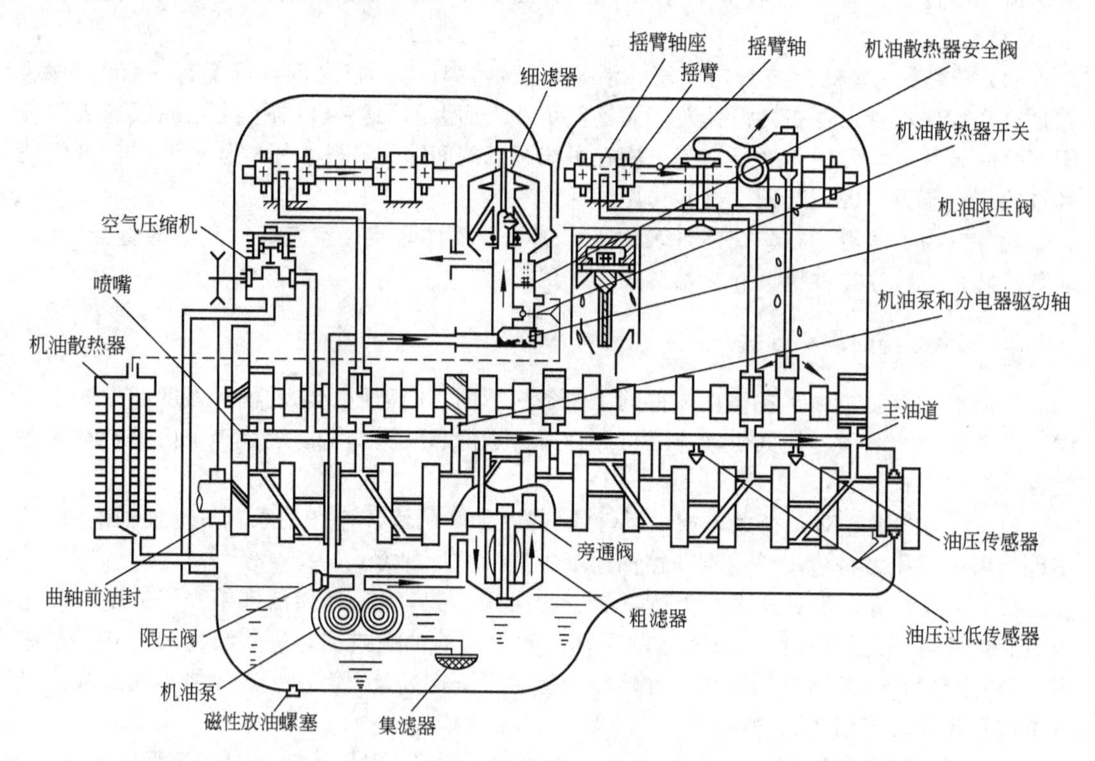

图9.4　汽油内燃机润滑油路示意图

内燃机工作时，机油经固定式集滤器初步过滤后进入机油泵，防止大的机械杂质进入泵体内。机油泵使机油产生一定的压力而输出。由机油泵输出的油分为两路。大部分(90%)的机油经粗滤器滤去较大的机械杂质后进入纵向主油道，并由此流向各运动零件的工作表面。若粗滤器的滤芯被杂质堵塞而失效时，机油便顶开旁通阀直接进入主油道，以保证内燃机各部分有足够的润滑油。另一小部分机油经进油限压阀流入细滤器，滤去细小杂质后流回油底壳。当润滑油路中的油压低于100kPa时，进油限压阀不开启，机油细滤器停止工作，保证主油道内的油压足够。细滤器并联在油路中，既不影响润滑油畅通，又可使润滑油得到良好的滤清。一般汽车每行驶50km左右，全部机油即可经细滤器滤清一遍。

进入主油道的润滑油由曲轴上的7条并联的横向油道流到曲轴主轴承中，然后经曲轴上的油道流入连杆轴颈处。其中第一、二、四、六、七条横向油道里的部分润滑油流向凸轮轴轴承。流入第五道凸轮轴轴承中的机油，从轴颈上的泄油孔流出，以防将后油堵盖压出。第三条横向油道里的部分润滑油流向机油泵和分电器驱动轴。

用油管从主油道前端引出部分润滑油到空气压缩机曲轴中心油道、润滑空气压缩机的曲轴和连杆轴承处，然后经空气压缩机下方的回油管流回到内燃机的油底壳中。在曲轴箱前端拧入一喷油嘴通过油道与主油道连通，以润滑正时齿轮。

凸轮轴的第二、四轴颈上有两个不通的半圆形节流槽，润滑油经该槽间歇地通过摇臂轴的第一支座和第四支座上的油道输送到两根中空带孔的摇臂轴内，润滑摇臂孔。凸轮轴轴颈上的节流槽对润滑油的节流作用能防止摇臂轴过量润滑，避免多余的油顺气门流入气缸。

在主油道上安装了机油压力表传感器和机油压力过低警告灯传感器。正常的油压应为150～600kPa。当主油道内的油压低于100kPa时，传感器的触点接通使警告灯发亮，应立即停车检查。

机油泵的端盖上装有限压阀。限压阀的作用是限制润滑系统内的最高油压，防止因压力过高而造成过分润滑及密封垫、圈发生泄漏现象。当油压超过正常工作范围时，机油压力便克服弹簧张力使球阀打开，部分机油在泵内泄回进油端而不输出，保持润滑油路内油压正常。

机油细滤器上还设有可接机油散热器的开关。机油散热器一般安装在冷却水散热器的前面。当气温高于293K(20℃)，由驾驶员控制打开开关，使部分机油流经机油散热器冷却，以保持机油的润滑性能。当油压高于400kPa时，机油散热器安全阀开启，使机油经此阀泄入油底壳，防止机油散热器损坏。

应当指出，润滑油的冷却除靠迎面气流吹拂油底壳外，主要依靠机油散热器散热。由于细滤器进油限压阀的存在，当油温较高时，机油稀化，油压降低，会影响机油散热器的工作可靠性。为此，要求机油泵的出油量和出油压力较大，以便改善润滑油的冷却条件。

2) 上置式凸轮轴汽油机润滑油路

由于汽油内燃机转速高、功率大，凸轮轴多为顶置，机油泵一般由中间轴驱动；配气机构多采用液力挺柱；在主油道与机油泵之间多用单级全流式滤清器，以简化滤清系统。集滤器为固定淹没式，避免机油泵吸入表面泡沫，保证润滑系统工作可靠。

上置式凸轮轴汽油机润滑油路如图9.5所示，当内燃机工作时，机油经集滤器初步过滤后进入机油泵，机油泵输出的机油全部流经机油滤清器，然后进入纵向主油道。主油道中的机油分别由各分油道进入曲轴主轴承和连杆轴承，再通过连杆杆身的油道润滑活塞销，并对活塞进行喷油冷却。

中间轴的润滑由内燃机前边第一条横向斜油道和从机油滤清器出来的油道供给。气缸盖上的纵向油道与主油道相通，并通过横向油道润滑凸轮轴轴颈及向液力挺柱供油。在缸

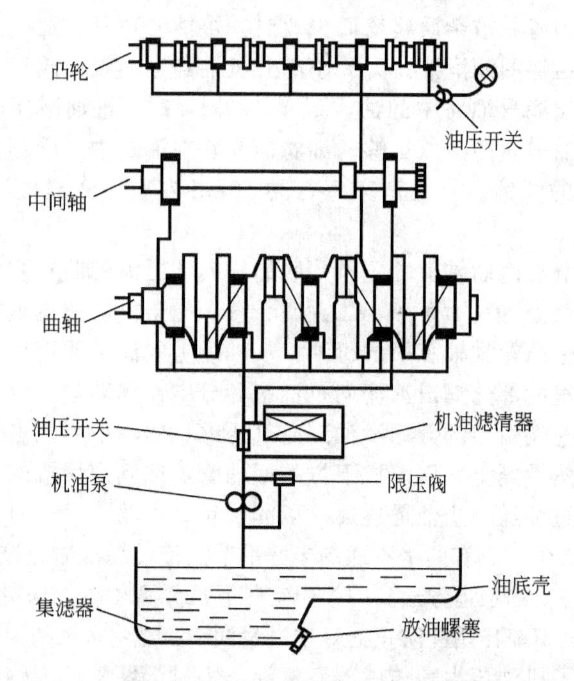

图 9.5 上置式凸轮轴汽油机润滑油路

盖和缸体的一侧布置了回油孔，使缸盖上的机油流回曲轴箱。

内燃机上有两个油压开关，开关为 30kPa，位于气缸盖后端；开关为 190kPa，位于机油滤清器支架上。打开点火开关，仪表板中的机油压力警告灯即闪烁。起动内燃机，当机油压力大于 30kPa 时，开关 l 触点开启，该警告灯自动熄灭。当内燃机低速运转时，若机油压力低于 30kPa 时，则油压开关触点闭合，机油压力警告灯闪烁。当内燃机转速超过 2150r/min 时，如果机油压力达不到 190kPa，油压开关 9 触点断开，机油警告灯闪烁，且警报蜂鸣器也同时报警。

2. 柴油机润滑油路

由于柴油机与汽油机的结构和工作条件不一样，其润滑系统的组成和油路也各有不同。柴油机的机械负荷和热负荷较大，其活塞一般专设油道进行冷却；所配用的喷油泵、调速器、增压器等也需要润滑，因此，要求柴油机的润滑强度较高。为了保证润滑系统工作可靠，通常设有机油散热器。同时，由于柴油机无须驱动分电器，所以机油泵可安装在曲轴箱内第一道或第二道主轴承盖处，由曲轴正时齿轮直接或间接驱动。这样，可使机油泵的转速等于或高于内燃机转速，以满足柴油机高强度润滑的需要。

图 9.6 所示为柴油机润滑油路示意图。油底壳中的机油经集滤器、机油泵(附设限压阀，开启压力为(1550±150)kPa)、机油滤清器(附旁通阀)、机油散热器进入主油道。机油散热器上装有限压阀，当油压过高时，限压阀开启，机油直接由此阀进入主油道，避免机油散热器损坏。主油道中的机油通过各支油道分别流向增压器(若柴油机为自然吸气式则无增压器)、压气机、喷油泵、经推杆到摇臂轴、凸轮轴轴颈、曲轴主轴颈和连杆轴颈等处进行压力润滑。为了保证活塞的冷却，对应各缸处有机油喷嘴，来自于主油道的机油直接喷到活塞内腔。

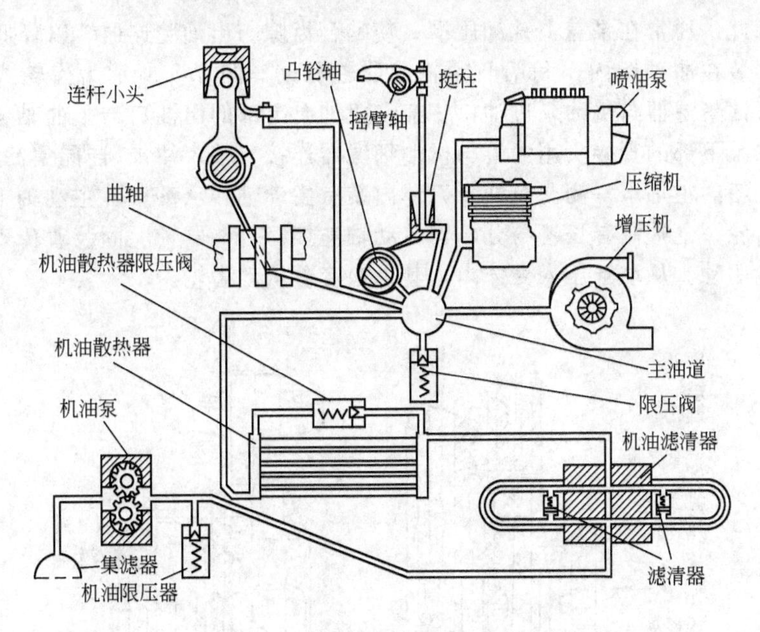

图 9.6　柴油机润滑油路示意图

此外，润滑系统主油道中装有机油压力过低传感器，能自动报警；油底壳底部有磁性放油螺塞；窜入曲轴箱及气缸体内腔的油气可通过油气分离器，使凝结下来的机油回到油底壳。分离出来的气体则通过增压器压气机进入柴油机进气管。

9.2　润滑系统的主要零部件

9.2.1　机油泵

机油泵的作用是将一定压力和数量的润滑油供到润滑表面。汽车内燃机常用的机油泵有齿轮式和转子式两种。

1. 齿轮式机油泵

齿轮式机油泵工作原理如图 9.7 所示。因油泵壳体内壁的间隙很小，泵壳上有进、出油腔。当内燃机工作时，齿轮按图示箭头方向旋转，轮齿将润滑油(如图 9.7 中箭头所示)从进油腔带到出油腔，使出油腔油压增大，润滑油便经出油口被压送到内燃机油道中。同时，进油腔产生一定的真空度，机油便从进油口被吸入进油腔。机油泵不断工作，保证机油在润滑油路中不断循环。

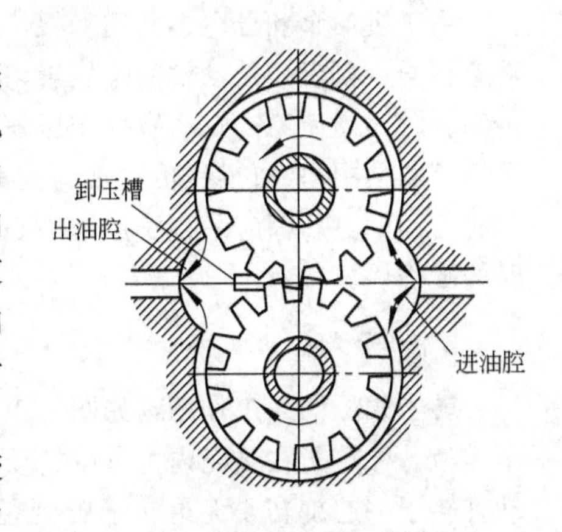

图 9.7　齿轮式机油泵工作原理

当齿轮进入啮合时，啮合齿间的润滑油体积变小，在齿间产生很高的压力，给齿轮的运动带来阻力并通过齿轮作用在主、从动轴上，加剧了轴与齿轮孔间的磨损。因此，通常在泵盖上铣卸压槽，使啮合齿隙与出油腔连通，以降低其油压。

机油泵多装在曲轴箱内，利用凸轮轴或曲轴驱动。图 9.8 所示为齿轮式机油泵结构图。固定式机油集滤器与机油泵进油口相连，机油泵上部的出油口与上曲轴箱的油道及粗滤器相通，油泵下部的管接头用油管与机油细滤器连接，整个油泵(连同集滤器)用两个螺钉安装在曲轴箱内主轴承一侧。机油泵壳体内装有主动轴和从动轴。主动轴下端用半圆键固装着直齿齿轮，上端制有长槽与分电器传动轴连接。分电器轴上固装着传动齿轮由凸轮轴上的斜齿轮驱动。从动轴压入壳体内，其上松套着从动齿轮。

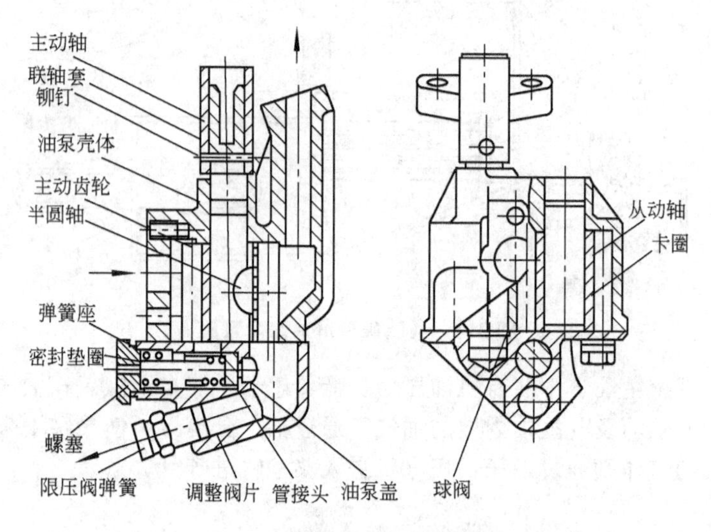

图 9.8　齿轮式机油泵结构图

齿轮与泵体内壁及与泵盖间的间隙很小，以保证产生必要的油压。所以泵盖与壳体间的密封纸垫做得很薄，衬垫既可防止漏油，又可调整齿轮端隙。

泵盖上装有限压阀组件。限压阀的作用是在油压过高时泄压，维持主油道内的正常压力(150～600kPa)。当油压超出上述范围时，可增减垫片的厚度，以调整弹簧的预紧力，从而使油压保持在正常范围。限压阀出厂前在试验台上已调好，使用中不能因机油压力过低而随意调整，应根据油压变化原因查找故障。

由于机油泵和分电器共用一根传动轴，由凸轮轴驱动，所以机油泵的转速与凸轮轴的转速相同。再者，传动轴的螺旋齿轮在凸轮轴的外侧，分电器分火头顺时针转动。在安装传动轴时，需使第一缸活塞处于压缩结束位置，用长螺丝刀将机油泵主动轴上的扁槽转至垂直于曲轴中心线位置(传动轴的上扁槽与下扁舌相互垂直)，再将传动轴装入曲轴箱内。此时传动轴上扁槽应平行于曲轴中心线，且扁槽大面朝外，如图 9.9 所示，以保证点火正时的准确性。

2. 转子式机油泵

转子式机油泵工作原理如图 9.10 所示，主动的内转子有 4 个凸齿，从动的外转子有 5 个内齿，外转子在泵壳内可自由转动，内外转子间有一定的偏心距。当内转子旋转时，带动外转子一起旋转，无论转子转到任何角度，内外转子每个齿的齿形轮廓线上总有接触点，于是内外转子间便形成了 4 个工作腔。由于内外转子的速比大于 1(i=1.25)，所以外

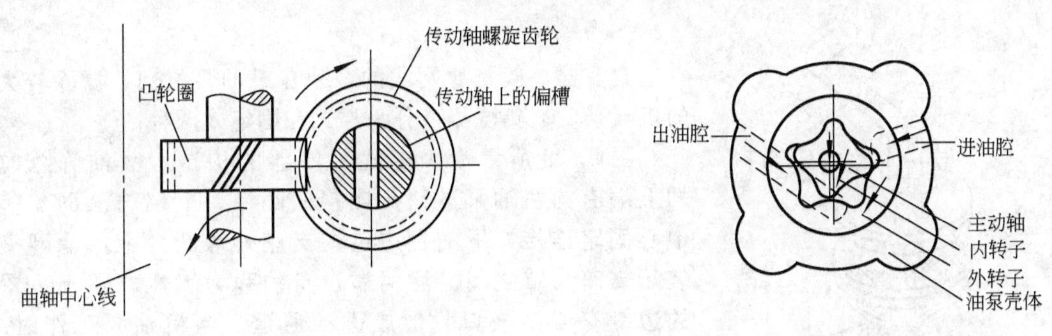

图9.9 机油泵传动轴的安装

图9.10 转子式机油泵工作原理

转子总是慢于内转子，且由于偏心距的存在，使工作碗的容积产生较大变化。当某一工作腔从进油腔转过时，容积增大，产生真空，机油便经进油孔被吸入。当该工作腔与出油腔相通时，腔内容积减小，油压升高，机油经出油孔压出去。

转子式机油泵结构紧凑，吸油真空度高，泵油量大，对安装位置无特殊要求，可布置在曲轴箱外或吸油位置较高的地方。

转子式机油泵的构造如图9.11所示。转子式机油泵的主动轴通过轴套和卡环安装在机油泵壳体和盖板上。内转子用半圆键固装在主动轴上。外转子装在泵壳内自由转动，内外转子均由粉末冶金压制。为了保证内外转子之间以及外转子与泵壳之间安装的正确性，油泵壳体与泵盖之间用两个定位销定位，并用螺栓紧固。泵盖与壳体之间有纸质衬垫，用以密封和调整转子与泵壳端面间隙。主动轴前端通过半圆键固定传动齿轮，由曲轴经中间齿轮驱动。

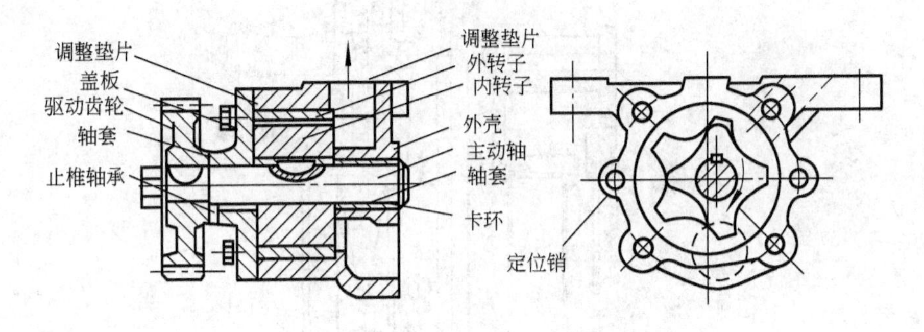

图9.11 转子式机油泵的构造

9.2.2 机油滤清器

内燃机工作过程中，金属磨屑、尘土、高温下被氧化的积炭、胶状沉淀物和水等不断混入润滑油。机油滤清器的作用就是滤掉这些机械杂质和胶质，保持润滑油的清洁，延长其使用期限。机油滤清器应具有滤清能力强、流通阻力小、使用寿命长等性能。一般润滑系统中装用几个不同滤清能力的滤清器(集滤器、粗滤器和细滤器)，分别并联或串联在主油道中(与主油道串联的滤清器称为全流式滤清器，与之并联的则称为分流式滤清器)。这样既能使机油较好地滤清，又不致因滤芯的阻碍作用使润滑系统的流动阻力太大。

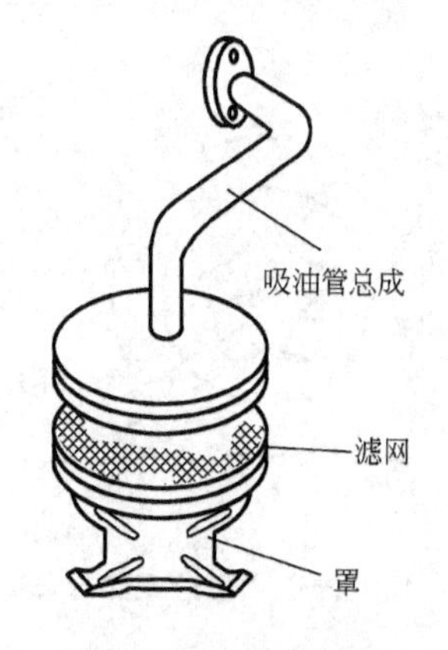

9.12　固定式机油集滤器的结构

1. 集滤器

集滤器一般是滤网式的，装在机油泵之前，滤除较大的机械杂质。集滤器可分为浮式和固定式两种。

图9.12所示为固定式集滤器的构造。吸油管总成的上端有与机油泵进油孔连接的凸缘，下端与滤网支座中心固定连接，罩的翻边包在支座外缘凸台上，滤网夹装于支座与罩之间。滤网靠自身的弹力紧压在罩上。罩的边缘有4个缺口，形成进油通道。当机油泵工作时，润滑油从罩的缺口处经滤网被吸入，粗大的杂质被滤网滤去，然后经吸油管进入机油泵。

2. 粗滤器

粗滤器是用来过滤润滑油中颗粒较大(直径为0.04mm以上)的杂质。由于它对润滑油的流动阻力较小，故可串联于机油泵与主油道之间。

纸质滤芯式粗滤器的构造如图9.13所示，滤芯由经过树脂处理的多孔滤纸制成，滤纸折成扇形或波纹形。滤芯的两端由环形密封圈密封，滤芯内装有金属丝网或带有网眼的薄铁皮作为骨架。粗滤器工作时，润滑油从进油孔进入滤芯周围，经过滤芯滤清后从出油口流出。

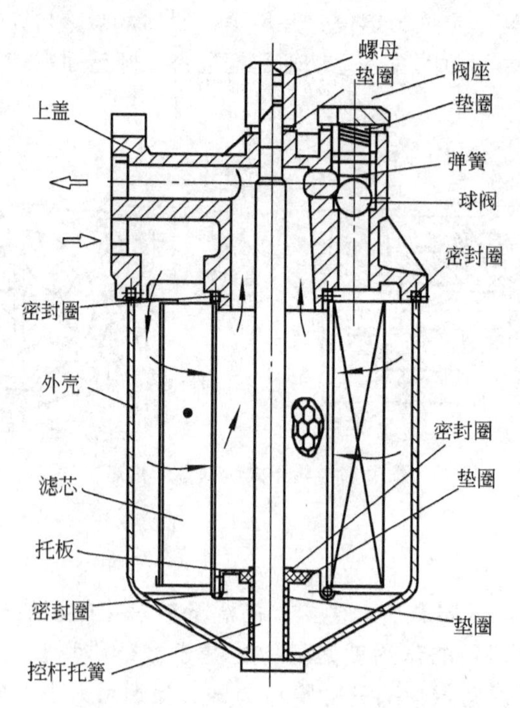

图9.13　纸质滤芯式粗滤器的构造

滤清器盖上装有旁通阀，当滤芯堵塞，进出油口的压差达150～190kPa时，旁通阀的球阀被顶开，机油直接进入主油道。

纸质滤清器结构简单，滤清效果好，更换方便，得到广泛应用。

3. 细滤器

细滤器用来清除微小杂质(直径在 0.001mm 以上)、胶质和水分。由于它的阻力较大(实际上是压力渗透)，故多制成分流式，也有制成全流式的，但需加装旁通阀，以防断流。

(1) 过滤式细滤器。这种细滤器多采用耐油耐水的微孔滤纸滤芯。微孔纸芯有较大的滤清面积和通过性，且更换方便。图 9.14 所示为全流式不可拆的滤清器，是一次性使用的细滤器，其壳体为薄钢板冲压封闭式的，内装带有金属骨架的纸质波折式滤芯，滤芯的下部装有旁通阀。一旦滤芯堵塞，机油便从旁通阀直接流入主油道，以防供油中断。通常汽车行驶 15000km 左右，定期更换滤清器。这种滤清器成本低、拆装方便，轿车内燃机多装用。

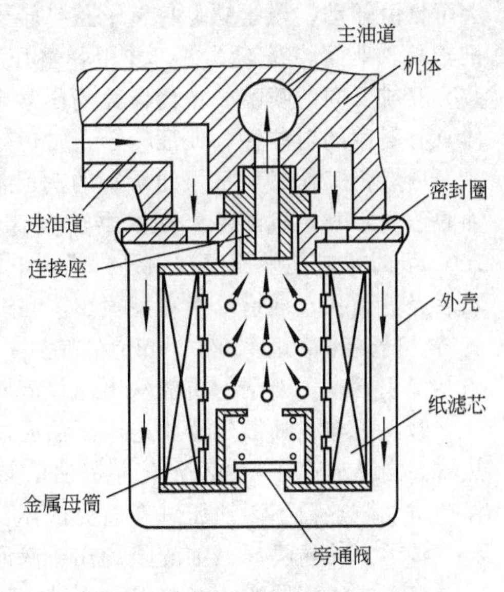

图 9.14　全流式不可拆的滤清器

(2) 离心式细滤器。图 9.15 所示为离心式机油细滤器。滤清器外壳上固定着带中心孔的转子轴。转子体与转子体端套连成一体，其中心孔内压装着3个衬套，套在转子轴

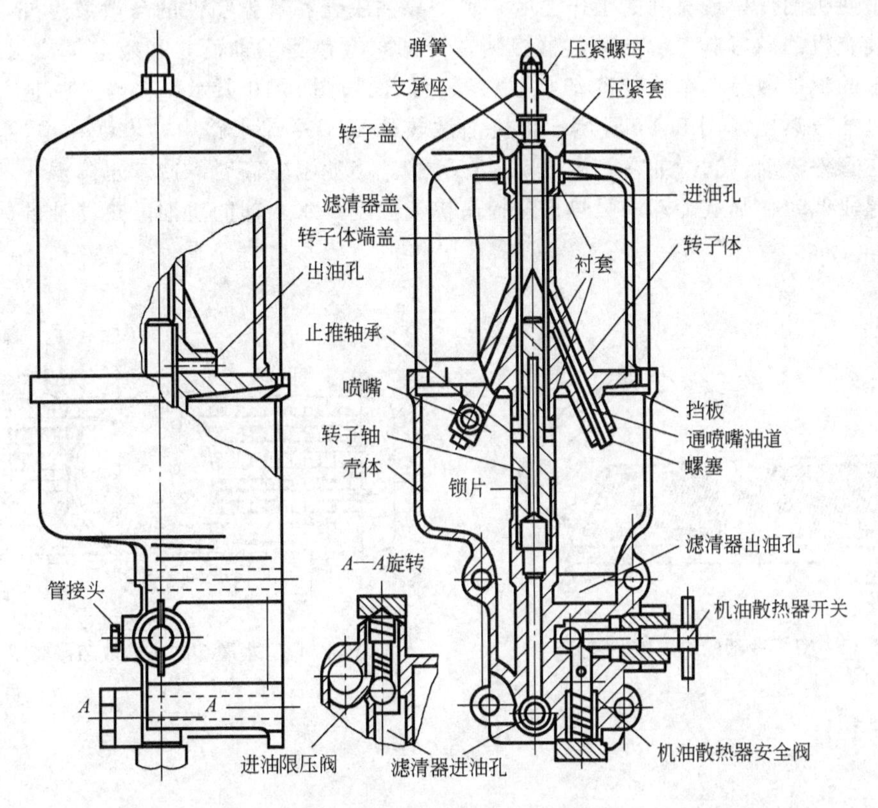

图 9.15　离心式机油细滤器

上可自由转动。压紧螺母将转子盖与转子体紧固在一起，经动平衡检验。转子下面装有止推轴承，上面装有支承垫，并用弹簧压紧以限制转子轴向窜动。转子下端有两个水平安装、互成反向的喷嘴。滤清器盖用压紧螺母装在滤清器壳体上使转子密封。滤清器盖与壳体具有高度的对中性，保证转子正常运转。

内燃机工作时，从机油泵来的润滑油进入细滤器进油孔。当油压低于100kPa时，进油限压阀不开，机油不经细滤器而全部流向主油道，保证内燃机可靠润滑。当油压超过100kPa时，进油限压阀被顶开，润滑油沿外壳和转子轴的中心孔经出油孔进入转子内腔，然后经进油孔、油道从两喷嘴喷出。在油的喷射反力作用下，转于及其内腔的润滑油高速旋转，转速可高达10000r/min左右。在离心力的作用下润滑油中的杂质被甩向转子盖内壁并沉积下来，清洁的机油从出油口流回油底壳。

管接头与机油散热器相连。当油温过高时，旋松机油散热器开关使部分润滑油流向散热器。当油压高于400kPa时，机油散热器安全阀被打开。部分润滑油经此流回油底壳，保护机油散热器不因油压过高而受损坏。

转子上的喷嘴又是油的限量孔，保证通过细滤器的油泵出油量的10%～15%。

离心式滤清器滤清能力强，通过性好，无须更换滤芯，只要定期清洗即可。但对胶质的滤清效果差，制造和装配精度要求较高。此滤清器出油无压力，一般只作分流式连接。

9.2.3 机油散热器

为了使机油保持最有利的工作温度，除了靠油底壳和其他零件的自然散热外，有的内燃机还装有机油散热器。机油散热器多装在冷却水散热器的前面，利用空气或水来冷却。空气冷却的机油散热器结构与冷却水散热器相似，如图9.16所示，多与主油道并联。水冷却的机油散热器如图9.17所示，将机油散热器置于冷却水路中，串联在主油道之前。冷却水在管外流动，润滑油在管内流动(或反之)。当油温较高时靠冷却水降温，而在起动暖车油温较低时，则从冷却水吸热迅速提高机油温度。水冷却的机油散热器油温能得到较好控制。

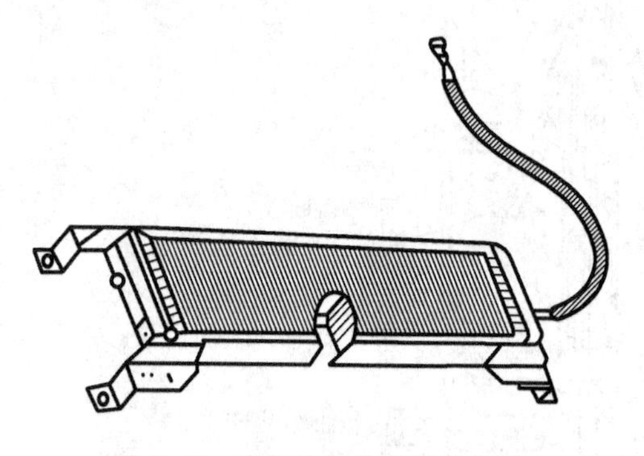

图9.16 空气冷却的机油散热器

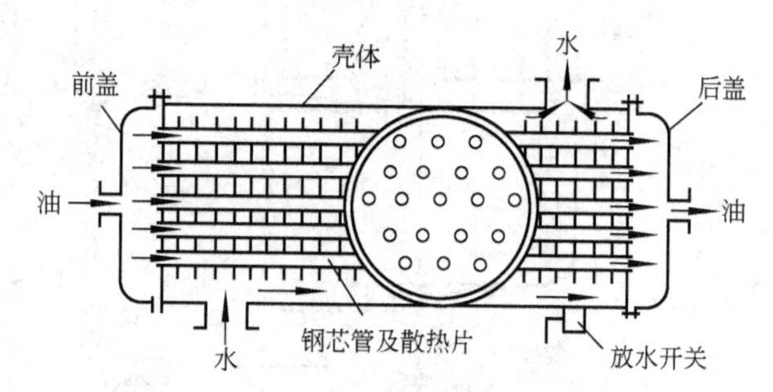

图9.17 水冷却的机油散热器简图

小 结

本章主要讲述了内燃机润滑系统的功用、组成、润滑方式、主要部件的构造和工作原理。重点讲述了内燃机润滑系统主要由油底壳、集滤器、机油泵、粗细滤器、机油散热器、主油道、分油道、限压阀、旁通阀等组成。内燃机工作时利用机油泵装置提高经集滤器、滤清器等过滤后的机油压力，通过主油道、分油道等油道将干净机油送入内燃机的各需要润滑的部件，以保证内燃机正常工作。

习　题

1. 试述润滑系统的功用和润滑方式。为什么多采用综合式润滑系统？
2. 内燃机内哪些零件需要润滑？如何润滑？
3. 试述柴油机润滑系统的组成。并简要说明其工作时润滑油的路线。
4. 试述转子式机油泵的结构与工作过程。
5. 如不及时更换机油，其结果对内燃机有何影响？
6. 如何更换内燃机机油？

第 10 章　汽油机点火系统

教学提示： 汽油机燃烧室里装有火花塞，用来产生电火花、点燃可燃混合气。汽油机的点火系统就是完成这一功能的全部设备的总称。点火系统要能按照汽油机的点火次序，在一定的时刻，供给火花塞足够能量的高压电，使其两极间产生电火花点燃混合气，使发动机做功。

教学要求： 了解点火系统的类型；半导体点火系统的类型、组成，微机控制点火系统的组成和分类以及汽车电源设备。掌握传统的点火系统、半导体点火系统的工作原理；各种类型微机控制点火系统的原理；汽车常用电源设备的结构。

在汽油机中，气缸内压缩后的混合气是靠电火花点燃的，为此在汽油机的燃烧室中装有火花塞。在火花塞的两电极间加上直流电压后，电极之间的气体发生电离。随着电压的升高，气体的电离程度不断增高。当电压增高到一定值时，两极间的间隙被击穿而产生电火花。

能够按时在火花塞电极间产生电火花的全部设备，称为发动机的点火系统。为了适应发动机的工作，要求点火系统能按照发动机的点火次序，在一定的时刻，供给火花塞足够能量的高压电，使其两极间产生电火花点燃混合气，使发动机做功。

10.1　点火系统的工作原理及其分类

10.1.1　点火系统的工作原理

点火系统由点火线圈、分电器、火花塞、电源、点火开关等组成，如图 10.1 所示。

图 10.2 所示为传统点火系统的工作示意图。点火线圈一次绕组的一端经点火开关与蓄电池相连，另一端经断电器的活动触点臂、断电器的固定触点通过分电器壳体接地。电容器并联在断电器的触点之间。其工作过程如下。

接通点火开关，发动机开始运转。运转过程中断电器凸轮不断旋转，使其触点不断地开、闭。当触点闭合时，如图 10.2(a)所示，电流从蓄电池正极出发，经点火开关、点火线圈的初级绕组、断电器的活动触点臂、触点、分电器壳体搭铁，流回负极。当触点被凸轮顶开时，如图 10.2(b)所示，初级电路被切断，点火线圈初级绕组中的电流迅速下降到零，线圈周围和铁心中的磁场也迅速衰减以至消失，因此在点火线圈的次级绕组中产生感应电压，称为次级电压，其中通过次级电流。触点断开后，初级电流下降的速率越高，铁心中的磁通变化率就越大，次级绕组中产生的感应电压越高，越容易击穿火花塞间隙。当点火线圈铁心中的磁通发生变化时，不仅在次级绕组中产生高压电，同时也在初级绕组中产生自感电压和电流。在触点分开、初级电流下降的瞬间，自感电流的方向与原初级电流

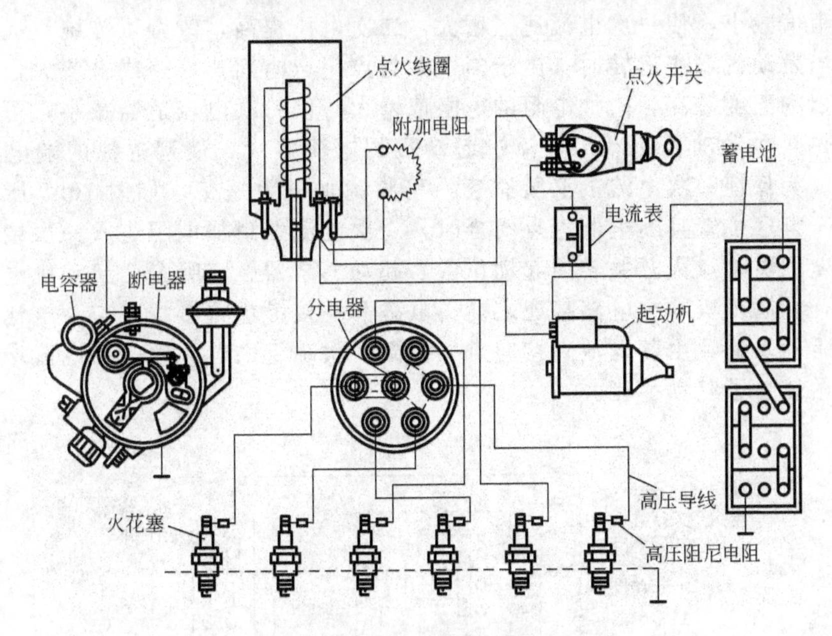

图 10.1　传统点火系统的组成

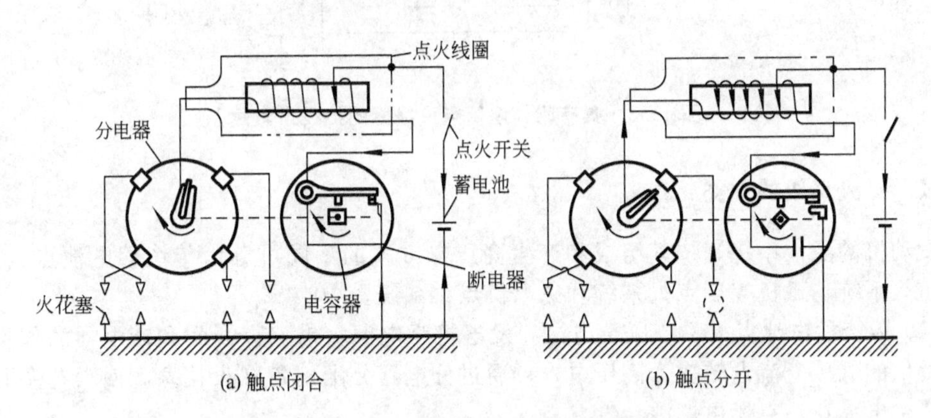

图 10.2　传统点火系统的工作示意图

的方向相同，其电压高达300V，它将击穿触点间隙，在触点间产生强烈的电火花，这不仅使触点迅速氧化、烧蚀，影响断电器正常工作，同时使初级电流的变化率下降，次级绕组中的感应电压降低，火花塞间隙中的火花变弱，以致难以点燃混合气。为了消除自感电压和电流的不利影响，在断电器触点之间并联有电容器。在触点分开瞬间，自感电流向电容器充电，可以减小触点之间的火花，加速初级电流和磁通的衰减，并提高了次级电压。

传统点火系统在发动机低速运转时，点火周期长，触点闭合时间长，一次电流大，二次电压高，点火可靠；高速运转时，点火周期缩短，触点闭合时间缩短，一次电流小，二次电压低，点火不可靠。所以，在点火线圈的一次电路中串联一个附加电阻，以改善点火系统的高速性能。附加电阻是一个电阻值随温度变化而变化的热敏电阻，当温度升高时其电阻值增大。其工作原理如下：当发动机高速运行时，由于断电器触点闭合时间缩短，一次电流减小，点火线圈一次绕组和附加电阻温度降低，附加电阻的电阻值减小，使一次电流适当增大，二次电压提高，改善了传统点火系统的高速性能；当发动机低速运转时，由于断电器触点闭合时间长，一次电流大，点火线圈和附加电阻的温度升高，附加电阻的电阻值增大，使一次电流适当减小，可以防止点火线圈过热。在发动机起动时，流过起动机的电流极大，使蓄电池的端电压急剧下降。此时，为保证一次电流的必要强度，可将附加电阻短路，如图 10.3 所示。当点火开关处于接通位置且断电器触点闭合时，一次电流经附加电阻进入一次绕组。起动发动机时驾驶员将点火开关转向起动位置，起动继电器触点吸合，起动机电磁开关的线圈通电，在起动机的主电路接通之前，电磁开关接触盘将接线柱与蓄电池接通，于是附加电阻被短路，由蓄电池直接向点火线圈一次绕组供电，使一次电流增大，二次电压升高，改善了起动性能。

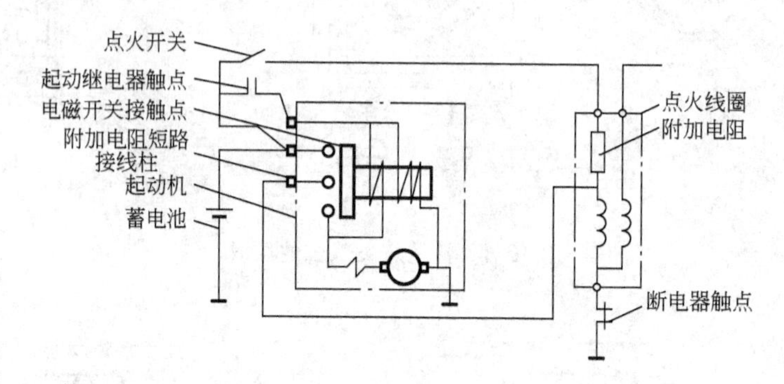

图 10.3　具有附加电阻点火线圈的接线示意图

10.1.2　点火系统的分类

发动机的点火系统，按其组成和产生高压电方式的不同可分为传统蓄电池点火系统、电子点火系统、微机控制点火系统和磁电机点火系统。

(1) 传统蓄电池点火系统以蓄电池和发电机为电源，借点火线圈和断电器的作用，将电源提供的低压直流电转变为高压电，再通过分电器分配到各缸火花塞，使火花塞两电极之间产生电火花，点燃可燃混合气。

(2) 电子点火系统以蓄电池和发电机为电源，借点火线圈和由半导体器件组成的点火控制器将电源提供的低压电转变为高压电，再通过分电器分配到各缸火花塞，使火花塞两电极之间产生电火花，点燃可燃混合气。它是目前国内外汽车上广泛采用的点火系统。

(3) 微机控制点火系统也以蓄电池和发电机为电源，借点火线圈将电源的低压电转变为高压电，再由分电器将高压电分配到各缸火花塞，并由微机控制系统根据各种传感器提供的反映发动机工况的信息，发出点火控制信号，控制点火时刻，点燃可燃混合气。它还可以取消分电器，由微机控制系统直接将高压电分配给各缸。该系统已广泛用于各种中、高级轿车中。

(4) 磁电机点火系统由磁电机本身直接产生高压电，不需另设低压电源。该点火系统在发动机中、高转速范围内产生的高压电较高，工作可靠。但在发动机低转速时，产生的高压电较低，不利于发动机起动。因此该点火系统多用于主要在高速、满负荷下工作的赛车发动机，以及某些不带蓄电池的摩托车发动机和大功率柴油机的起动机上。

10.2　半导体点火系统

近年来，汽车发动机向着多缸、高速、高压缩比的方向发展，人们还力图通过改善混合气燃烧状况及燃用稀混合气，来达到减少排气污染和节约燃油的目的。这些都要求汽车的点火系统能够提供足够高的次级电压、火花能量和最佳点火时刻。传统的点火系统已不能满足这些要求。电子点火系统就是应这些要求而研制产生的。

目前使用的半导体点火系统分为触点式半导体点火系统和无触点式半导体点火系统两种。两种电子点火系统都是利用电子元件(晶体三极管)作为开关来接通或断开点火系统的初级电路，通过点火线圈来产生高压电。

10.2.1　触点式半导体点火系统

触点式半导体点火系统利用晶体三极管的开关作用，代替传统点火系统断电器的触点控制点火线圈一次电路的通断，减小了触点电流，可以减小触点火花，延长触点寿命；配用高匝数比的点火线圈，还可增大一次电流，提高二次电压，改善点火性能。

触点式半导体点火系统在点火线圈初级绕组的电路中，增加了由三极管和电阻、电容等组成的点火控制电路，断电器的触点串联在三极管的基本电路中，用触点开闭时产生的点火信号控制三极管的导通与截止，从而控制点火系统的工作，如图 10.4 所示。

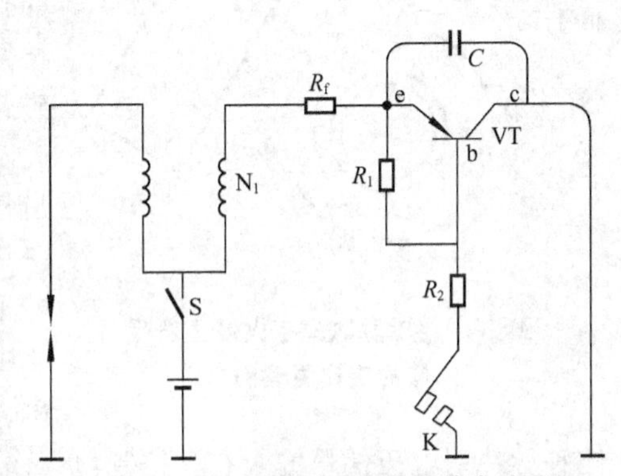

图 10.4　触点式半导体点火装置的电路原理

其工作原理如下：接通点火开关 S，当断电器触点闭合时，三极管的基极电路被接通，三极管导通，接通点火线圈的初级电路。其路径是：电流从蓄电池“+”→点火开关 S→点火线圈初级绕组 N_1→附加电阻 R_f→三极管发射极 e、基极 b→电阻 R_2→断电器触点 K→搭铁→蓄电池“－”。当断电器触点分开时，三极管基极电路被切断，三极管截止，切断了点火线圈初级绕组的电路，初级电流迅速下降到零，在点火线圈次级绕组中产生高压电，击穿火花塞间隙，点燃混合气。

图中 R_1、R_2 是三极管的偏置电阻，用来控制三极管的基极电流。电容器 C 的作用是使触点分开瞬间一次绕组中产生的自感电压旁路，防止三极管 VT 在截止时被自感电压损坏。

这种触点式半导体点火系统还是利用触点开闭的作用产生点火信号来控制点火系统的工作，因此它克服不了触点式点火装置固有的缺点。所以，这种点火装置已很少使用。

10.2.2　无触点式半导体点火系统

无触点式半导体点火系统利用传感器代替断电器触点产生点火信号，控制点火线圈的通断和点火系统的工作，可以克服与触点相关的一切缺点，在国内外汽车上应用十分广泛。

无触点式半导体点火系统主要由点火信号发生器、点火控制器、点火线圈、分电器、火花塞等组成。点火信号发生器用来判定活塞在气缸中的位置，并将非电量的活塞位置信号转变成为脉冲电信号输送到点火控制器，从而保证火花塞在恰当时刻点火。所以点火信号发生器实际上就是一种感知发动机工作状况、发出点火信号的传感器。目前应用较多的有磁脉冲式、霍尔效应式和光电效应式。

1. 磁脉冲式无触点点火装置

磁脉冲式无触点点火装置使用磁脉冲式点火信号发生器。磁脉冲式点火信号发生器，如图 10.5 所示，是依靠电磁感应原理制成的。它一般安装在分电器的内部，由信号转子和感应器两部分组成。信号转子由分电器轴驱动，其转速与分电器轴相同；感应器固定在分电器底板上，由永久磁铁、铁心和绕在铁心上的传感线圈组成。信号转子的外缘有与发动机的气缸数相等的凸齿。永久磁铁的磁力线从 N 极出发，经空气隙穿过转子的凸齿，再经空气隙、传感线圈的铁心回到 S 极，形成闭合磁路。

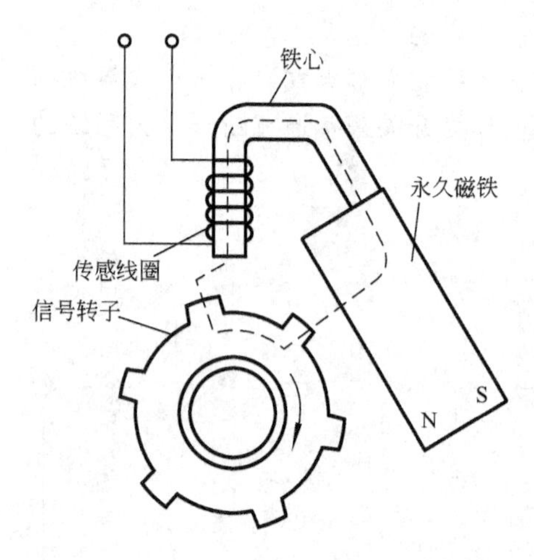

图 10.5　磁脉冲式点火信号发生器的工作原理图

转子旋转，穿过铁心中的磁通变化。转子的凸齿每在铁心旁边转过一次，线圈中就产生一个一正一负的脉冲信号。当发动机工作时转子不断地旋转，转子的凸齿交替地在线圈铁心旁边扫过，使线圈铁心中的磁通不断发生变化，在传感器的线圈中感应出大小和方向不断变化的电动势。传感器不断地将这种脉冲型电压信号输入点火控制器，作为发动机工作时的点火信号。磁脉冲式点火信号发生器输出的交变信号受发动机转速的影响很大。转速越高，信号越强，对点火控制器电路的触发越可靠，但可能造成电路中有关元件的损坏。为此，电路中需增设稳压管等元件来限压。当转速过低时，点火信号发生器输出的交变信号过弱，造成对点火控制器电路的触发不可靠，容易引起发动机起动困难、怠速转速不能调低等问题。所以设计上应保证发动机以最低转速运转时点火信号发生器输出的信号足够强。磁脉冲式点火信号发生器的应用最为广泛。

2. 霍尔效应式无触点点火装置

霍尔效应式无触点点火装置利用霍尔元件的霍尔效应制成传感器，如图 10.6 所示。其工作原理如下：当转子叶片进入永久磁铁与霍尔触发器之间时，永久磁铁的磁力线被转子叶片旁路，不能作用到霍尔触发器上，通过霍尔元件的磁感应强度近似为零，霍尔元件

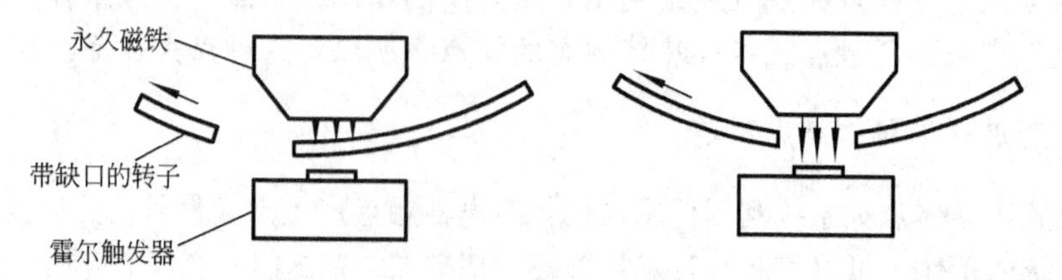

图 10.6　霍尔传感器工作示意图

不产生电压；随着信号转子的转动，当转子的缺口部分进入永久磁铁与霍尔触发器之间时，磁力线穿过缺口作用于霍尔触发器上，通过霍尔元件的磁感应强度增高，在外加电压和磁场的共同作用下，霍尔元件的输出端便有霍尔电压输出。在发动机工作时，转子不断旋转，转子缺口交替地在永久磁铁与霍尔触发器之间穿过，使霍尔触发器中产生变化的电压信号，并经内部的集成电路整形为规则的方波信号，输入点火控制电路，控制点火系统工作。

霍尔触发器是一个带集成电路的半导体基片。当直流电压作用于触发器的两端时，便有电流 I 在其中通过，如果在垂直于电流的方向还有外加磁场的作用，则在垂直于电流和磁场的方向上产生电压，称为霍尔电压，这种现象称为霍尔效应，如图 10.7 所示。

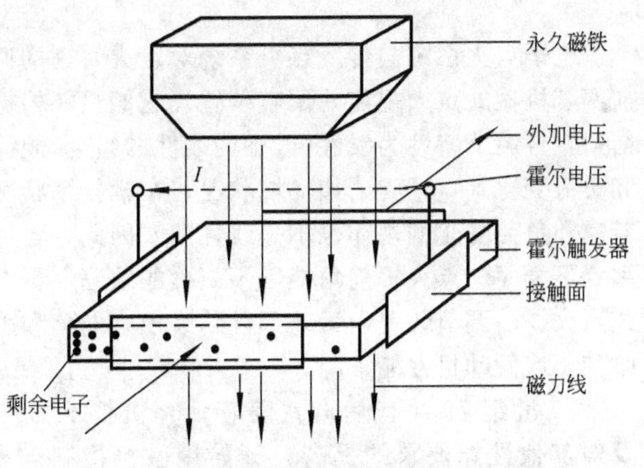

图 10.7　霍尔效应示意图

霍尔效应式点火信号发生器比磁脉冲式点火信号发生器性能稳定，耐久性好，寿命长，点火精度高，且不受温度、灰尘、油污等影响，特别是输出的电压信号不受发动机转速的影响，使发动机在低速时点火性能良好，容易起动，因而其应用日益广泛。

3. 光电效应式无触点点火装置

光电效应式点火信号发生器是利用光电效应原理，以红外线或可见光光束进行触发的，它主要由遮光盘(信号转子)、遮光盘轴、光源、光接收器等组成。光源可用白炽灯，也可用发光二极管，现在绝大多数采用发光二极管。发光二极管发出的红外线光束一般还要用一只近似半球形的透镜聚焦，以便缩小光束宽度，增大光束强度，有利于光接收器接收、提高点火信号发生器的工作可靠性。光接收器可以是光敏二极管或光敏三极管。光接收器与光源相对，并相隔一定的距离，以便使光源发出的红外线光束聚焦后照射到光接收器上，如图 10.8所示。

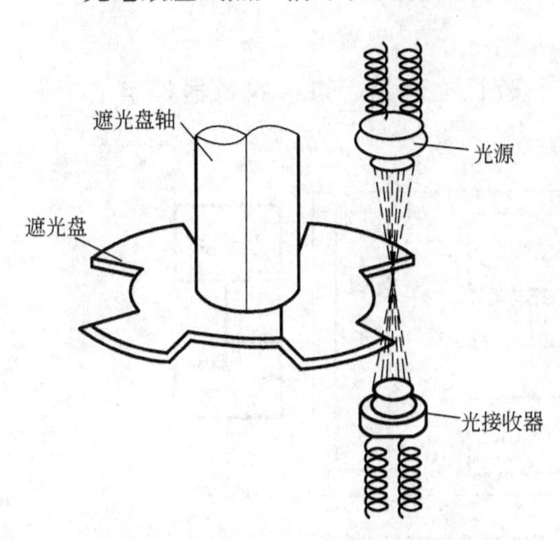

图 10.8　光电效应式点火信号发生器

遮光盘安装在分电器轴上，位于分火头下面。遮光盘的外缘介于光源与光接收器之间，外缘上开有与发动机气缸数相等的缺口。缺口处允许红外线光束通过，其余的实体部分能挡住光束。当遮光盘随分电器轴转动时，光源发出的射向光接收器的光束被遮光盘交替挡住，因而光接收器交替导通与截止，形成电脉冲信号。该电信号引入点火控制器即可控制初级电流的通断，从而控制点火系统的工作。遮光盘每转一圈，光接收器输出电信号的个数等于发动机的气缸数，正好供各缸点火一次。

10.3　微机控制点火系统

电子点火系统与传统点火系统对点火时刻的调节，基本上都是采用离心提前和真空提前两套机械式点火提前的调整装置，它们只能根据发动机转速和负荷的变化来调节点火提前角，且调节特性为线性(或不同线性的组合)规律。而发动机的最佳点火提前角除随转速和负荷变化外，还受诸如环境状况、车辆技术状况等的影响，且最佳点火提前角随发动机转速和负荷变化的规律也不是线性的。因此，各种普通电子点火系统都存在着考虑的控制因素不全面、点火提前角控制不精确的缺陷，影响了发动机性能的充分发挥。此外，机械式点火提前调节装置中运动部件的磨损、老化和脏污等，都会引起点火提前角调节特性的改变，使发动机性能下降。

20 世纪 70 年代后期，随着计算机技术的飞速发展和发达国家对汽车的排放限制及对其他性能要求的提高，开始用微机控制点火正时，形成了微机控制点火系统。微机具有响应快、运算和控制精度高、抗干扰能力强等优点。微机控制点火系统可以通过各种传感器感知多种因素对点火提前角的影响，使发动机在各种工况和使用条件下的点火提前角都与相应的最佳点火提前角比较接近，且不存在机械磨损等问题，克服了机械式点火提前调节装置的缺陷，使点火系统的发展更趋完善，发动机的性能得到进一步改善和更加充分的发挥。微机控制点火系统分为有分电器和无分电器微机控制点火系统两种。

10.3.1　有分电器微机控制点火系统

有分电器微机控制点火系统一般由传感器、微机控制器、点火执行器等组成，如图 10.9 所示。

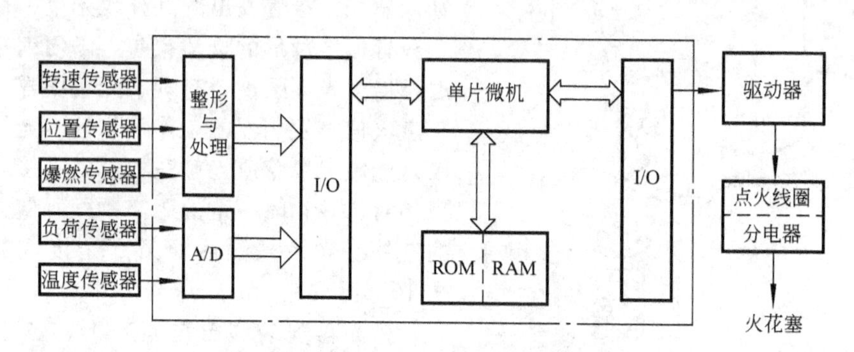

图 10.9　微机控制点火系统的组成框图

微机控制点火系统中的传感器，在发动机工作时不断检测反映发动机工作状况的信息，并输入控制器，作为控制系统进行运算和控制的依据或基准。微机控制器是控制系统的中枢。在发动机工作时，它根据各传感器输入的信号，计算最佳点火提前角和一次电路的导通时间，并产生信号控制点火系统工作。微机还可以进行对发动机的空燃比、怠速转速、废气再循环等多项参数的控制。它还有故障自诊断和保护功能，当控制系统出现故障时，能自动地记录故障代码并采取相应的保护措施，维持发动机运行，使汽车能开回维修站。

微机控制器常用 ECU 表示。它由微处理器(CPU)、存储器(ROM、RAM)、输入/输出接口(I/O)、模/数转换器(A/D)以及整形、驱动等大规模集成电路组成。CPU 是控制的核心部分，具有运算与控制功能。当发动机运转时，它采集各传感器输入的信号，进行运算，并将运算结果转变为控制信号，控制被控制对象的工作，它还实行对存储器、I/O 接口和其他外部电路的控制；存储器用来存放实现过程控制的全部程序，还存放通过大量试验获得的数据。I/O 接口用来协调 CPU 与外部电路之间的工作；A/D 转换器将传感器输入的电流或电压等模拟信号，转变为计算机能接受的数字信号；整形电路可以将传感器输入的信号转变为理想的波形；驱动电路则将计算机发出的控制信号加以放大，以便驱动执行机构的工作。其工作过程如下：在发动机工作期间，各传感器分别将与发动机工况有关的信号，经接口电路输入控制器。控制器根据发动机转速和负荷信号，按存储器中存放的程序以及与点火提前角和一次电路导通时间有关的数据，计算出与该工况对应的最佳点火提前角和一次电路导通时间，并根据冷却水温加以修正。最后根据计算结果和点火基准信号，在最佳的时刻向点火控制电路和点火线圈发出控制信号，接通点火线圈的一次电路。经过最佳的一次电路导通时间后，再发出控制信号切断点火线圈的一次电路，使一次电流迅速下降到零，在点火线圈的二次绕组中产生高压电，并经配电器送往火花塞，点燃混合气。

在发动机工作期间，如果发生爆燃，爆燃传感器输出的电压信号输入控制器，控制器将点火时刻推迟，爆燃消除后再将点火点逐渐移回到最佳点，实现了点火提前角的闭环控制。

采用微机控制点火系统，对于提高发动机的动力性、经济性和减少污染等都是十分有效的。因此，微机控制点火系统在现代汽车的汽油机上已得到比较广泛的应用。

10.3.2 无分电器微机控制点火系统

无分电器微机控制点火系统取消了分电器，点火线圈产生的高压电由微机系统直接进行分配。此类系统由低压电源、点火开关、ECU、点火控制器、点火线圈、火花塞、高压线和各种传感器等组成。有的无分电器点火系统还将点火线圈直接安装在火花塞上方，取消了高压线。根据高压配电方式的不同可分为独立点火方式和同时点火方式两种，其工作原理也各不相同。

独立点火方式是一个缸的火花塞配一个点火线圈，各独立点火线圈直接安装在火花塞上，独立向火花塞提供高压电，各缸直接点火。这种结构去掉了高压线，因此可以使高压电能的传递损失和对无线电的干扰降到最低水平。由于一个线圈向一个气缸提供点火能量，因此在发动机转速相同时，单位时间内线圈中通过的电流小得多，线圈不易发热，这种线圈的初级电流可以设计得较大，即使发动机高速运行，也能提供足够的点火能量。独立点火方式因车型的不同，其控制电路也存在一定差异，有些采用一个点火控制器，如图 10.10 所示的日产地平线 2000 轿车的 RB20DC 发动机。

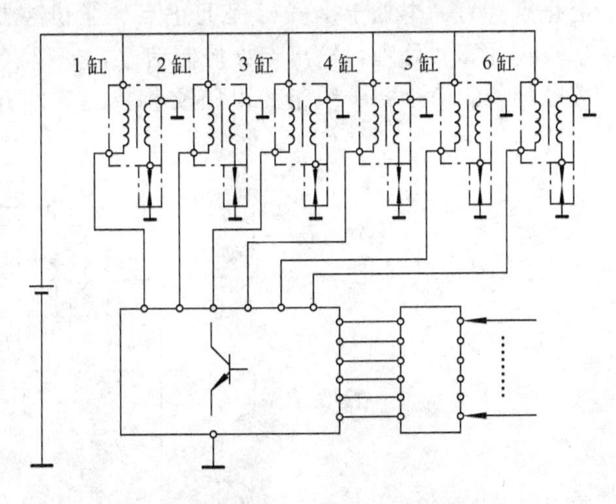

图 10.10 点火线圈独立、共用一个点火控制器的系统

有些则采用多个点火控制器，如图 10.11 所示的奥迪 5 缸发动机。当发动机工作时，ECU 不断检测传感器的输入信号，根据存储器存储的数据计算并求出最佳点火提前角和通电时间，以点火基准传感器为标准，按照发动机各缸的做功顺序，确定每缸点火线圈的接通及通电时间，并将其转换为该缸点火线圈的控制信号。当某缸的控制信号为低电平时，点火控制器中对应此缸的功率晶体管导通，点火线圈通电；当该缸的控制信号变为高电平时，对应的晶体管截止，线圈中的电流被切断，次级线圈产生高压电，将火花塞电极击穿点火。独立点火的点火控制器需要判别的点火气缸数多，因此气缸判别电路较复杂。

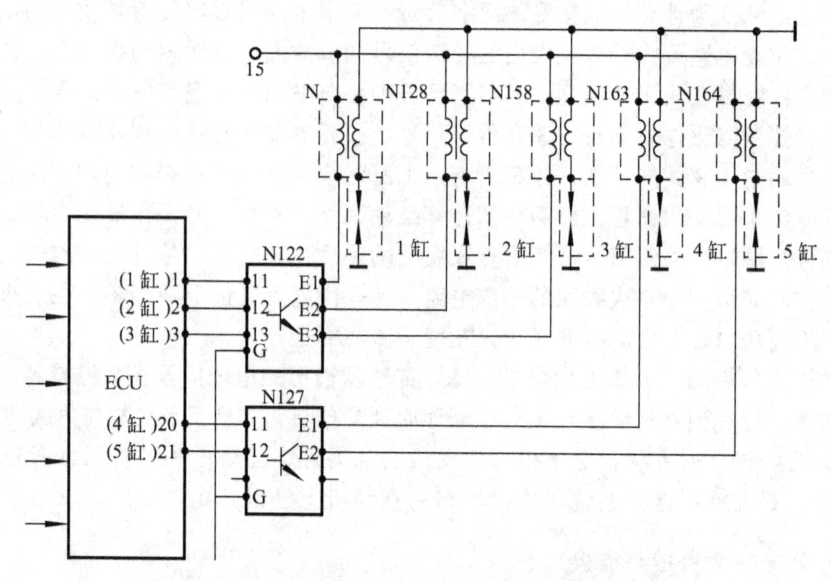

图 10.11　点火线圈独立、分组共用点火控制器的系统

二极管配电方式是利用二极管的单向导通性，对点火线圈产生的高压电进行分配的同时点火方式。与二极管配电方式相配的点火线圈有两个初级绕组、一个次级绕组，相当于是共用一个次级绕组的两个点火线圈的组件。次级绕组的两端通过 4 个高压二极管与火花塞组成回路，其中配对点火的两个活塞必须同时到达上止点，一个处于压缩行程上止点，另一个处于排气行程上止点。微机控制单元根据曲轴位置等传感器输入的信息，经计算、处理，输出点火控制信号，通过点火控制器中的两个大功率三极管，按点火顺序控制两个初级绕组的电路交替接通和断开。如图 10.12 所示，当 1、4 缸点火触

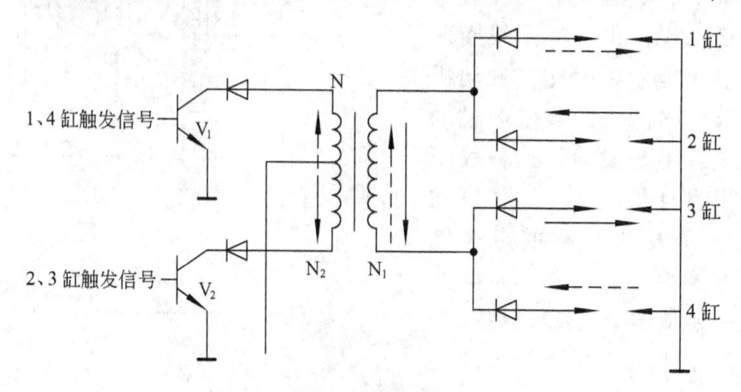

图 10.12　二极管配电方式

发信号输入点火控制器时，大功率三极管 V_1、初级绕组 N_1 断电，次级绕组产生虚线箭头所示方向的高压电动势，此时 1、4 缸高压二极管正向导通而使火花塞跳火。当 2、3 缸点火触发信号输入点火控制器时，大功率三极管 V_2 截止，初级绕组 N_1 断电，次级绕组产生实线箭头所示方向的高压电动势，此时 2、3 缸高压二极管导通，故 2、3 缸火花塞跳火。二极管配电方式的主要特点是一个点火线圈组件为 4 个火花塞提供高压电，因此适宜于 4 缸或 8 缸发动机。

10.4 电源设备

汽车上的点火系统及全车电器设备的电源由蓄电池、发电机及其调节器组成。当发动机正常运行时，发电机向点火系统及其他用电设备供电，并同时向蓄电池充电。当汽车的用电量过大，超过发电机的供电能力时，蓄电池和发电机共同向点火系统及其他用电设备供电。当发动机起动或低速运行时，发电机不发电或电压很低，此时所需要的电能全由蓄电池供给。

10.4.1 蓄电池

按电解液成分的不同，蓄电池分为碱性蓄电池和酸性蓄电池。由于发动机在起动时，蓄电池必须能够为起动机提供 200～600A 的电流，有些大功率柴油机起动机的起动电流高达 1000A，且要持续 5s 以上的时间；在发电机发生故障不能工作时，蓄电池的容量应能维持车辆行驶一定的时间，所以要求蓄电池有尽可能小的内阻以及足够大的容量。铅酸蓄电池内阻小、电压稳定、在短时间内能提供较大的电流，且结构简单、原料丰富，因而在汽车上得到广泛应用。

铅酸蓄电池由极板、隔板、电解液和壳体等组成，如图 10.13 所示。为提高蓄电池的容量，每一个单格蓄电池中有多片正极板和多片负极板。所有正极板或负极板分别用铅焊接在横板上，形成正、负极板组。两片极板间留有间隙，横板上部连有接线柱。正负极板组穿插在一起，使每片正极板都插在两片负极板之间，所以，负极板比正极板多一片。为防止极板之间短路，相邻两极板之间夹有一片多孔性隔板，组成正负极板组。

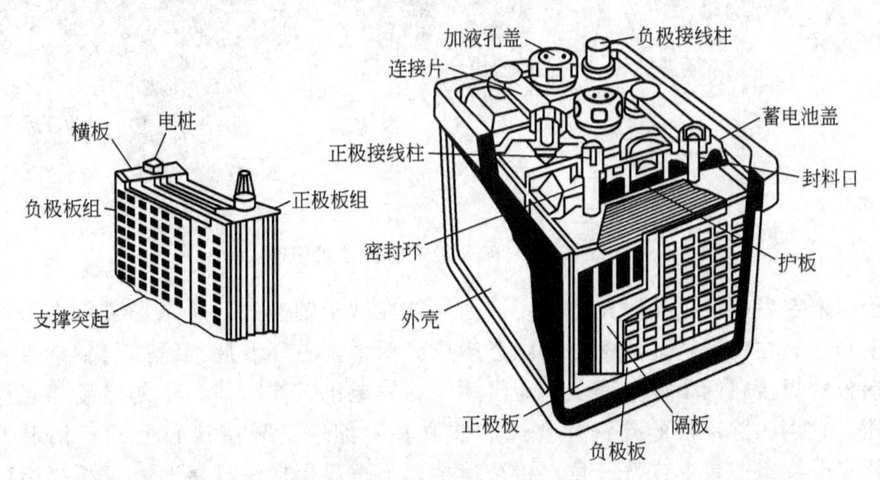

图 10.13 铅酸蓄电池

硬橡胶或塑料制成的外壳分成3个或6个单格，每一单格中装入一个正负极板组，外壳底部有凸棱支撑极板，防止极板上脱落下来的活性物质将极板短路。壳体上部用盖密封，并用特殊胶质封料填充所有接缝。单格蓄电池用连接片串联，并在两端正负电桩上分别焊接正负极接线柱。蓄电池盖上每个单格电池有一个加液孔，用来加注电解液、检查和调节电解液密度、检查充电状况等。每个加液孔都用加液孔盖封闭，加液孔盖上有通气孔，以便使化学反应中的气体能自由逸出。

目前，在国内外汽车上广泛使用一种免维护蓄电池。此种蓄电池是在汽车合理使用过程中，不需要添加蒸馏水的一种新型蓄电池。其电解液由制造厂一次性加注，并密封在壳体内。电解液不泄漏、不会腐蚀接线柱和机体，在使用中不需加注蒸馏水或补充电解液来调节液面高度，无须保养和维护。同时，它具有耐振、耐高温、自放电少、寿命长等优点。

10.4.2　发电机

汽车上的发电机是用来向用电设备供电，并向蓄电池充电的能源装置。为满足蓄电池的充电要求，发电机的输出电压必须是直流电压；此外，为了向蓄电池充电和向用电设备供电，在汽车运行中发电机的端电压必须保持恒定。所以，车用发电机须配有电压调节器。

目前，国内外汽车上使用的发电机几乎都是硅整流交流发电机。

1. 硅整流交流发电机

硅整流交流发电机由一台三相同步交流发电机和硅二极管整流器组成。发电机工作时产生的三相交流电通过整流器进行三相桥式全波整流后转变为直流电。硅整流交流发电机由转子、定子、整流器、端盖、风扇叶轮等组成，如图10.14所示。

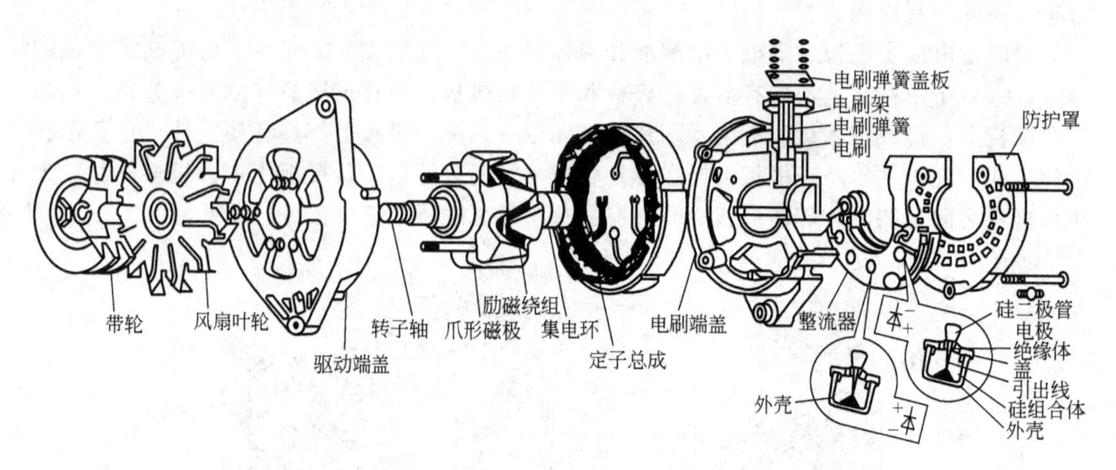

图10.14　硅整流交流发电机结构

转子用来在发电机工作时建立磁场。由压装在转子轴上的两块爪形磁极、磁极之间的励磁绕组和压装在转子轴上的两个集电环组成。两个集电环彼此绝缘并与轴绝缘。励磁绕组的两端分别焊接在两个集电环上。定子用来在发电机工作时与转子的磁场相互作用产生交流电压。它由内圆带槽的硅钢片叠成的铁心和对称地安装在铁心上的三相定子绕组组成。三相定子绕组按星形或按三角形接法连接。当按星形接法连接时，三相绕组的首端分别与整流器的硅二极管相连，三相绕组的尾端连在一起作为发电机的中性点。当按三角形接法连接时，将三相绕组中一相绕组的首端与另一相绕组的尾端相连，并将连接点接整流器的硅二极管。

整流器是由 6 个(8 个、9 个或 11 个)硅二极管组成的三相桥式全波整流电路，在发动机工作时将三相定子绕组中产生的交流电转变为直流电。在负极搭铁的发电机中，3 个(或 4 个)二极管的壳体为负极，压装在与发电机机体绝缘的元件板上，并与发电机的输出端(正极)相连，其引线为二极管的正极，称为正极二极管；另外 3 个(或 4 个)二极管的壳体为正极，压装在不与机体绝缘的元件板上，或直接压装在电刷端盖上，作为发电机的负极，其引线为负极，称为负极二极管。

驱动端盖和电刷端盖是发电机的前后支撑。电刷端盖上装有电刷架和两个彼此绝缘的电刷，并通过电刷弹簧使电刷与转子轴上的两个集电环保持接触，电刷的引线分别与电刷端盖上的两个磁场接线柱相连(外搭铁式交流发电机)，或一个与磁场接线柱相连，另一个在发电机内部搭铁(内搭铁式交流发电机)。发电机的整流器总成也安装在驱动端盖上。

硅整流交流发电机的工作原理：发电机工作时，通过电刷和集电环将直流电压作用于励磁绕组的两端，在励磁绕组中有电流通过，并在其周围产生磁场，使转子轴和轴上的两块爪形磁极被磁化，一块为 N 极，另一块为 S 极。由于它们的极爪相间排列，便形成了一组交错排列的磁极。当转子旋转时，在定子中间形成旋转的磁场，使安装在定子铁心上的三相定子绕组中感应生成的三相交流电，经整流器整流为直流电。

2. 发电机的电压调节器

汽车上的发电机由发动机通过风扇皮带驱动旋转，由于发动机在工作时转速在很宽的范围内变化，使发电机的转速随之变化，发电机的电压也将在很宽的范围内变化。汽车用电设备的工作电压和对蓄电池的充电电压是恒定的，一般为 12V、24V 或 6V。为此，要求在发动机工作时，发电机的输出电压也保持恒定，以便保证用电设备和蓄电池能正常工作。

因此，汽车上使用的发电机，必须配有电压调节器，以便在发电机转速变化时，保持发电机端电压恒定。在发电机工作时，电压调节器在发电机电压超过一定值以后，通过调节经过励磁绕组的电流强度来调节磁场磁通的方法，在发电机转速变化时，保持其端电压为规定值。发电机的调节电压一般为 13.5～14.5V(或 13.8～14.8V)。

电压调节器有触点振荡式电压调节器、晶体管电压调节器和集成电路电压调节器等多种形式。

(1) 触点振荡式电压调节器简称为触点式电压调节器，是一种机械式电压调节器，它包括单级触点式电压调节器、双级触点式电压调节器和具有充电继电器的触点式电压调节器等多种形式。其基本原理都是以发电机的转速为基础，通过改变触点的开闭时间来改变励磁电流，以维持发电机电压的恒定。触点振荡式电压调节器存在体积大、触点易烧蚀、机械惯性大、被调电压起伏幅度大等缺点，已逐步被晶体管和集成电路电子电压调节器所取代。

(2) 晶体管电压调节器利用晶体管的开关作用来控制发电机励磁电路的通断，从而来调节励磁电流和磁极磁通，在发电机转速超过一定数值以后维持发电机电压恒定。

(3) 集成电路电压调节器的组成和工作原理与晶体管电压调节器相似，但集成电路调节器中的所有元件都制作在同一个半导体基片上，形成一个独立的、相互不可分割的电子电路。集成电路调节器具有体积小、工作可靠、无须维护等特点，在现代汽车上应用十分广泛。由于集成电路调节器体积小巧、外部结构十分简单，它可以安装在发电机的内部或安装在发电机的壳体上，与发电机组成一个完整的充电系统，简化了充电系统的结构。安装在发电机内部的调节器，称为内装式调节器。具有内装式调节器的发电机和调节器安装在发电机壳体上的发电机都称为整体式交流发电机。

小　结

本章介绍了汽油机的传统点火系统、半导体点火系统和微机控制点火系统的典型结构及其工作原理，以及汽油机点火系统常用的电源设备。微机控制点火系统一般由传感器、微机控制器及点火控制器等组成，因该系统不受机械调节装置的限制，所以在任何工况下均可保证最佳点火时刻，克服了机械式点火系统的所有缺点，所以目前广为采用。

习　题

1. 汽车点火系统有哪些类型？试述传统点火系统的工作原理。
2. 车用发电机为什么要配用电压调节器？它们是怎样进行电压调节的？
3. 微机控制点火系统的优点是什么？它由哪些部分组成？
4. 无触点半导体点火系统有哪几类？简述其传感器的工作原理。
5. 微机控制点火系统有哪些类型？分别画出简图并简述其工作原理。
6. 简述发电机各组成部分的功用。

第 11 章　内燃机起动系统

教学提示：要使内燃机由静止状态过渡到工作状态，必须先用外力转动内燃机的曲轴，使气缸内吸入(或形成)混合气并燃烧膨胀，工作循环才能连续进行。

教学要求：掌握内燃机起动系统的作用、组成和工作原理；起动系统各组成部分的结构、工作原理及工作过程；内燃机低温辅助起动装置的结构及工作原理。了解内燃机起动方式及起动条件。

11.1　内燃机起动条件和起动方式

为了使静止的内燃机进入工作状态，必须先用外力转动内燃机曲轴，使活塞上下运动，气缸内吸入可燃混合气，并将其压缩、点燃，体积迅速膨胀产生强大的动力，推动活塞运动并带动曲轴旋转，内燃机才能进入工作循环。内燃机曲轴在外力作用下开始转动到内燃机自动怠速运转的全过程称为内燃机的起动过程。完成起动所需要的装置叫起动系统。

要使内燃机起动成功，必须满足两个基本条件：起动转速和起动转矩。

内燃机起动时，必须克服机械运动件和辅助运动件的摩擦阻力和机油的粘性力，克服机件加速的惯性力、气体或工质的初始压缩阻力等，克服这些阻力所需的力矩成为起动转矩。

起动转速是保证内燃机工作必要的压缩压力和着火燃烧的重要条件。汽油机起动转速为 60～100r/min。对于柴油机的起动，为了防止气缸漏气和热量散失过多，保证压缩行程结束时气缸内有足够的压力和温度，还要保证喷油泵能建立起足够的喷油压力，使气缸内形成足够强的空气涡流，要求起动转速较高，直喷式燃烧室柴油机为 100～150r/min，分隔式燃烧室柴油机为 200～300r/min，否则柴油雾化不良，混合气质量不好，内燃机起动困难。此外，柴油机压缩比汽油机大，起动转矩也大，所以起动柴油机所需要的功率也比汽油机大。

内燃机常用的起动方式有人力起动、电力起动机起动和辅助汽油机起动等多种形式。

(1) 人力起动。即手摇起动或绳拉起动，主要用于大功率柴油机的辅助汽油机的起动，在有些使用中小功率汽油内燃机的车辆上作为后备起动装置。手摇起动装置由安装在内燃机前端的起动爪和起动摇柄组成。

(2) 电力起动机起动。以电动机作为动力源。当电动机轴上的驱动齿轮与内燃机飞轮周缘上的环齿啮合时，电动机旋转时产生的电磁转矩通过飞轮传递给内燃机的曲轴，使内燃机起动。目前，几乎所有的汽车内燃机都采用电力起动机起动。

(3) 辅助汽油机起动。起动装置的体积大、结构复杂，只用于大功率柴油内燃机的起动。

11.2　内燃机的起动装置

11.2.1　电力起动机

用电力起动机起动内燃机几乎是现代汽车唯一的起动方式。电力起动机简称起动机，它由直流电动机、传动机构、控制机构等组成。

1. 直流电动机

直流电动机在直流电压的作用下，产生旋转力矩。接通起动开关起动内燃机时，电动机轴旋转，并通过驱动齿轮和飞轮的环齿驱动内燃机曲轴旋转，使内燃机起动。它由磁极、电枢、换向器、机壳及端盖等组成，如图 11.1 所示。

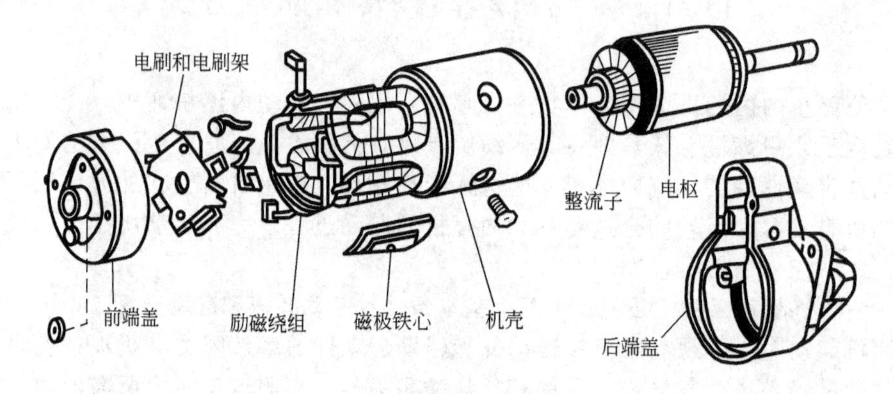

图 11.1　直流电动机

磁极是直流电动机的定子部分，用来产生电动机运转所必需的磁场，它由磁极铁心、安装在铁心上的励磁绕组及机壳组成。磁极铁心用硅钢片叠加而成，并用螺钉固定在机壳内壁上。车用起动机通常采用 4 个磁极，少数大功率起动机采用 6 个磁极。当直流电压作用于励磁绕组的两端时，励磁绕组的周围产生磁场并使磁极铁心磁化，成为具有一定极性的磁极，且 4 个磁极的 N 极与 S 极相间排列，形成起动机的磁场。

电枢是直流电动机的转子部分，用来将电能转变为机械能，即在起动机通电时，与磁场相互作用而产生电磁转矩。它由换向器、铁心、绕组和电枢轴组成。电枢铁心由外圆带槽的硅钢片叠成，压装在电枢轴上；铁心的外槽内有绕组，绕组用粗大的矩形截面裸铜线绕制而成，电枢绕组与铁心之间和电枢绕组匝间用绝缘纸隔开。

起动机的电枢绕组与励磁绕组一般采用串联方式连接，称为串励式直流电动机。串励式直流电动机工作时，励磁电流和电枢电流相等，可以产生强大的电磁转矩，有利于内燃机的起动；它还具有低转速时产生的电磁转矩大、电磁转矩随着转速的升高而逐渐减小的特性，使起动内燃机时安全可靠。

换向器由电刷和装在电枢轴上的整流子组成。用来连接励磁绕组与电枢绕组的电路，并使处于同一磁极下的电枢导体中流过的电流保持固定方向。

2. 传动机构

1）传动机构的作用

传动机构安装在电动机电枢的延长轴上，在起动内燃机时，将驱动齿轮与电枢轴连成一体，使发电机起动。内燃机起动后，飞轮转速提高，将带着驱动齿轮高速旋转，会使电枢轴因超速旋转而损坏，因此，内燃机起动后，驱动齿轮的转速超过电枢轴的正常转速时，传动机构应使驱动齿轮与电枢轴自动脱开，防止电动机超速。为此，起动机的传动机构中设有超速保护装置。

2）传动机构的类型

惯性啮合式传动机构：接通点火开关起动内燃机时，驱动齿轮靠惯性力的作用，沿电枢轴移出，与飞轮齿圈啮合，使内燃机起动；内燃机起动后，当飞轮的转速超过电枢轴转速时，驱动齿轮靠惯性力的作用退回，脱离与飞轮的啮合，防止电动机超速。

强制啮合式传动机构：接通起动开关起动内燃机时，驱动齿轮靠杠杆机构的作用沿电枢轴移出与飞轮齿圈啮合，使内燃机起动；内燃机起动后，切断起动开关，外力的作用消除后，驱动齿轮在复位弹簧的作用下退回，脱离与飞轮的啮合。

电枢移动式传动机构：接通起动开关起动内燃机时，在磁极磁力的作用下，整个电枢连同驱动齿轮移动与磁极对齐的同时，驱动齿轮与飞轮齿圈进入啮合。内燃机起动后，切断起动开关，磁极退磁，电枢轴连同驱动齿轮退回，脱离与飞轮的啮合。

3）超速保护装置

超速保护装置是起动机驱动齿轮与电枢轴之间的离合机构，也称为单向离合器。单向离合器安装在驱动齿轮与电枢轴之间，在接通起动开关起动内燃机时，它将驱动齿轮与电枢轴连成一体，使起动机的电磁转矩通过驱动齿轮和飞轮传到内燃机的曲轴，内燃机起动；内燃机起动后，它立即将驱动齿轮与电枢轴脱开，防止内燃机高速旋转的转矩通过飞轮传递给电枢轴，起到超速保护的作用。常用的单向离合器有滚柱式、弹簧式、摩擦片式等。

图 11.2 所示为滚柱式单向离合器组成与工作示意图。它由外座圈、开有楔形缺口的内座圈、滚子以及装在内座圈孔中的柱塞和弹簧组成。驱动齿轮与外座圈连成一体，花键套筒与内座圈连成一体，并通过花键套在起动机电枢的延长轴上。

接通起动开关，起动机的电枢轴连同内座圈按图 11.2(b)所示的箭头方向旋转，由于摩擦力和弹簧张力的作用，滚柱被带到内、外座圈之间楔形槽窄的一端，将内、外座圈连成一体，于是电枢轴上的转矩通过内座圈、楔紧的滚柱传递到外座圈和驱动齿轮，驱动齿轮与电枢轴一起旋转使内燃机起动。起动后，曲轴转速升高，飞轮齿圈将带着驱动齿轮高速旋转。虽然驱动齿轮的旋转方向没有改变，但它由主动轮变为从动轮。当驱动齿轮和外座圈的转速超过内座圈和电枢轴的转速时，在摩擦力的作用下，滚柱克服弹簧张力的作用滚向楔形槽宽的一端，使内、外座圈脱离联系而可以自由地相对运动，高速旋转的驱动齿轮与电枢轴脱开，防止电动机超速，如图 11.2(c)所示。

弹簧式单向离合器的结构如图 11.3 所示。该机构安装在电枢的延长轴上，驱动齿轮右端空套在花键套筒左端外圆面上，扇形块装入驱动齿轮右端的相应缺口中，并伸入花键套筒左端环槽内，使驱动齿轮与花键套筒之间既可以一起做轴向移动，又可以相对滑转。

离合弹簧在自由状态下的内径小于齿轮和花键套筒相应外圆面的外径，在安装状态下弹簧紧套在外圆面上，弹簧与护套之间有间隙。起动时，起动机的电枢轴带动花键套筒旋

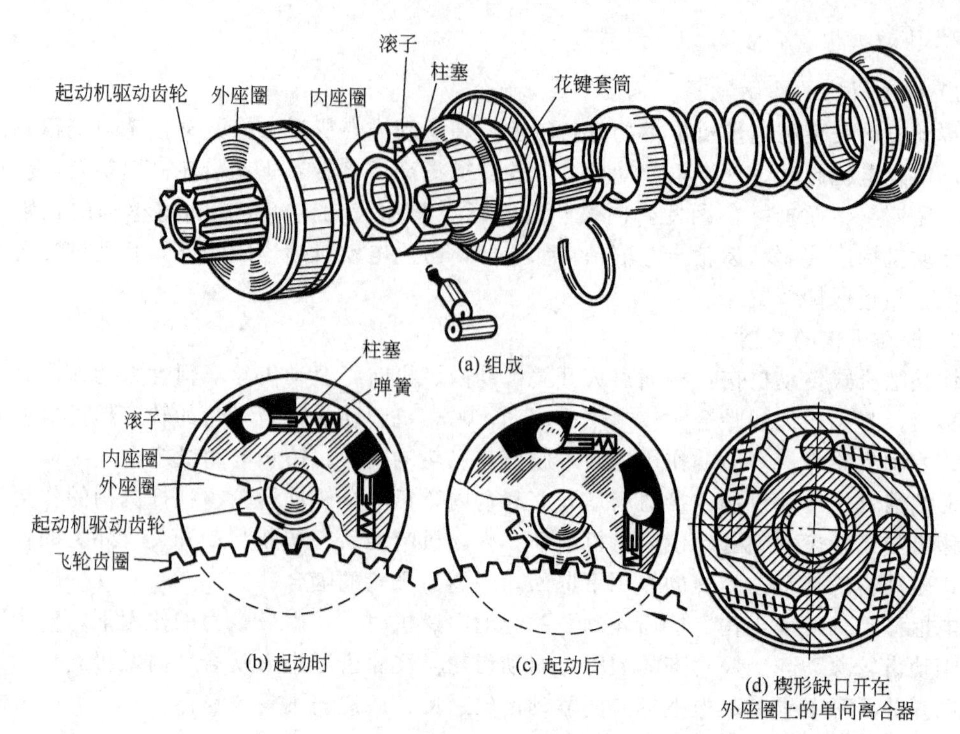

图 11.2 滚柱式单向离合器组成与工作示意图

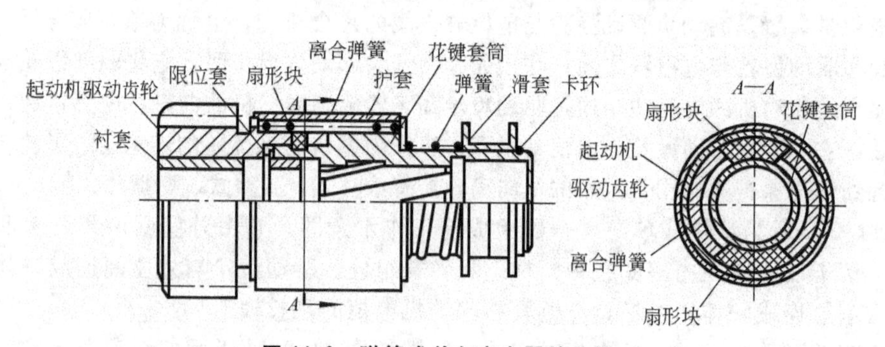

图 11.3 弹簧式单向离合器的结构

转，有使弹簧收缩的趋势，弹簧被箍紧在相应外圆面上。于是，起动机的转矩靠弹簧与外圆面之间的摩擦作用传递给驱动齿轮，通过飞轮齿圈带动曲轴旋转，使内燃机起动。内燃机一旦起动，驱动齿轮的转速超过花键套筒的转速，弹簧张开，驱动齿轮在花键套筒上滑转，与电枢轴脱开，防止电动机超速。

摩擦片式单向离合器可以传递较大的转矩，常用于大功率起动机上，其结构如图 11.4 所示。驱动齿轮与摩擦片式离合器的外接合鼓成一体，内接合鼓靠三线螺旋花键套装在花键套筒左端，花键套筒则通过内螺旋花键套装在电枢轴的花键部分。主动摩擦片的内圆有 4 个凸起，嵌入内接合鼓外圆的 4 个直槽中。从动摩擦片的外圆也有 4 个凸起，嵌入外接合鼓的 4 个直槽中。摩擦片之间的压力通过调整垫圈调整。

接通起动开关起动内燃机时，起动机的电磁转矩通过电枢轴传递给花键套筒，由于内接合鼓与花键套筒之间存在转速差，内接合鼓沿花键套筒左移，将从动片与主动片压紧使外接合鼓与内接合鼓连成一体，即驱动齿轮与电枢轴连成一体，起动机的转矩通过驱动齿

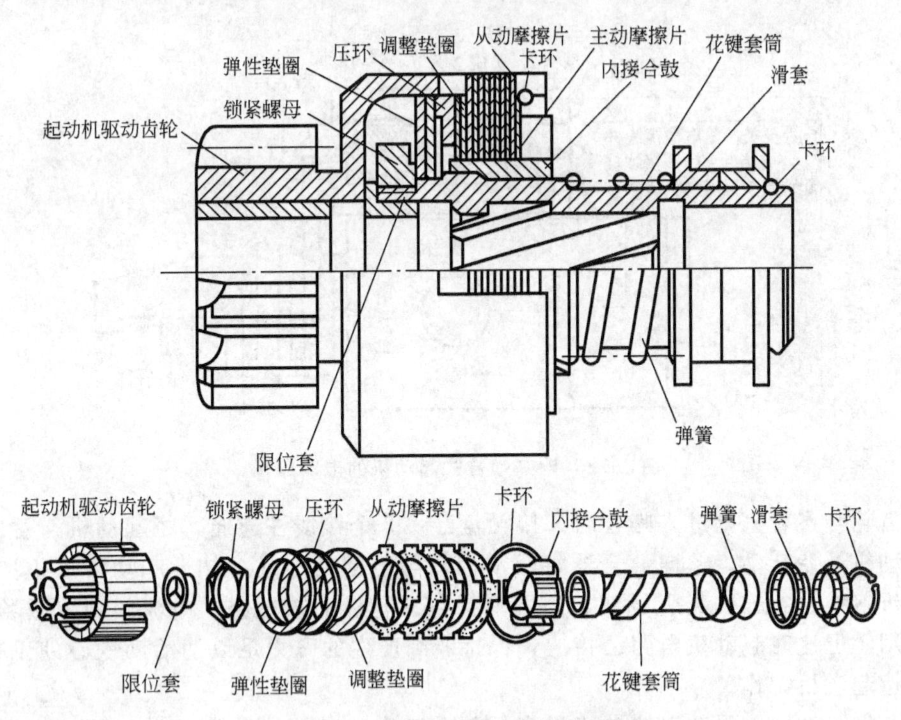

图 11.4 摩擦片式单向离合器的结构

轮和飞轮传递给内燃机的曲轴，使内燃机起动。起动后，飞轮带着驱动齿轮和外接合鼓高速旋转，外接合鼓的转速超过电枢轴和花键套筒的转速，内接合鼓沿花键右移，从动片与主动片分开，使驱动齿轮与电枢轴脱开，防止电动机超速。

3. 控制机构

控制机构的作用是控制起动机主电路的通断和驱动齿轮的移出和退回。控制机构分为直接操纵式和电磁操纵式两种。直接操纵式控制机构检修方便，且不消耗电能，有利于提高起动转速。但驾驶人的劳动强度大，不易远距离操纵，目前已很少应用。电磁操纵式控制机构，俗称电磁开关，其使用方便、工作可靠，并适合远距离操纵，目前应用广泛。

11.2.2 电磁啮合式起动机

电磁啮合式起动机在国内外汽车上普遍应用。它靠电磁开关的作用控制起动机主电路的通断和传动叉的动作，使驱动齿轮移出和退回。电磁开关安装在起动机的上部，由吸引线圈、保持线圈、固定铁心、活动铁心、起动开关接触盘、传动叉等组成，其电路原理如图 11.5 所示，吸引线圈与电动机串联，保持线圈与电动机并联，两个线圈都绕在黄铜套筒的外侧。活动铁心与传动叉相连，接触盘上的推杆可以在固定铁心的孔中移动。

起动机不工作时，驱动齿轮不与飞轮啮合，接触盘在弹簧作用下与 3 个接线柱分开。接通点火开关起动内燃机时，起动机电磁开关中的吸引线圈和保持线圈的电路接通，两个线圈在铁心中产生的电磁力方向一致，在它们的共同作用下活动铁心向左移动，推动接触盘的推杆使接触盘左移，并带动传动叉绕其轴销转动，将驱动齿轮推出。

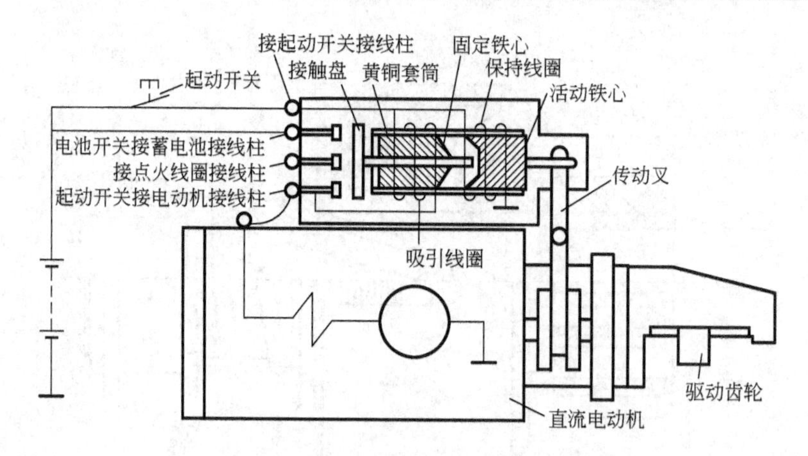

图 11.5　电磁啮合式起动机的电路原理

当驱动齿轮与飞轮完全进入啮合时，接触盘已将 3 个接线柱连通，将起动机与蓄电池接通，起动机开始转动，单向离合器将驱动齿轮与电枢轴连成一体，起动内燃机。此时，与内燃机接线柱相连的吸引线圈，因两端接电源正极而被短路，电流中断，磁场消失，失去作用。但这时起动机电路已接通，保持线圈产生的磁力足以使活动铁心处于吸合位置，维持起动机工作。

内燃机起动后，驱动齿轮转速提高，单向离合器打滑，使电枢轴与驱动齿轮脱开，防止电动机超速。及时切断起动开关，电磁开关断电，在回位弹簧作用下，活动铁心右移，退回原位置，起动机电路被切断，传动叉也在弹簧作用下回位，驱动齿轮退出与飞轮的啮合。

在电磁啮合式起动机的控制电路中，常接有一个起动继电器或组合继电器，以减小流过起动开关的电流，避免点火开关早期损坏。图 11.6 所示为带有起动继电器的起动电路。图 11.7 所示为带有组合继电器的起动电路。

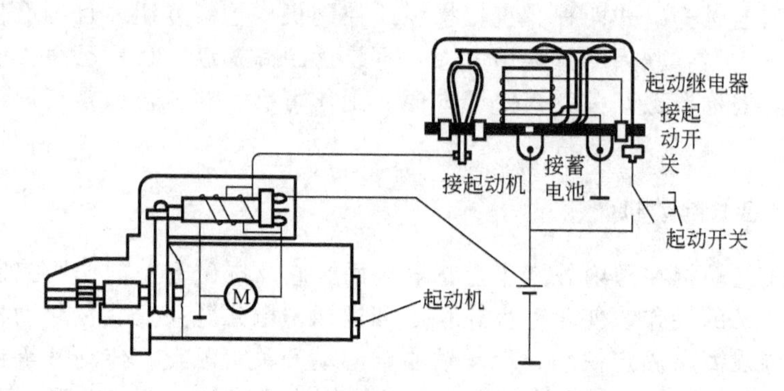

图 11.6　带有起动继电器的起动电路

组合继电器由起动继电器和充电继电器组成，它利用内燃机中性点电压，在内燃机起动后尚未切断起动开关时，自动停止起动机的工作。此外，为了在起动内燃机时，曲轴能获得足够的起动转矩和必要的起动转速，使内燃机能迅速可靠地起动，除选用足够功率的起动机和简单可靠的控制电路外，还必须正确选择驱动齿轮和飞轮齿圈的齿数，以获得适当的传动比。

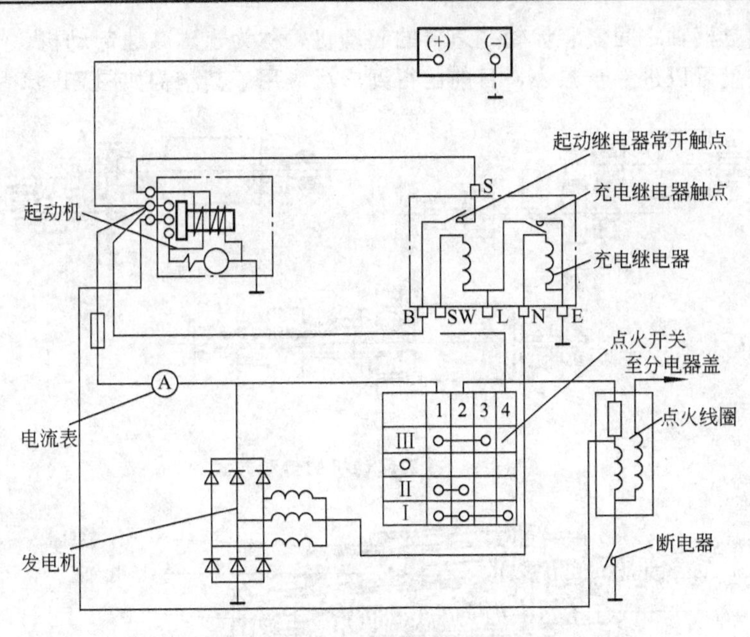

图 11.7　带有组合继电器的起动电路

11.2.3　减速起动机和永磁起动机

在起动机的电枢轴与驱动齿轮之间装有齿轮减速器的起动机，称为减速起动机。串激式直流电动机的功率与其转矩和转速成正比，可见，当提高电动机转速的同时降低其转矩时，可以保持起动机功率不变，故当采用高速、低转矩的串激式直流电动机作为起动机时，在功率相同的情况下，可以使起动机的体积和质量大大减小。但是，起动机的转矩过低，不能满足起动内燃机的要求。为此，在电动机的电枢轴与驱动齿轮之间安装齿轮减速器，可以在降低电动机转速的同时提高其转矩。减速起动机在国内外汽车上已广泛应用，图 11.8所示为其结构图。

减速起动机的传动方式有外啮合式、内啮合式、行星齿轮式 3 种不同形式，如图 11.9 所示。

以永磁材料作为磁极的起动机，称为永磁起动机。它取消了传统起动机中的励磁绕组和磁极铁心，使起动机的结构简化，体积和质量大大减小，可靠性提高，并节省了金属材料，其结构如图 11.10所示。

采用高速低转矩的永磁电动机，并

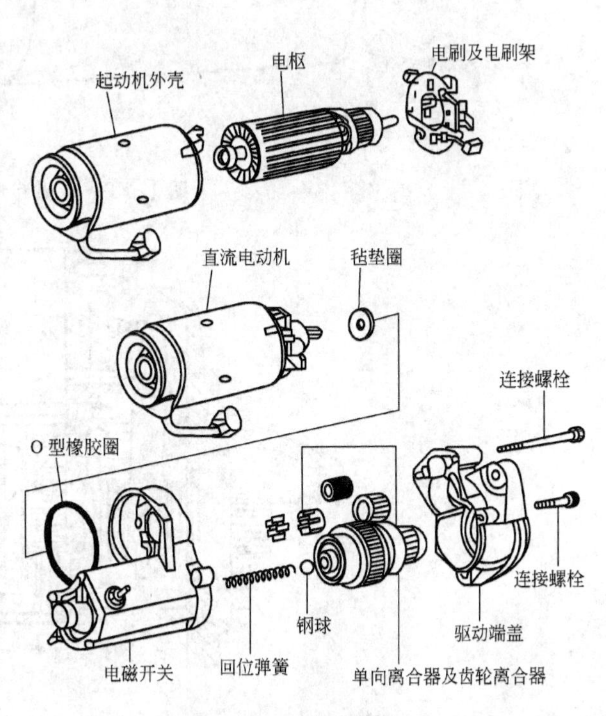

图 11.8　减速起动机

在驱动齿轮与电枢轴之间安装齿轮减速器的起动机，称为永磁减速起动机。永磁减速起动机的体积和质量可以进一步减小，目前已得到广泛应用，其结构如图 11.11 所示。

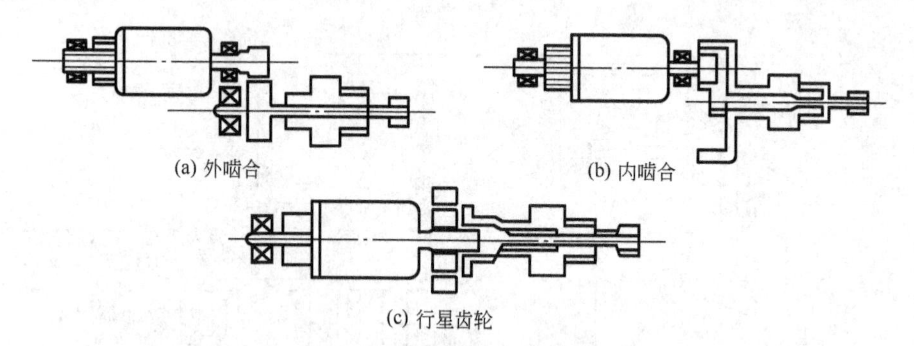

图 11.9 减速起动机的传动方式

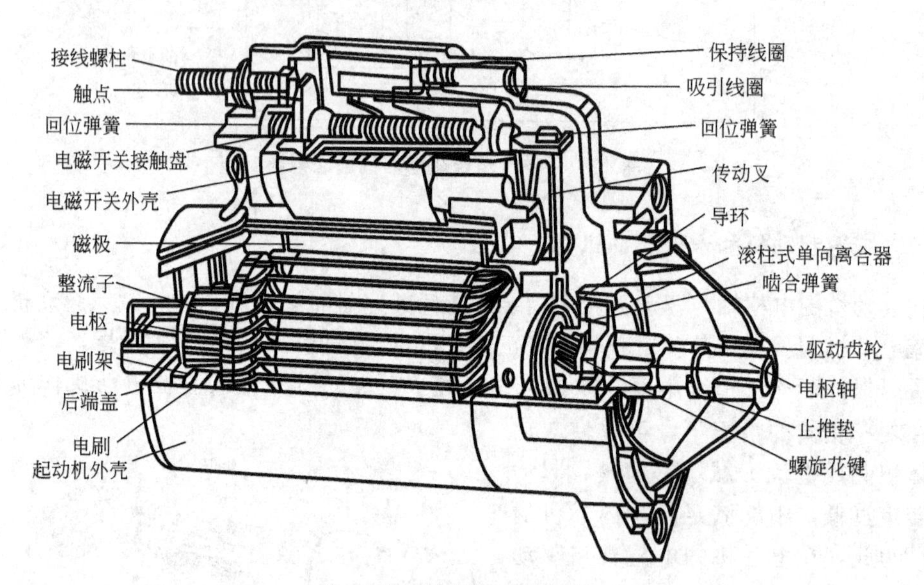

图 11.10 永磁起动机结构

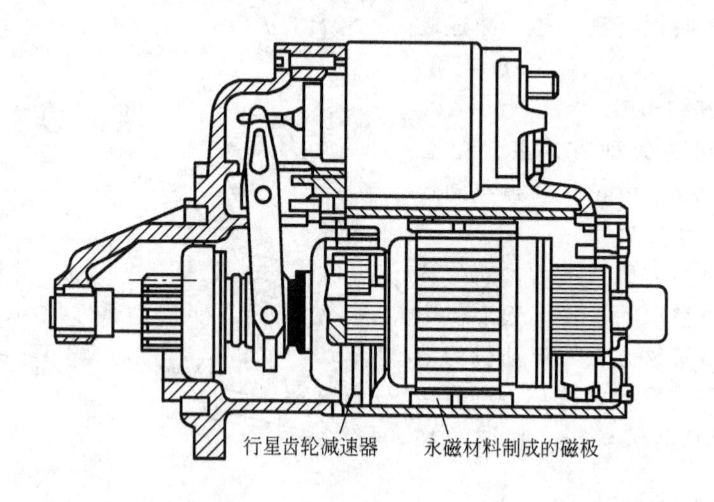

图 11.11 永磁减速起动机

11.3　柴油机的起动辅助装置

在寒冷地区和严寒季节起动内燃机时，由于机油粘度增高，起动阻力矩增大，同时燃料汽化性能变坏，蓄电池的工作性能降低，使内燃机起动困难。为此，在冬季应设法将进气、润滑油和冷却水加以预热。

柴油机冬季起动更加困难。为了使车用柴油机在冬季能迅速可靠地起动，常采用一些可以改善燃料着火条件和降低起动转矩的辅助装置，如电热塞、起动减压装置、起动液喷射装置、进气预热器以及起动预热锅炉。

11.3.1　电热塞

采用涡流室式或预燃室式燃烧室的柴油机，由于燃烧室表面积大，在压缩行程中的热量损失较直接喷射式大，更难以起动。为此，在燃烧室中可以安装预热塞，在起动时对燃烧室内的空气加以预热。常用的电热塞有开式电热塞、密封式电热塞等多种形式。每缸一个电热塞，每个电热塞的中心螺杆并联，与电源相接。内燃机起动前首先接通电热塞的电路，电阻丝通电后迅速将发热体钢套加热到红热状态，使气缸内的空气温度升高，从而可提高压缩结束时的温度，使喷入气缸的柴油容易着火。

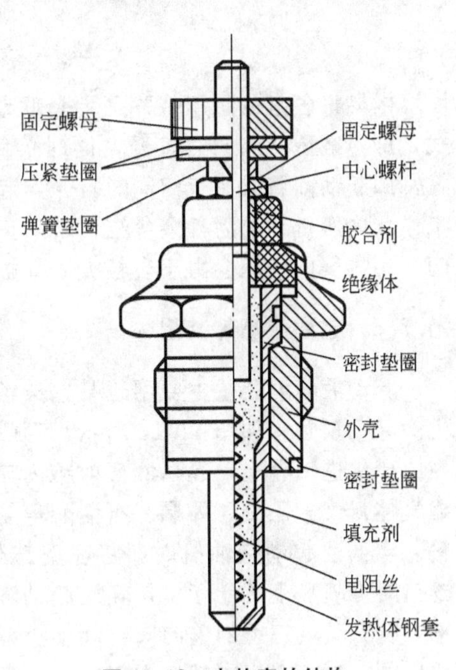

图 11.12　电热塞的结构

电热塞的结构如图 11.12 所示。螺旋形电阻丝用铁镍铝合金制成，其一端焊接于中心螺杆上，另一端焊接在用耐高温不锈钢制成的发热体钢套的底部，中心螺杆与外壳之间有瓷质绝缘体。高铝水泥胶合剂将中心螺杆固定于绝缘体上。外壳上端翻边，将绝缘体、发热体钢套、密封垫圈和外壳相互压紧。在发热体钢套内填充具有绝缘性能好、导热好、耐高温的氧化铝填充剂。

电热塞通电的时间一般不超过 1min。内燃机起动后，应立即将电热塞断电。若起动失败，应停歇 1min，再将电热塞通电，进行第二次起动，否则将降低电热塞的使用寿命。

11.3.2　起动减压装置

起动减压装置采用降低起动转矩、提高起动转速的方法来改善柴油机的起动性能，如图 11.13 所示，起动内燃机时，将转换手柄转到减压位置，使调整螺钉按图中箭头方向转动，并略微顶开气门(气门一般向下 1～1.25mm)，以降低压缩行程的初始阻力，使起动机转动曲轴时的阻力减小，从而提高起动转速。曲轴转动以后，各零件的工作表面温度升高，润滑油的粘度降低，摩擦阻力减小，进一步降低起动阻力矩。此后，将手柄扳回原来的位置，内燃机即可顺利起动。

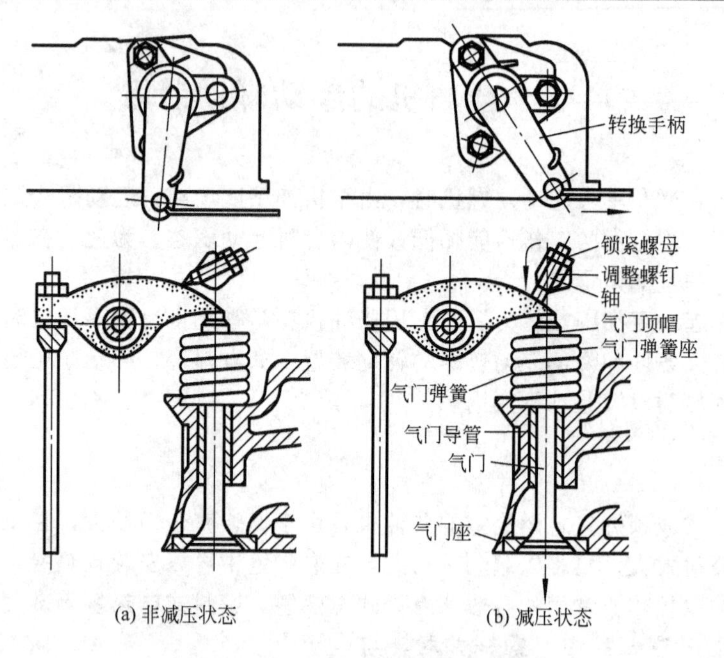

图 11.13　起动减压装置工作原理

内燃机各缸的减压装置是一套联动机构。中、小型柴油机的联动机构一般采用同步式，即各减压气门同时打开，同时关闭。大功率柴油机减压装置的联动机构一般为分级式，即起动前各减压气门同时打开，起动时各减压气门分级关闭，使部分气缸先进入正常工作，内燃机预热后其余各缸再转入正常工作。减压的气门可以是进气门，也可以是排气门。用排气门减压会由于炭粒吸入气缸，加速机件的磨损，一般多采用进气门减压。

11.3.3　起动液喷射装置

起动液喷射装置主要用于某些柴油内燃机的起动预热，如图 11.14 所示，喷嘴安装在内燃机进气管上，起动液喷射罐内充有压缩气体氮气和乙醚、丙酮、石油醚等易燃燃料。当低温起动柴油机时，将喷射罐倒置，罐口对准喷嘴上端的管口，轻压起动液喷射罐，打开其端口上的单向阀，起动液即通过单向阀、喷嘴喷入内燃机进气管，并随着吸入进气道的空气一起进入燃烧室。由于起动液是易燃燃料，可以在较低的温度下迅速着火，点燃喷入燃烧室内的柴油。

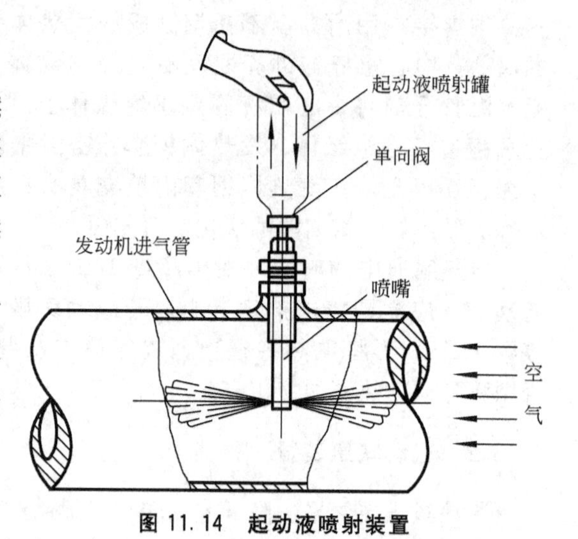

图 11.14　起动液喷射装置

小　结

内燃机由静止状态到工作状态，需要外力使其起动起来。本章介绍了内燃机常用起动装置的结构及其工作原理。对电力起动机的传动机构、超速保护装置、控制机构进行了详细介绍。针对柴油机低温起动困难的情况，本章介绍了柴油机常见起动辅助装置。

习　题

1. 为什么内燃机低温起动困难？为使内燃机在低温下迅速可靠地起动，常采用哪些辅助起动装置？

2. 起动机的直流电动机由哪些基本部分构成？

3. 为什么必须在起动机中安装离合机构？常用的起动机离合机构有哪几种？

4. 试述滚柱式单向离合器的结构及工作原理。

5. 为什么电磁操纵式起动机的电磁开关必须有吸引和保持两个线圈？

6. 在不影响起动机的转矩和功率的情况下，如何减小起动机的体积和重量？

7. 内燃机的起动方式有哪几种？

参 考 文 献

[1] 陈家瑞. 汽车构造(上) [M]. 北京：机械工业出版社，2005.

[2] 陆耀祖. 内燃机构造与原理 [M]. 北京：中国建材工业出版社，2004.

[3] 蔡兴旺. 汽车构造与原理(上册 发动机篇) [M]. 北京：机械工业出版社，2004.

[4] 周龙保. 内燃机学. 北京：机械工业出版社，2005.

[5] 刘峥，王建昕. 汽车发动机原理教程 [M]. 北京：清华大学出版社，2001.

[6] 刘巽俊. 内燃机的排放与控制 [M]. 北京：机械工业出版社，2003.

[7] 张俊红. 汽车发动机构造 [M]. 天津：天津大学出版社，2006.

[8] 臧杰，阎岩. 汽车构造 [M]. 北京：机械工业出版社，2005.

[9] 高秀华，郭建华. 内燃机 [M]. 北京：化学工业出版社，2006.

[10] 李兴虎. 汽车环境保护技术 [M]. 北京：北京航空航天大学出版社，2004.

[11] 韩爱民，周大森. 汽车构造(发动机篇) [M]. 北京：机械工业出版社，2006.

[12] [日] GP企画室，汽车发动机图解. 刘若南译. 长春：吉林科学出版社，香港：香港万里机构，1995.

[13] [美] 克里斯·伍德福德. 动力与能量 [M]. 程婧译. 济南：山东教育出版社，2005.

[14] [日] 铃木孝. 发动机的浪漫 [M]. 赵淑琴译. 北京：北京理工大学出版社，1996.

[15] 中华人民共和国交通部公路司审定. 汽车排放污染物控制实用技术[M]. 北京：人民交通出版社，1999.

[16] 陆家祥. 柴油机涡轮增压技术[M]. 北京：机械工业出版社，1999.

[17] 吉林大学汽车工程系. 汽车构造[M]. 4版. 北京：人民交通出版社，2002.

[18] 吴际璋. 汽车构造(上册) [M]. 北京：人民交通出版社，1997.

[19] [日] 中岛，村中. 新·自动车用ガソリンエンジン [M]. 东京：株式会社山海堂，平成9年.

[20] [日] 全国自动车整备专门学校协会. 自动车の故障と探究 [M]. 东京：株式会社山海堂，平成10年.

[21] 赵国迁，张博. 本田雅阁燃油蒸发(EVAP)排放物控制系统及其故障分析 [J]. 交通科技与经济：2005，7(4)：40-41.

[22] 刘常俊，袁佐. 上海奇瑞发动机单点电喷系统的原理和检修(一) [J]. 汽车维修技师：2002，(6)：15-19.

[23] 许奇圳. 汽车拖拉机学(发动机构造与理论) [M]. 北京：中国农业出版社，2006.

[24] 卢若珊. 汽车内燃机构造与检修 [M]. 北京：国防工业出版社，2006.

[25] 郑伟光. 汽车内燃机构造与维修 [M]. 北京：机械工业出版社，2002.